Elemente der Mathematik Lösungen Teil 1

**Leistungskurs
Gesamtband Analysis**

Herausgegeben von
Heinz Griesel, Andreas Gundlach, Helmut Postel, Friedrich Suhr

Schroedel

ELEMENTE DER MATHEMATIK
LÖSUNGEN TEIL 1
Leistungskurs
Gesamtband Analysis

Herausgegeben und bearbeitet von
Prof. Dr. Heinz Griesel, Dr. Andreas Gundlach, Prof. Helmut Postel, Friedrich Suhr,

Günter Cöster, Dr. Arnold Hermans, Anke Horn, Dr. Reinhard Köhler,
Hanns Jürgen Morath, Prof. Dr. Lothar Profke, Heinz Klaus Strick

© 2005 Bildungshaus Schulbuchverlage
Westermann Schroedel Diesterweg Schöningh Winklers GmbH, Braunschweig
www.schroedel.de

Dieses Werk und seine Teile sind urheberrechtlich geschützt. Jede Nutzung in anderen als den gesetzlich zugelassenen Fällen bedarf der vorherigen schriftlichen Einwilligung des Verlages. Hinweis zu § 52 a UrhG: Weder das Werk noch seine Teile dürfen ohne eine solche Einwilligung gescannt und in ein Netzwerk eingestellt werden. Dies gilt auch für Intranets von Schulen und sonstigen Bildungseinrichtungen.
Auf verschiedenen Seiten dieses Buches befinden sich Verweise (Links) auf Internet-Adressen. Haftungshinweis: Trotz sorgfältiger inhaltlicher Kontrolle wird die Haftung für die Inhalte der externen Seiten ausgeschlossen. Für den Inhalt dieser externen Seiten sind ausschließlich deren Betreiber verantwortlich. Sollten Sie bei dem angegebenen Inhalt des Anbieters dieser Seite auf kostenpflichtige, illegale oder anstößige Inhalte treffen, so bedauern wir dies ausdrücklich und bitten Sie, uns umgehend per E-Mail davon in Kenntnis zu setzen, damit beim Nachdruck der Verweis gelöscht wird.

Druck A ^{2} / Jahr 2007

Redaktion: Dr. Rüdiger Scholz, dlw medien GmbH, Hannover
Herstellung: Udo Sauter
Umschlagfoto: Thomas Wiewandt - Bavaria, München
Umschlagsentwurf: Loeper & Wulf, Hannover
Zeichnungen: Michael Wojczak
Satz: Christina Gundlach
Druck: westermann druck GmbH, Braunschweig

ISBN 978-3-507-**83947**-2

INHALTSVERZEICHNIS

1. Funktionen
1.1 Funktionen und ihr Darstellung ... 5
Blickpunkt: Grafikfähige Taschenrechner 11
1.2 Lineare Funktionen - Geraden ... 13
1.2.1 Begriff der linearen Funktion ... 13
1.2.2 Parallelität und Orthogonalität von Geraden ... 16
1.3 Quadratische Funktionen ... 18

2. Folgen und Grenzwerte
2.1 Folgen als Hilfsmittel zum Beschreiben funktionaler Zusammenhänge ... 20
2.1.1 Folgen und ihre Darstellung ... 20
2.1.2 Geometrische Folgen ... 23
2.2 Grenzwerte bei Folgen ... 25
2.2.1 Grenzwert einer Folge ... 25
2.2.2 Grenzwertsätze für Folgen ... 27
2.3 Geometrische Reihen ... 31
2.3.1 Geometrische Reihen als Folgen ... 31
2.3.2 Konvergenz der geometrischen Reihe ... 35
2.4 Konvergenz monotoner und und beschränkter Folgen ... 38
Blickpunkt: Web-Diagramme 40
2.5 Grenzwerte bei Funktionen ... 42
2.5.1 Verhalten von Funktionen für $x \to \infty$ bzw. $x \to -\infty$ ... 42
2.5.2 Grenzwert einer Funktion an einer Stelle ... 43
2.5.3 Stetigkeit ... 45
2.6 Vermischte Übungen ... 47

3. Differentialrechnung
3.1 Ableitung einer Funktion an einer Stelle ... 52
3.1.1 Steigung eines Funktionsgraphen in einem Punkt – Der Begriff der Ableitung an einer Stelle ... 52
3.1.2 Berechnen der Tangentensteigung beim Graphen von $x \mapsto x^2$ ... 53
3.1.3 Bestimmen der Ableitung bei weiteren Funktionen ... 55
3.1.4 Analytische Definition der Ableitung – Differenzierbarkeit ... 59
3.1.5 Vermischte geometrische Anwendungen ... 59
3.2 Änderungsraten in Anwendungen ... 61
3.2.1 Der Begriff Änderungsrate ... 61
3.2.2 Momentane Änderungsraten – Geschwindigkeit ... 63
3.2.3 Weitere Beispiele für Änderungsraten in Anwendungen ... 64
3.3 Ableitungsfunktion – erste, zweite, dritte, ... Ableitung ... 65
3.4 Ableitungsregeln ... 71
3.4.1 Potenzregel ... 71
3.4.2 Faktorregel ... 72
3.4.3 Summen- und Differenzregel ... 73
3.5 Vermischte Übungen ... 75
Blickpunkt: Steuerfunktion 85

4. Funktionsuntersuchungen
4.1 Ganzrationale Funktionen ... 90
4.1.1 Begriff der ganzrationalen Funktionen, Symmetrie und Globalverlauf ... 90
4.1.2 Nullstellen einer ganzrationalen Funktion – Polynomdivision ... 94
4.1.3 Das Newton-Verfahren zur Bestimmung von Näherungswerten für eine Nullstelle ... 98
4.2 Extremstellen – Notwendiges Kriterium ... 103
4.3 Hinreichende Kriterien für Extremstellen – Monotoniesatz ... 110
4.3.1 Vorzeichenwechsel der 1. Ableitung als hinreichendes Kriterium für Extremstellen ... 110
4.3.2 Monotoniesatz und Vorzeichen der Ableitung ... 115
4.3.3 Hinreichendes Kriterium für relative Extremstellen mittels der 2. Ableitung ... 119
4.4 Linkskurve, Rechtskurve – Wendepunkte ... 122
4.5 Ausführliche Untersuchung ganzrationaler Funktionen ... 130
4.6 Vermischte Übungen ... 164

Blickpunkt: Verkehrsfluss in Abhängigkeit von der Geschwindigkeit — 174

5. Extremwertprobleme - Bestimmen von Funktionen
5.1 Extremwertprobleme — 176
5.2 Bestimmen ganzrationaler Funktionen mit vorgegebenen Eigenschaften — 191
5.3 Untersuchung von Funktionenscharen — 199
Blickpunkt: Safttüte mit minimalem Materialbedarf — 209

6. Integralrechnung
6.1 Das Integral — 211
6.1.1 Berechnen des Flächeninhalts einer Fläche unter dem Graphen einer Funktion im 1. und 2. Quadranten — 211
6.1.2 Orientierte Flächeninhalte – Definition des Integrals — 215
6.2 Der Hauptsatz der Differential- und Integralrechnung und seine Anwendung — 221
6.2.1 Integralfunktion — 221
6.2.2 Der Hauptsatz der Differential- und Integralrechnung — 226
6.2.3 Stammfunktionen — 227
6.2.4 Berechnen von Integralen mithilfe einer Stammfunktion — 229
6.2.5 Integrale mit einem GTR bestimmen — 232
6.2.6 Aus Änderungsraten rekonstruierter Bestand — 233
6.3 Verwenden von Integralen zur Flächeninhaltsberechnung — 234
6.3.1 Grundlagen der Flächeninhaltsberechnung — 234
6.3.2 Flächeninhalt der Fläche zwischen zwei Graphen — 238
6.3.3 Vermischte Übungen — 241
6.4 Weitere Anwendungen des Integrals — 247
6.4.1 Volumen eines Rotationskörpers — 247
6.4.2 Mittelwert der Funktionswerte einer Funktion — 248
6.4.3 Anwenden des Integrals bei Geschwindigkeit und Beschleunigung — 249
6.4.4 Physikalische Arbeit — 252
Blickpunkt: Volumenbestimmung bei nicht rotationssymmetrischen Körpern — 253
6.5 Vermischte Übungen — 254

1. FUNKTIONEN

1.1 Funktionen und ihre Darstellung

11

2. Die rechte Zeichnung ist korrekt, denn die Zwischenwerte stimmen. Die Verbindung der Punkte mit Strecken ist dagegen nicht angemessen, da sich dadurch falsche Zwischenergebnisse ergeben.

3. Zum Graphen von f gehören P_1, P_2 und P_4.
Nicht zum Graphen von f gehören P_3, P_5 und P_6.

12

4. a) $P(V) = \begin{cases} 0{,}2 \cdot V & \text{für } 0 \leq V \leq 3\,000 \\ 0{,}19 \cdot V & \text{für } 3\,000 < V \end{cases}$

Heizölvolumen (in ℓ)	0	500	1 000	1 500	2 000	2 500
Preis (in €)	0	100	200	300	400	500

Heizölvolumen (in ℓ)	3 000	3 500	4 000	4 500	5 000	...
Preis (in €)	600	665	760	855	950	...

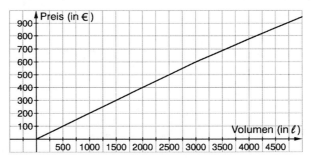

b) (1) Graph

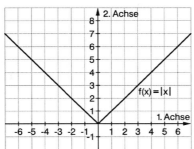

(2) Für $x \geq 0$ stimmt $|x|$ mit x überein, für $x < 0$ unterscheidet sich $|x|$ von x nur durch das Vorzeichen.

4. c) 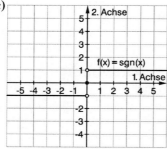 d)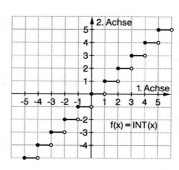

e) abs (x), sign (x), int (x)

5. a) (1) Funktion: $y = 1 - x^2$
   (2) keine Funktion: $2^2 = 4$; $(-2)^2 = 4$
   (3) keine Funktion: $2 \cdot 3 + 0 \cdot 1 = 6$; $2 \cdot 3 + 0 \cdot 5 = 6$
   b) Eine jede Parallele zur 2. Achse hat mit dem Graphen höchstens einen Punkt gemeinsam.

6. $x^2 + y^2 = 25$
   a) $P_1(4|3)$, $P_2(-5|0)$, $P_3(-4|-3)$, $P_4(3|4)$, $P_5(0|-5)$
   b) Abstand $a = \sqrt{x^2 + y^2}$; Alle Punkte auf dem Kreis haben den selben Abstand von (0,0).
   (Z. B.: $P_1(4|3)$ hat den Abstand $a = 5$, $P_2(-5|0)$ hat den Abstand $a = 5$)
   Der Radius: $r = 5$
   c) Nein, der Kreis ist kein Graph einer Funktion, da es zu einem x-Wert zwei y-Werte geben kann.

7. a) $f(1) = 3$ $f(-4) = -12$ $f(a) = 3a$
   $f(3) = 9$ $f(0,41) = 1,23$ $f(3 + h) = 9 + 3h$
   $f(6) = 18$ $f\left(-\frac{3}{2}\right) = -\frac{9}{2}$ $f(3 - h) = 9 - 3h$

   Graph: Ursprungsgerade mit der Steigung 3. $D_f = W_f = \mathbb{R}$

   b) $f(1) = 2,236$ $f(-4) = 0$ $f(a) = \sqrt{a + 4}$
   $f(3) = 2,646$ $f(0,41) = 2,1$ $f(3 + h) = \sqrt{7 + h}$
   $f(6) = 3,162$ $f\left(-\frac{3}{2}\right) = 1,581$ $f(3 - h) = \sqrt{7 - h}$

   $D_f = \{x \in \mathbb{R} | x \geq -4\}$; $W_f = \mathbb{R}_0^+$

7. c) $f(1) = 6$ $f(-4) = 0{,}375$ $f(a) = \frac{6}{a^2}$

$f(3) = \frac{2}{3}$ $f(0{,}41) = 35{,}693$ $f(3+h) = \frac{6}{(3+h)^2}$

$f(6) = \frac{1}{6}$ $f\left(-\frac{3}{2}\right) = 2{,}667$ $f(3-h) = \frac{6}{(3-h)^2}$

$D_f = \mathbb{R} \setminus \{0\}; \; W_f = \mathbb{R}^+$

d) $f(1) = 5{,}916$ $f(-4) = 4{,}472$ $f(a) = \sqrt{36 - a^2}$

$f(3) = 5{,}196$ $f(0{,}41) = 5{,}986$ $f(3+h) = \sqrt{27 - 6h - h^2}$

$f(6) = 0$ $f\left(-\frac{3}{2}\right) = 5{,}809$ $f(3-h) = \sqrt{27 + 6h - h^2}$

Graph: Halbkreis um 0 mit Radius 6
$D_f = \{x \in \mathbb{R} \mid -6 \leq x \leq 6\}$ $W_f = \{y \in \mathbb{R} \mid 0 \leq y \leq 6\}$

8. a) Graph

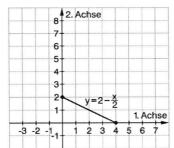

$W_f = \{y \in \mathbb{R} \mid 0 \leq y \leq 2\}$

b) Graph

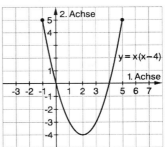

$W_f = \{y \in \mathbb{R} \mid -4 \leq y \leq 5\}$

c) Graph

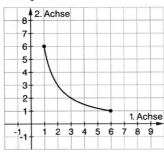

$W_f = \{y \in \mathbb{R} \mid 1 \leq y \leq 6\}$

d) Graph

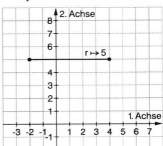

$W_f = \{5\}$

8. e)

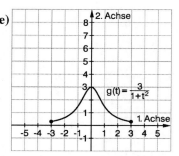

$W_g = \{y \in \mathbb{R} \mid 0{,}3 \leq y \leq 3\}$

f)

$W_f = \{w \in \mathbb{R} \mid -4 \leq w \leq 4\}$

9. a) P_1, P_4 **b)** P_1, P_4, P_5 **c)** P_2, P_3, P_6 **d)** P_2, P_4

10. a) $D_g = \{x \in \mathbb{R} \mid -5 \leq x\}$

  b) Zum Graphen gehören:
  P_1, P_2, P_4, P_6, P_7.
  Nicht zum Graphen gehören:
  P_3, P_5.

  c) $W_g = \mathbb{R}_0^+$

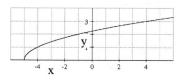

11. a)

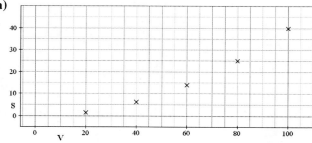

b)

v	20	40	60	80	100
s	1,6	6,3	14	25	40
$\frac{s}{v^2}$	0,0040	0,0039	0,0039	0,0039	0,0040

Mittelwert: $a = 0{,}0039$; $s = 0{,}0039 \cdot v^2$

c)

v	10	20	30	40	50	60	70	80
s	0,4	1,6	3,5	6,2	9,8	14,0	19,1	25

v	90	100	110	120	130	140	150
s	31,6	39,0	47,2	56,16	65,91	76,44	87,75

d) Wird der Graph an y = x gespiegelt, entsteht wieder eine Funktion, also eine eindeutige Zuordnung.

12. a), c) ja, eindeutige Zuordnung.
 b) nein, keine eindeutige Zuordnung.

13.
 a) Funktion $y = -x^2$
 b) keine Funktion $3 \cdot (-3) - 0 \cdot 1 = -9;\ 3 \cdot (-3) - 0 \cdot 2 = -9$
 c) keine Funktion $2^2 = 5 - 1;\ (-2)^2 = 5 - 1$
 d) keine Funktion $(1+5)^2 = 36;\ (1-7)^2 = 36$
 e) Funktion $y = -4$
 f) keine Funktion $(2-2) \cdot 1 = 0;\ (2-2) \cdot 2 = 0$
 g) Funktion $y = \frac{1}{x};\ x \neq 0$
 h) Funktion $y = \frac{x}{x-1};\ x \neq 1$

14. a) A liegt auf dem Kreis, B und C liegen innerhalb des Kreises, D und E liegen außerhalb des Kreises.
 b) B liegt auf dem Kreis, D liegt innerhalb des Kreises, A, C und E liegen außerhalb des Kreises.

15. a) $x^2 + y^2 = 169$ **b)** $x^2 + y^2 = 25$

16.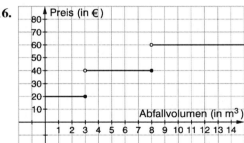

17. a)

Parkzeit	30 min	$1\frac{1}{2}$ h	2 h 1 min	4 h 59 min
Parkgebühren	0 €	1,25 €	2,5 €	5 €

b)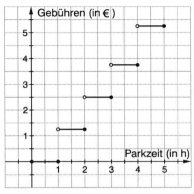

18. **a)** $g(x) = \begin{cases} x & \text{für } x \geq 0 \\ -x & \text{für } x < 0 \end{cases}$ **b)** $h(x) = \begin{cases} -x & \text{für } x \geq 0 \\ x & \text{für } x < 0 \end{cases}$

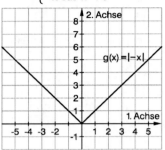 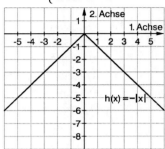

c) $r(x) = \begin{cases} x - 5 & \text{für } x \geq 0 \\ -x - 5 & \text{für } x < 0 \end{cases}$ **d)** $s(x) = \begin{cases} x - 5 & \text{für } x \geq 5 \\ 5 - x & \text{für } x < 5 \end{cases}$

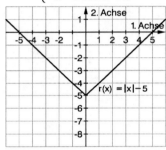 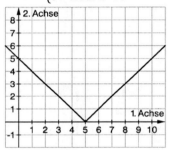

19. Vereinfachte Gleichung: $y = x$. In dem Produktterm $|x| \cdot \text{sgn}(x)$ ergänzt der Faktor $\text{sgn}(x)$ den Betrag von x durch das Vorzeichen von x.

20. Funktionsterme siehe nächste Seite

a) 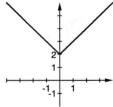 **b)**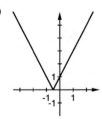

c) 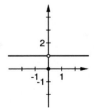 **d)**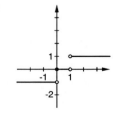

15

20. a) $f(x) = \begin{cases} x+2 & \text{für } x \geq 0 \\ 2-x & \text{für } x < 0 \end{cases}$ c) $g(x) = \begin{cases} 1 & \text{für } x \neq 0 \\ 0 & \text{für } x = 0 \end{cases}$

b) $g(x) = \begin{cases} 2x+1 & \text{für } x \geq -\frac{1}{2} \\ -2x-1 & \text{für } x < -\frac{1}{2} \end{cases}$ d) $h(x) = \begin{cases} -1 & \text{für } x < 0 \\ 0 & \text{für } 0 \leq x < 1 \\ 1 & \text{für } x \geq 1 \end{cases}$

21. (2) passt zum Bild.

22. Die mittlere Rennstrecke.

Blickpunkt: Grafikfähige Taschenrechner

16

1. (1)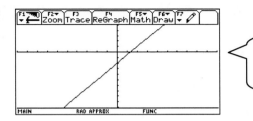

Fenster:
$-5 \leq x \leq 5$
$-10 \leq y \leq 5$

(2)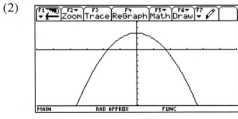

Fenster:
$-3 \leq x \leq 3$
$-10 \leq y \leq 5$

(3)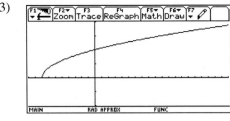

Fenster:
$-5 \leq x \leq 10$
$-2 \leq y \leq 4$

16

1. (4)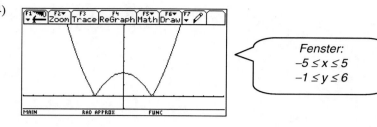

   Fenster:
   $-5 \leq x \leq 5$
   $-1 \leq y \leq 6$

2. (1) exakte Nullstellen; -2; 2; $2{,}3$ (2) exakte Nullstellen: -3; -1; 1; $0{,}7$
   (3) Man kann auch die Graphen von $y = x^2$ und $y = \cos x$ betrachten.

   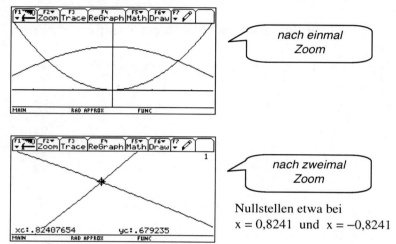

   nach einmal Zoom

   nach zweimal Zoom

   Nullstellen etwa bei
   $x = 0{,}8241$ und $x = -0{,}8241$

17

3. Nullstellen näherungsweise bei: $-0{,}8558$; $1{,}678$; $4{,}177$

4. (1)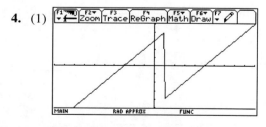

   Fenster:
   $-10 \leq x \leq 10$
   $-5 \leq y \leq 5$

   Der Graph wird nicht korrekt gezeichnet. Bei $x = 1$ hat der Graph einen Sprung.

   (2)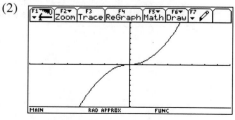

   Fenster:
   $-4 \leq x \leq 4$
   $-4 \leq y \leq 4$

   Der Graph hat keinen Knick.

17   4. (3)

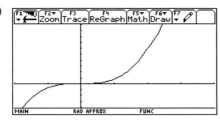

Fenster:
$-1 \leq x \leq 2$
$-2 \leq y \leq 5$

Der Graph hat keinen Knick.

5.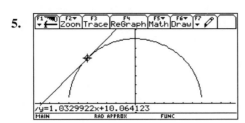

Man trifft nicht genau die Stelle -5. Die Tangentengleichung für die Tangente an die Stelle -5 lautet exakt $y = \frac{5}{\sqrt{24}} x + \frac{49}{\sqrt{24}}$, also etwa $y = 1{,}0206x + 10{,}002$.

1.2 Lineare Funktionen – Geraden

1.2.1 Begriff der linearen Funktion

19   2. a) $y = 3$
Parallele zur 1. Achse,
Graph einer linearen Funktion
$m = 0$

b) $y = 0$
1. Achse,
Graph einer linearen Funktion
$m = 0$

c) $x = -2$
Parallele zur 2. Achse,
kein Funktionsgraph

d) $x = 0$
2. Achse,
kein Funktionsgraph

20   3. a) (1) $y = 2 \cdot x + b$
$1 = 2 \cdot 4 + b$
$b = -7$
$y = 2 \cdot x - 7$

(2) $y = -\frac{1}{5} \cdot x + b$
$y = -\frac{1}{5} \cdot 1 + b$
$b = 2\frac{1}{5}$
$y = -\frac{1}{5} \cdot x + 2\frac{1}{5}$

(3) $y = \frac{2}{3} \cdot x + b$
$-2 = \frac{2}{3} \cdot (-3) + b$
$b = 0$
$y = \frac{2}{3} x$

b) $y = m \cdot x + b$
$y_1 = m \cdot x_1 + b$
$b = y_1 - m \cdot x_1$
$y = m \cdot x - m \cdot x_1 + y_1$
$y = m \cdot (x - x_1) + y_1$
$y - y_1 = m \cdot (x - x_1)$

4. a) $\begin{vmatrix} m+b=2 \\ 5m+b=4 \end{vmatrix}$, $y=\frac{1}{2}x+\frac{3}{2}$ 　　b) $\begin{vmatrix} -m+b=-6 \\ 2m+b=0 \end{vmatrix}$, $y=2x-4$

c) $\begin{vmatrix} -3,5m+b=-1 \\ 0,5m+b=-1 \end{vmatrix}$, $y=-1$ 　　d) $\begin{vmatrix} b=8 \\ -2m+b=16 \end{vmatrix}$, $y=-4x+8$

e) $\begin{vmatrix} \frac{1}{4}m+b=\frac{2}{5} \\ \frac{5}{4}m+b=\frac{8}{3} \end{vmatrix}$, $y=\frac{34}{15}x-\frac{1}{6}$ 　　f) $\begin{vmatrix} \sqrt{8}m+b=\sqrt{2} \\ \sqrt{2}m+b=\sqrt{18} \end{vmatrix}$, $y=-2x+5\sqrt{2}$

5. a) $f(4)=5$ 　　　　　　　　c) $f(16)=5$

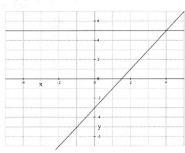 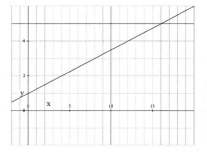

b) $f(-1)=5$

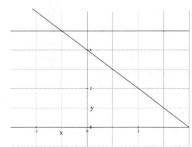

6. a) $f(x)=0{,}2\cdot x+1$ 　　　　c) $f(x)=-\frac{2}{3}\cdot x+4$
　　b) $f(x)=\frac{1}{10}\cdot x+2{,}4$ 　　　d) $f(x)=\frac{1}{4}x-1$

6. Fortsetzung: Graphen

zu a)

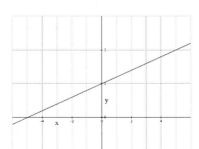

zu c)

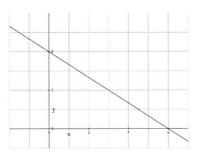

zu b)

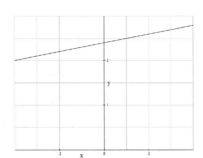

zu d)

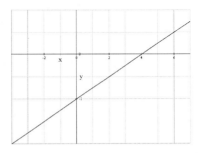

7. a) g_1: $y = \frac{4}{5}x + 1$ g_2: $y = -x + 1{,}5$ g_3: $y = \frac{1}{5}x - 2$

   b) g_1: $y = \frac{7}{2}x + \frac{17}{2}$ g_2: $y = -\frac{1}{7}x + \frac{8}{7}$ g_3: $y = 0 \cdot x - 1{,}5$

8. a) $y = 2x - 5$; ja   b) $y = -2x + 11$; nein
   c) $y = \frac{1}{2}x - 1$; ja   d) $y = x$; nein

9. a) $y = -0{,}4x + 3$; $P_3(10|-1)$, $P_4(-2{,}5|\,4)$, $P_5(0|\,3)$, $P_6(7{,}5|\,0)$

   b) $y = 0{,}6x - 1{,}4$; $P_3(10|\,4{,}6)$, $P_4(9|\,4)$, $P_5(0|-1{,}4)$, $P_6\left(\frac{7}{3}\big|\,0\right)$

21 10. a)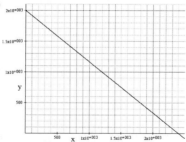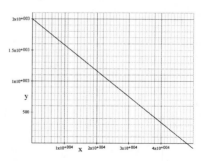

$h(t) = -\frac{5}{6}t + 2000$ \hspace{2cm} $h(s) = -\frac{1}{24}s + 2000$

$h(t) = -\frac{5}{6}t + 2000$ (Zeit (in Sekunden) → Höhe h (in Metern))

$h(s) = -\frac{1}{24}s + 2000$ (Streckenlänge s (in Metern) → Höhe h (in Metern))

b) Nach 40 min und einer Strecke von 48 km über Grund erreicht das Segelflugzeug den Erdboden.

1.2.2 Parallelität und Orthogonalität von Geraden

22 2. a) Schnittpunkt der Geraden g_1 und g_2: $S\left(\frac{5}{2}\middle|\frac{1}{2}\right)$

Schnittpunkt der Geraden g_1 mit den Koordinatenachsen:
P(3 | 0); Q(0 | 3)
Schnittpunkt der Geraden g_2 mit den Koordinatenachsen:
$R\left(\frac{3}{7}\middle|0\right)$; S(0 | −7)

b) Schnittpunkt der Geraden g_1 und g_2: S(−12 | −28)
Schnittpunkt der Geraden g_1 mit den Koordinatenachsen:
$P\left(-\frac{8}{3}\middle|0\right)$; Q(0 | 8)

Schnittpunkt der Geraden g_2 mit den Koordinatenachsen:
R(2 | 0); S(0 | −4)

c) Schnittpunkt der Geraden g_1 und g_2: $S\left(-\frac{1}{2}\middle|\frac{7}{2}\right)$

Schnittpunkt der Geraden g_1 mit den Koordinatenachsen:
P(0 | 0); Q(0 | 0)
Schnittpunkt der Geraden g_2 mit den Koordinatenachsen:
R(3 | 0); S(0 | 3)

d) Schnittpunkt der Geraden g_1 und g_2: S(−100 | −54)
Schnittpunkt der Geraden g_1 mit den Koordinatenachsen:
P(8 | 0); Q(0 | −4)
Schnittpunkt der Geraden g_2 mit den Koordinatenachsen:
R(−10 | 0); S(0 | 6)

23

3. a) P(−4 | 5); O(0 | 0) ⇒ $g_1: y = -\frac{5}{4}x$

   $m_g = -\frac{5}{4}$

   Sei t die Tangente an den Kreis im Punkt P.

   $t \perp g \Rightarrow m_t = \frac{4}{5}$

   t: $y = \frac{4}{5}x + b \Rightarrow b = 5 + \frac{16}{5} = \frac{41}{5}$

   t: $y = \frac{4}{5}x + \frac{41}{5}$

   b) Sei g_1 die Gerade durch den Koordinatenursprung und durch den Punkt P, dann $g_1: y = \frac{y_1}{y_2} \cdot x$ und $m_g = \frac{y_1}{x_1}$. Die Tangente t: $y = m_t x + b$ hat die Steigung $m_t = -\frac{1}{m_g} = -\frac{x_1}{y_1}$. Da P auf der Tangente liegt:

   $y_1 = m_t \cdot x_1 + b \Rightarrow b = y_1 - m_t \cdot x_1 = y_1 + \frac{x_1}{y_1} \cdot x_1 \Rightarrow$

   t: $y = \frac{x_1}{y_1}x + y_1 + \frac{x_1}{y_1} \cdot x_1 \Rightarrow$ t: $y - y_1 = -\frac{x_1}{y_1}(x - x_1)$.

4. a) $m_2 = -\frac{5}{3}$ c) $m_2 = -\frac{1}{2}$ e) $m_2 = \frac{4}{3}$

   b) $m_2 = -4$ d) $m_2 = \frac{1}{3}$ f) $m_2 = 10$

5. a) $y = 2x + 5$ $\left[y = -\frac{x}{2}\right]$ c) $y = 1{,}2x + 2{,}2$ $\left[y = -\frac{5}{6}x - 0{,}85\right]$

   b) $y = -5x + 5$ $\left[y = \frac{x}{5} + 5\right]$ d) $y = -x - 3$ $\left[y = x + 3\right]$

6. a) g: $y = -\frac{x}{2} + 3$; h: $y = 2x - 3$; S(2,4 | 1,8); $|\overline{OS}| = 3$

   b) für m ≠ 0:   g: $y = mx + 3$; h: $y = -\frac{1}{m}x - 3$; $S\left(\frac{-6m}{1+m^2} \,\Big|\, 3 \cdot \frac{1-m^2}{1+m^2}\right)$;

   $x_s^2 + y_s^2 = 9$; $|\overline{OS}| = 3$

   für m = 0:   S(0 | 3); $|\overline{OS}| = 3$

   geometrischer Lehrsatz: Satz des Thales

7. Gleiche Kosten bei den Tarifen „Classic" und „Comfort" bzw. „Constant":
   für monatlichen Verbrauch v = 1000 kWh bzw. v = 1500 kWh.
   Das geringe Risiko einer Preiserhöhung beim Tarif „Constant" wird mit einem hohen Arbeitspreis bezahlt. Für einen monatlichen Verbrauch von unter 1000 kWh ist der Tarif „Classic" optimal.

1.3 Quadratische Funktionen

25

2. a) 4; –2
   $f(x) > 0$ für $x < -2$ oder $x > 4$
   $f(x) < 0$ für $-2 < x < 4$
   b) 3
   $f(x) > 0$ für $x \neq 3$
   c) keine Nullstellen
   $f(x) > 0$ für alle $x \in \mathbb{R}$
   d) 3; –1
   $f(x) > 0$ für $-1 < x < 3$
   $f(x) < 0$ für $x < -1$ oder $x > 3$

27

3. (1) $a = 2$; $c = 5$ (2) $a = -0{,}5$; $c = 2{,}5$ (3) $a = 0{,}1$; $c = 2{,}2$

4. a) Nullstellen: –2; 2
   Wertebereich: $\{y \in \mathbb{R} \mid y \geq -3\}$
   S (0 | –3)
   b) Nullstellen: –3; 3
   Wertebereich: $\{y \in \mathbb{R} \mid y \leq 1{,}8\}$
   S (0 | 1)
   c) Nullstelle: 0
   Wertebereich: $\mathbb{R}_0^+$
   S (0 | 0)
   d) Nullstellen: 0; 4
   Wertebereich: $\{y \in \mathbb{R} \mid y \geq -4\}$
   S (2 | –4)
   e) Nullstellen: 2; –4
   Wertebereich: $\{y \in \mathbb{R} \mid y \leq 1{,}8\}$
   S (–1 | 1,8)
   f) Nullstellen: 2; –1,5
   Wertebereich:
   $\{y \in \mathbb{R} \mid y \geq -3{,}0625\}$
   S (0,25 | –3,0625)

5. Untersuchung der Diskriminate
   $\left(\frac{p}{2}\right)^2 - q$ für $p = 5$ und $q = c$:

   $\left(\frac{5}{2}\right)^2 - c \begin{cases} \text{keine Nullstelle, falls} & \frac{25}{4} < c. \\ \text{genau eine Nullstelle, falls} & c = \frac{25}{4}. \\ \text{zwei Nullstellen, falls} & \frac{25}{4} > c. \end{cases}$

6. a) $f(x) = x^2 - 7x + 10$
   Nullstellen: 2; 5
   Vorzeichenwechsel bei 2 und 5
   b) $f(x) = -x^2 - 4x - 3$
   Nullstellen: –3; –1
   Vorzeichenwechsel bei –3 und –1
   c) $f(x) = x^2 + 8x + 16$
   Nullstelle: –4
   kein Vorzeichenwechsel
   d) $f(x) = -3x^2 + 9x + 12$
   Nullstellen: –1; 4
   Vorzeichenwechsel bei –1 und 4
   e) $f(x) = 0{,}5x^2 + 0{,}5x - 3$
   Nullstellen: –3; 2
   Vorzeichenwechsel bei –3 und 2
   f) $f(x) = 2x^2 + 3x - 2$
   Nullstellen: –2; 0,5
   Vorzeichenwechsel bei –2 und 0,5

27

7. **a)** $a = -1; b = 2; c = 3$
   b) $a = 1; b = -2; c = -3$
   c) $a = 0{,}2; b = -0{,}4;$
   $c = -0{,}6$
   d) $a = -0{,}5; b = 1; c = 1{,}5$

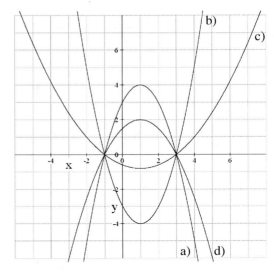

8. **a)** $A(-1 \mid -4);\quad B(4 \mid 6)$ **c)** $A(0{,}5 \mid -7{,}2)$
   b) $A(-0{,}5 \mid 2{,}25);\quad B(2{,}5 \mid 1{,}65)$

9. **a)** $A(-2 \mid 3)$ **b)** $B(-1 \mid -10)$ **c)** $B(-1 \mid 3{,}5)$
   $D(3 \mid -2)$ $C(1 \mid -2)$ $C(3 \mid 3{,}5)$
   $y = -x + 1$ $y = 4x - 6$ $y = 3{,}5$

10. **a)** $A(1 \mid 3); B(5 \mid 3)$ **b)** $A(0 \mid 2); B(2 \mid 0)$ **c)** $A(0 \mid 2)$

2. FOLGEN UND GRENZWERTE

2.1 Folgen als Hilfsmittel zum Beschreiben funktionaler Zusammenhänge

2.2.1 Folgen und ihre Darstellung

36

2. a)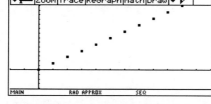

b)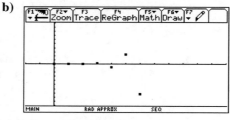

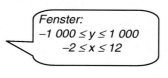

Fenster:
$-1\,000 \leq y \leq 1\,000$
$-2 \leq x \leq 12$

3. a) (1) z. B. $a_1 = 8$ (2) z. B. $a_n = 4$
$a_{n+1} = a_n$
b) Alle Punkte liegen auf einer zur 1. Achse parallelen Geraden.

4. a) Siehe erste Tabelle in **c)**.
b) $a_0 = 40\,000$
$a_{n+1} = 1{,}0625 \cdot a_n - 5\,500$
c)

n	u1
0.	40000.
1.	37000.
2.	33813.
3.	30426.
4.	26827.
5.	23004.
6.	18942.
7.	14626.

u1(n)=14625.72747469

n	u1
4.	26827.
5.	23004.
6.	18942.
7.	14626.
8.	10040.
9.	5167.3
10.	-9.717
11.	-5510.

u1(n)=5167.325156974

36

4. d) Nach 9 Jahren ist das Darlehen abbezahlt.
   Die letzte Rate beträgt 5 167,33 €.

5. a) $1; \frac{1}{2}; \frac{1}{3}; \frac{1}{4}; \frac{1}{5}; \ldots; \frac{1}{10};$ $a_{20} = \frac{1}{20};$ $a_{100} = \frac{1}{100}$
   b) $2; 8; 18; 32; 50; \ldots; 200;$ $a_{20} = 800;$ $a_{100} = 20\,000$
   c) $\frac{1}{3}; \frac{4}{3}; 3; \frac{16}{3}; \frac{25}{3}; \ldots; \frac{100}{3};$ $a_{20} = \frac{400}{3};$ $a_{100} = \frac{10\,000}{3}$
   d) $2; 4; 8; 16; 32; \ldots; 1\,024;$ $a_{20} = 1\,048\,576;$ $a_{100} = 1{,}3 \cdot 10^3$
   e) $-1; 1; -1; 1; \ldots; 1;$ $a_{20} = 1;$ $a_{100} = 1$
   f) $-1; \frac{1}{2}; -\frac{1}{3}; \frac{1}{4}; -\frac{1}{5}; \ldots; \frac{1}{10};$ $a_{20} = \frac{1}{20};$ $a_{100} = \frac{1}{100}$
   g) $-1; 2; -3; 4; -5; \ldots; 10;$ $a_{20} = 20;$ $a_{100} = 100$
   h) $0; 2; 0; 2; 0; \ldots; 2;$ $a_{20} = 2;$ $a_{100} = 2$
   i) $2; 1\frac{1}{2}; 1\frac{1}{3}; 1\frac{1}{4}; \ldots; 1\frac{1}{10};$ $a_{20} = 1\frac{1}{20};$ $a_{100} = 1\frac{1}{100}$
   j) $-1; 0; \frac{1}{3}; \frac{1}{2}; \frac{3}{5}; \ldots; \frac{4}{5};$ $a_{20} = \frac{9}{10};$ $a_{100} = \frac{49}{50}$
   k) $-\frac{1}{3}; \frac{1}{4}; -\frac{1}{5}; \frac{1}{6}; \ldots; \frac{1}{12};$ $a_{20} = \frac{1}{22};$ $a_{100} = \frac{1}{102}$
   l) $1; 3; 1; 3; \ldots; 3;$ $a_{20} = 3;$ $a_{100} = 3$
   m) $5; \sqrt{5}; \sqrt[3]{5}; \sqrt[4]{5}; \ldots; \sqrt[10]{5};$ $a_{20} = \sqrt[20]{5} \approx 1{,}08;$ $a_{100} = \sqrt[100]{5} \approx 1{,}02$
   n) $1; 1; 0; -1; -1; \ldots; -1;$ $a_{20} = -1;$ $a_{100} = -1$
   o) $1; 0; -1; 0; 1; 0; \ldots; 0;$ $a_{20} = 0;$ $a_{100} = 0$
   p) $0; 2; 0; 4; 0; 6; \ldots; 10;$ $a_{20} = 20;$ $a_{100} = 100$

37

6. a) $-\frac{3}{4}; -\frac{3}{2}; -\frac{9}{4}; -3; -\frac{15}{4}; \ldots; -\frac{15}{2}$ $a_{20} = -15;$ $a_{100} = -75$
   b) $-\frac{1}{2}; -1; -\frac{3}{2}; -2; -\frac{5}{2}; \ldots; -5$ $a_{20} = -10;$ $a_{100} = -50$
   c) $1; -2; 3; -4; \ldots; -10$ $a_{20} = -20;$ $a_{100} = -100$
   d) $-2; 2; -\frac{8}{3}; 4; -\frac{32}{5}; \ldots; \frac{1024}{10}$ $a_{20} = 52\,428{,}8;$ $a_{100} = 1{,}3 \cdot 10^{28}$
   e) $0; -2; \frac{2}{3}; -4; \frac{4}{3}; -6; \frac{6}{7}; \ldots; -10$ $a_{20} = -20;$ $a_{100} = -100$
   f) $-1; \frac{1}{2}; -3; \frac{3}{4}; -5; \frac{5}{6}; \ldots; \frac{9}{10}$ $a_{20} = \frac{19}{20};$ $a_{100} = \frac{99}{100}$

7. a) $0; 1; 2; 3; 4; \ldots; 9$
   b) $100; 95; 90; 85; \ldots; 55$
   c) $0{,}5; -1; 2; -4; 8; \ldots; -256$
   d) $10; -10; 10; -10; \ldots; -10$
   e) $1; 4; 13; 40; 121; \ldots; 29\,524$ (geom. Reihe mit $a_1 = 1; q = 3$)
   f) $2{,}4; 2{,}16; 2{,}0256; 2{,}0006554; 2{,}0000004; 2; \ldots; 2$ (TR-Genauigkeit)
   g) $10; 0{,}08\overline{3}; 0{,}48; 0{,}4032258; 0{,}4161074; 0{,}4138889; \ldots; 0{,}4142133$
   (TR-Genauigkeit)
   Bemerkung: $\lim\limits_{n \to \infty} a_n = \sqrt{2} - 1$

37

7. h) 2; 0,7071068; 1,1892071; 0,917004; 1,0442738; ...; 0,9986471
(TR-Genauigkeit)
Bemerkung: $\lim_{n\to\infty} a_n = 1$

i) im Bogenmaß (gerundet): 1; 0,841; 0,746; 0,678; 0,628; ...; 0,481
Bemerkung: $\lim_{n\to\infty} a_n = 0$

8. a) 1; 2; 2; 3; 2; 4; 2   **c)** 1; 2; 3; 8; 5; 36; 7
   b) 1; 3; 4; 7; 6; 12; 8   **d)** 0; 0; 1; 1; 3; 2; 5

9. a) $a_1 = 1{,}4$; $a_2 = 1{,}4143$; $a_3 = 1{,}4142$; $a_4 = 1{,}4142$ ...
Rekursionsgleichung: $a_1 = 1{,}4$
$$a_{n+1} = \tfrac{1}{2}\left(a_n + \tfrac{2}{a_n}\right)$$

b) Rekursionsgleichung für $\sqrt{k}$:
$a_{n+1} = \tfrac{1}{2}\left(a_n + \tfrac{k}{a_n}\right)$
(1) $a_1 = 2$; $a_2 = 1{,}75$; $a_3 = 1{,}732$; ...
(2) $a_1 = 4$; $a_2 = 2{,}625$; $a_3 = 2{,}265$; $a_4 = 2{,}236$ ...
(3) $a_1 = 3$; $a_2 = 2{,}166$; $a_3 = 2{,}000$; ...
(4) $a_1 = 7$; $a_2 = 4$; $a_3 = 2{,}875$; $a_4 = 2{,}654$; $a_5 = 2{,}645$ ...
(5) $a_1 = \sqrt{2}$; $a_2 = 1{,}4142$; ...

10. a) explizit: $a_n = -\tfrac{1}{n+1}$;   rekursiv: $a_{n+1} = a_n \cdot \tfrac{n+1}{n+2}$; $a_1 = -\tfrac{1}{2}$
   b) explizit: $a_n = n^3$;   rekursiv: $a_{n+1} = a_n + 3n^2 + 3n + 1$; $a_1 = 1$
   c) explizit: $a_n = 2^n - 1$;   rekursiv: z. B. $a_{n+1} = 2 \cdot a_n + 1$; $a_1 = 1$
                                           oder: $a_{n+1} = a_n + 2^n$; $a_1 = 1$
   d) explizit: $a_n = (-1)^{n+1} \cdot n$; rekursiv: $a_{n+1} = (-1)^n \cdot (|a_n| + 1)$; $a_1 = 1$
   e) explizit: $a_n = 16 \cdot \left(-\tfrac{1}{2}\right)^{n-1}$; rekursiv: $a_{n+1} = -\tfrac{1}{2} \cdot a_n$;
   f) explizit: $a_n = -3 - 8 \cdot (n-1)$; rekursiv: $a_{n+1} = a_n - 8$

11. Rekursionsgleichung:
$a_1 = 4\,200$ $a_{n+1} = 1{,}038 \cdot a_n + 4\,200$

n	u1
-1.	undef
0.	4200.
1.	8559.6
2.	13085.
3.	17782.
4.	22658.
5.	27719.
6.	32972.

u1(n)=32972.120435155

2.1.2 Geometrische Folgen

2. a) $n \mapsto a_n = a_1 \cdot q^{n-1} = \frac{a_1}{q} \cdot q^n = a \cdot b^n$ mit $n \in \mathbb{N}$; $a = \frac{a_1}{q}$; $b = q$
Wegen $q > 0$; $q \neq 1$, $a_1 \neq 0$ ist $a \neq 0$; $b > 0$; $b \neq 1$.

b) $f(n) = a \cdot b^n = (a \cdot b) \cdot b^{n-1} = a_1 \cdot q^{n-1}$ mit $n \in \mathbb{N}$; $a_1 = a \cdot b$; $q = b$
Wegen $a \neq 0$, $b > 0$ ist $a_1 \neq 0$; wegen $b > 0$ ist $q \neq 0$.

3. a) (1) Die Folge wächst unbeschränkt.
(2) Die Folge fällt, die Werte streben gegen 0.
(3) Die Beträge der Folgenglieder wachsen unbeschränkt; die Werte liegen abwechselnd ober- bzw. unterhalb der 1. Achse.
(4) Die Werte streben gegen 0, sie liegen dabei abwechselnd ober- bzw. unterhalb der 1. Achse.

b) Für $|q| < 1$ streben die Werte gegen 0, sonst nicht.

4. a) 6; 18; 54; 162; 486; ...; 118 098; $1{,}03 \cdot 10^{48}$; ...
b) 200; 20; 2; 0,2; 0,02; ...; $2 \cdot 10^{-7}$; ...; $2 \cdot 10^{-97}$; ...
c) 200; 300; 450; 675; 1 012,5; ...; 7 688,7; ...; $5{,}4 \cdot 10^{19}$
d) 1 000; −500; 250; −125; 62,5; ...; −1,95; ...; $-1{,}58 \cdot 10^{-27}$; ...
e) 4; 3; 2,25; 1,6875; 1,27; ...; 0,3; ...; $1{,}7 \cdot 10^{-12}$
f) 4; −4; 4; −4; 4; ...; −4; ...; −4
g) −6; −18; −54; −162; −486; ...; −118 098; ...; $-1{,}03 \cdot 10^{48}$
h) 5; −2; 0,8; −0,32; 0,128; ...; −0,0013; ...; $-2 \cdot 10^{-39}$
i) −2; 0,02; −0,0002; $2 \cdot 10^{-6}$; $-2 \cdot 10^{-8}$; ...; $2 \cdot 10^{-18}$; ...; $2 \cdot 10^{-198}$
Bemerkung: zum Teil wurden Näherungswerte angegeben.

5. a) $0{,}2 = 125 \cdot q^4$; also $q = 0{,}2$ oder $q = -0{,}2$
b) $15{,}625 = a_1 \cdot 12{,}5^3$; also $a_1 = 0{,}008$
c) $-1 = (-81) \cdot \left(-\frac{1}{3}\right)^{n-1}$; also $n = 5$

6. $a_n = 20 \cdot (-0{,}8)^{n-1}$ $\quad \left[a_n = 125 \cdot (-0{,}8)^{n-1}\right]$

7. $a_n = a_1 \cdot q^{n-1}$ mit $a_1 = 30$ [$a_1 = 45$] und $q = 0{,}4$

8. a) $S_n = 12 \cdot \left(\frac{1}{2}\right)^{n-1}$

b) $U_n = 36 \cdot \left(\frac{1}{2}\right)^{n-1}$

c) $A_n = A_1 \cdot \left(\frac{1}{4}\right)^{n-1}$ mit $A_1 = 36 \cdot \sqrt{3}$

9. a) 5 000 € bei 5,25 %: nach 14 Jahren
5 000 € bei 3,5 %: nach 21 Jahren
2 500 € bei 5,25 %: nach 14 Jahren
2 500 € bei 3,5 %: nach 21 Jahren

b) $K_n = 1\,000 \cdot (1{,}04)^{n-1}$; $K_1 = 1\,000$; $q = 1{,}04$;
nach 18 Jahren: $K_{19} \approx 2\,025{,}82$; nach 29 Jahren: $K_{30} \approx 3\,118{,}65$

c/d) $B_n = B_1 \cdot q^{n-1}$

10. a)
Merkur:	$4{,}617 \cdot 10^{10}$ m	– ca. $5{,}8 \cdot 10^{11}$ m auf S. 6
Venus:	$8{,}311 \cdot 10^{10}$ m	– ca. $10{,}8 \cdot 10^{11}$ m auf S. 6
Erde:	$1{,}496 \cdot 10^{11}$ m	– identisch mit S. 6
Mars:	$2{,}693 \cdot 10^{11}$ m	– ca. $2{,}3 \cdot 10^{11}$ m auf S. 6
Planetoidengürtel:	$4{,}847 \cdot 10^{11}$ m	
Jupiter:	$8{,}725 \cdot 10^{11}$ m	
Saturn:	$1{,}570 \cdot 10^{12}$ m	
Uranus:	$2{,}827 \cdot 10^{12}$ m	
Neptun:	$5{,}088 \cdot 10^{12}$ m	
Pluto:	$9{,}159 \cdot 10^{12}$ m	

b) $a_n = a_0 \cdot k^{n-3} = \frac{a_0}{k^3} \cdot k^n$

Wir setzen $\frac{a_0}{k^3} = \overline{a}_0 \approx 0{,}17146776$ und erhalten damit

$a_n = \overline{a}_0 \cdot k^n$, also wieder eine geometrische Folge.

11. a) Wir bezeichnen mit a_n die Anzahl der Kaninchenpaare nach n Monaten.
$a_1 = 1$, $a_2 = 1$, $a_3 = 2$
Im 4. Monat kommt zu der Anzahl a_3 noch Nachwuchs von a_2 dazu,
also $a_4 = a_3 + a_2 = 3$.
Im n-ten Monat kommt zu der Anzahl a_{n-1} noch Nachwuchs von a_{n-2}
dazu, also $a_n = a_{n-1} + a_{n-2}$.
Geht man davon aus, dass keine Kaninchen sterben, so erhält man
$a_5 = 5$, $a_6 = 8$, $a_7 = 13$, $a_8 = 21$, $a_9 = 34$, $a_{10} = 55$, $a_{11} = 89$, $a_{12} = 144$.
Nach einem Jahr gibt es 144 Paare.

41

11. b) Eine männliche Biene (Drohne) hat immer eine Königin als direkten Vorfahren. Eine Königin hat immer eine Königin und eine Drohne als direkte Vorfahren. Daraus ergibt sich der folgende Stammbaum:

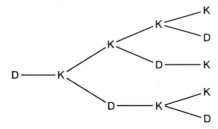

Die Anzahl der Vorfahren in der n-ten Generation bezeichnen wir mit v_n, die Anzahl der Drohnen in der n-ten Generation mit d_n und die Anzahl der Königinnen mit k_n.
Jede Königin und jede Drohne hat eine Königin als direkten Vorfahren.
Es gilt also: $k_{n-1} + d_{n-1} = k_n$
Jede Drohne hat eine Königin als direkten Vorfahren,
also gilt: $k_{n-1} = d_n$
Es gilt: $v_n = k_n + d_n$
$= k_{n-1} + d_{n-1} + k_{n-1}$
$= v_{n-1} + k_{n-2} + d_{n-2}$
$= v_{n-1} + v_{n-2}$

c) Wir bezeichnen mit b_n die Anzahl der weiblichen Rinder im n-ten Jahr. Die Anzahl der weiblichen Rinder im n-ten Jahr ergibt sich aus der Anzahl im Vorjahr zuzüglich des Nachwuchses der Rinder von vor zwei Jahren, also: $b_n = b_{n-1} + b_{n-2}$
Konkret erhält man mit $b_1 = 1$ und $b_2 = 2$ die gleiche Folge wie in Teilaufgabe a).

2.2 Grenzwerte bei Folgen

2.2.1 Grenzwert einer Folge

44

2. a) Die Punkte nähern sich von oben der Geraden y = 2.
   b) Die Punkte nähern sich von oben und unten der Geraden y = 2.
   c) Die Folge ist divergent.

45

3. a) (1) $a_1 = 10$, $a_2 = 5$, $a_3 = \frac{5}{2}$, $a_4 = \frac{5}{4}$, $a_5 = \frac{5}{8}$, $a_6 = \frac{5}{16}$, $a_7 = \frac{5}{32}$, $a_8 = \frac{5}{64}$, ...   Die Folge konvergiert gegen 0.
   (2) $a_1 = -5$, $a_2 = -\frac{1}{2}$, $a_3 = -\frac{1}{20}$, $a_4 = -\frac{1}{200}$, $a_5 = -\frac{1}{2000}$, $a_6 = -\frac{1}{20\,000}$; ...   Die Folge konvergiert gegen 0.
   (3) $a_1 = 4$, $a_2 = 8$, $a_3 = 16$, $a_4 = 32$, $a_5 = 64$, $a_6 = 128$, $a_7 = 256$, ...
   Die Folge ist divergent.
   (4) $a_1 = 6$, $a_2 = -12$, $a_3 = 24$, $a_4 = -48$, $a_5 = 96$, $a_6 = -192$, ...
   Die Folge ist divergent.
   (5) $a_1 = 10$, $a_2 = -1$, $a_3 = \frac{1}{10}$, $a_4 = -\frac{1}{100}$, $a_5 = \frac{1}{1000}$, $a_6 = -\frac{1}{10\,000}$, ...   Die Folge konvergiert gegen 0.
   (6) $a_1 = 5$, $a_2 = 5$, $a_3 = 5$, $a_4 = 5$, ...
   Die Folge konvergiert gegen 5.

   b) $a_1 = a \cdot q^{n-1}$
   $a_1 = a$, $a_2 = a \cdot q$, $a_3 = a \cdot q^2$, $a_4 = a \cdot q^3$, $a_5 = a \cdot q^4$, $a_6 = a \cdot q^5$, ...
   Die Folge ist divergent für alle q mit $|q| > 1$.
   Die Folge ist konvergent für alle q mit $|q| < 1$.
   Der Grenzwert ist dann 0.
   Sonderfälle: $q = 1$: Die Folge ist konvergent mit Grenzwert a.
   $q = -1$: Die Folge besitzt zwar die Häufungspunkte a und −a, aber keinen Grenzwert, da nicht endlich viele Glieder außerhalb einer beliebig kleinen Umgebung von a bzw. −a liegen.

4. a) -
   b) $a_n = c$. c ist Grenzwert der Folge (a_n). In jeder noch so kleinen ε − Umgebung von c liegen alle Glieder der Folge.

5. a) $g = 1$ c) $g = 0$ e) $g = 0$ g) $g = 1$
   b) $g = 7$ d) $g = -8$ f) $g = 0$ h) $g = 0$

6. a) $a_1 = 2$, $a_2 = -13$, $a_3 = -38$, $a_4 = -73$, $a_5 = -118$, $a_6 = -173$, $a_7 = -238$, $a_8 = -313$, $a_9 = -398$, $a_{10} = -493$, ...
   Die Folge ist divergent.
   b) $a_1 = 11$, $a_2 = 3$, $a_3 = \frac{13}{9}$, $a_4 = \frac{7}{8}$, $a_5 = \frac{3}{5}$, $a_6 = \frac{4}{9}$, $a_7 = \frac{17}{49}$, $a_8 = \frac{9}{32}$, $a_9 = \frac{19}{81}$, $a_{10} = \frac{1}{5}$, ...
   Die Folge ist konvergent, der Grenzwert ist 0.
   c) $a_1 = 1$, $a_2 = \sqrt{2}$, $a_3 = \sqrt{8}$, ..., $a_{10} = \sqrt{10}$, ..., $a_{100} = \sqrt{100}$, ..., $a_{1000} = \sqrt{1000}$, ...
   Die Folge ist divergent.
   d) $a_1 = \sqrt{0}$, $a_2 = \sqrt{10}$, $a_3 = \sqrt[3]{10}$, $a_4 = \sqrt[4]{10}$, ...
   Die Folge konvergiert gegen 1.

45

6. e) $a_1 = \frac{1}{2}$, $a_2 = \frac{1}{4}$, $a_3 = \frac{1}{8}$, $a_4 = \frac{1}{16}$, $a_5 = \frac{1}{32}$, $a_6 = \frac{1}{64}$, ...
Die Folge konvergiert gegen 0.
   f) $a_1 = \frac{1}{10}$, $a_2 = \frac{2}{100}$, $a_3 = \frac{3}{1000}$, $a_4 = \frac{4}{10\,000}$, ...
Die Folge konvergiert gegen 0.

7. a) $\varepsilon = 2$ b) $\varepsilon = 2$ c) $\varepsilon = 2$

8. a) $a_1 = 2$, $a_2 = 0$, $a_3 = \frac{1}{3}$, $a_4 = 0$, $a_5 = \frac{1}{5}$, ...; $g = 0$
   b) $a_1 = -6$, $a_2 = -4$, $a_3 = -2$, $a_4 = 0$, $a_5 = 2$, ...; divergent
   c) $a_1 = 2$, $a_2 = 0$, $a_3 = 6$, $a_4 = 0$, $a_5 = 10$, ...; divergent mit Häufungspunkt 0
   d) $a_1 = -16$, $a_2 = -4$, $a_3 = 0$, $a_4 = -4$, $a_5 = -16$, $a_6 = -36$, ...; divergent
   e) $a_1 = 6$, $a_2 = 5{,}1$, $a_3 = 5{,}01$, $a_4 = 5{,}001$, $a_5 = 5{,}0001$, ...; $g = 5$
   f) $a_1 = 16$, $a_2 = 8$, $a_3 = 4$, $a_4 = 2$, $a_5 = 1$, $a_6 = \frac{1}{2}$, $a_7 = \frac{1}{4}$, ...; $g = 0$

9. a) 1. $\varepsilon = \frac{1}{15}$; $a_n \in U_\varepsilon(0)$ für $n \geq 16$
   2. $\varepsilon = 0{,}007 = \frac{7}{1000}$; $a_n \in U_\varepsilon(0)$ für $n > \frac{1000}{7} = 142{,}857$;
   also für $n \geq 143$
   3. ε beliebig; $a_n \in U_\varepsilon(0)$ für $n > \frac{1}{\varepsilon}$

   b) 1. $\varepsilon = \frac{1}{3}$; $a_n \in U_\varepsilon(1)$ für $n^2 > 3$ $\left(n > \sqrt{3}\right)$; also $n \geq 2$
   2. $\varepsilon = \frac{1}{10}$; $a_n \in U_\varepsilon(1)$ für $n^2 > 10$ $\left(n > \sqrt{10}\right)$; also $n \geq 4$
   3. $\varepsilon = \frac{1}{100}$; $a_n \in U_\varepsilon(1)$ für $n^2 > 100$ $(n > 10)$; also $n \geq 11$
   4. ε beliebig; $a_n \in U_\varepsilon(1)$ für $n^2 > \frac{1}{\varepsilon}$ $\left(n > \sqrt{\frac{1}{\varepsilon}}\right)$

   c) 1. $\varepsilon = \frac{1}{10}$; $a_n \in U_\varepsilon(0)$ für $n > 21$
   2. $\varepsilon = \frac{1}{1000}$; $a_n \in U_\varepsilon(0)$ für $n > 2001$
   3. ε beliebig; $a_n \in U_\varepsilon(0)$ für $n > \frac{1}{\varepsilon} + \frac{1}{\varepsilon}\sqrt{1 + 4\varepsilon}$

2.2.2 Grenzwertsätze für Folgen

47

2. a) (1) $\lim\limits_{n \to \infty} a_n = \lim\limits_{n \to \infty}\left(\frac{1}{\sqrt{n}} + 3\right) = \lim\limits_{n \to \infty}\left(\frac{1}{\sqrt{n}}\right) + 3 = 0 + 3 = 3$
   (2) $\lim\limits_{n \to \infty} a_n = \lim\limits_{n \to \infty}\left(7 - \frac{1}{n^2}\right) = 7 - \lim\limits_{n \to \infty}\left(\frac{1}{n^2}\right) = 7 - 0 = 7$
   (3) $\lim\limits_{n \to \infty} a_n = \lim\limits_{n \to \infty}\left(5 \cdot \sqrt[n]{n}\right) = 5 \cdot \lim\limits_{n \to \infty}\left(\sqrt[n]{n}\right) = 5 \cdot 1 = 5$
   (4) $\lim\limits_{n \to \infty} a_n = \lim\limits_{n \to \infty}\left(\frac{8}{\sqrt[n]{5}}\right) = \frac{8}{\lim\limits_{n \to \infty}\left(\sqrt[n]{5}\right)} = \frac{8}{1} = 8$

47

2. b) Die Folge $\langle a_n \rangle$ konvergiere gegen A (d. h. $\lim\limits_{n \to \infty} a_n = A$)

Die Folge $\langle b_n \rangle$ sei konstant (d. h. $b_n = B$ für alle $n \in \mathbb{N}$; $\lim\limits_{n \to \infty} b_n = B$)

Dann gilt:

1. Die Folge $\langle a_n + b_n \rangle$ konvergiert gegen A + B, und es gilt:
$$\lim_{n \to \infty} (a_n + b_n) = \lim_{n \to \infty} (a_n + B) = \lim_{n \to \infty} a_n + \lim_{n \to \infty} B = \lim_{n \to \infty} a_n + B$$
$$= A + B$$
Kurzform: $\lim\limits_{n \to \infty} (a_n + B) = \lim\limits_{n \to \infty} a_n + B$

2. Die Folge $\langle a_n - b_n \rangle$ konvergiert gegen A + B, und es gilt:
$$\lim_{n \to \infty} (a_n - b_n) = \lim_{n \to \infty} (a_n - B) = \lim_{n \to \infty} a_n - \lim_{n \to \infty} B = \lim_{n \to \infty} a_n - B$$
$$= A - B$$
Kurzform: $\lim\limits_{n \to \infty} (a_n - B) = \lim\limits_{n \to \infty} a_n - B$

3. Die Folge $\langle a_n \cdot b_n \rangle$ konvergiert gegen $A \cdot B$, und es gilt:
$$\lim_{n \to \infty} (a_n \cdot b_n) = \lim_{n \to \infty} (a_n \cdot B) = \lim_{n \to \infty} a_n \cdot \lim_{n \to \infty} B = \lim_{n \to \infty} a_n \cdot B = A \cdot B$$
Kurzform: $\lim\limits_{n \to \infty} (B \cdot a_n) = B \cdot \lim\limits_{n \to \infty} a_n$

4. Seien $a_n \neq 0$ und $A \neq 0$. Dann konvergiert die Folge $\left\langle \frac{b_n}{a_n} \right\rangle$ gegen $\frac{B}{A}$,

und es gilt: $\lim\limits_{n \to \infty} \left(\frac{b_n}{a_n} \right) = \lim\limits_{n \to \infty} \left(\frac{B}{a_n} \right) = \dfrac{\lim\limits_{n \to \infty} B}{\lim\limits_{n \to \infty} a_n} = \dfrac{B}{\lim\limits_{n \to \infty} a_n} = \dfrac{B}{A}$

Kurzform: $\lim\limits_{n \to \infty} \left(\frac{B}{a_n} \right) = B \cdot \dfrac{1}{\lim\limits_{n \to \infty} a_n}$

3. a) Wendet man die Grenzwertsätze auf den Term in seiner ursprünglichen Form an, so taucht sowohl im Zähler als auch im Nenner die Grenzwerte ∞ und $-\infty$ auf. Durch das Faktorisieren der höchsten vorkommenden Potenz von n aus Zähler und Nenner und anschließendes Kürzen führt die Anwendung der Grundsätze zum Ergebnis.

b) (1) $\dfrac{3n^2+4n+7}{9n^2+7n} = \dfrac{n^2\left(3+\frac{4}{n}+\frac{7}{n^2}\right)}{n^2\left(9+\frac{7}{n}\right)} = \dfrac{3+\frac{4}{n}+\frac{7}{n^2}}{9+\frac{7}{n}}$

$\lim\limits_{n \to \infty} \dfrac{3n^2+4n+7}{9n^2+7n} = \lim\limits_{n \to \infty} \dfrac{3+\frac{4}{n}+\frac{7}{n^2}}{9+\frac{7}{n}} = \dfrac{\lim\limits_{n \to \infty} 3 + \lim\limits_{n \to \infty} \frac{4}{n} + \lim\limits_{n \to \infty} \frac{7}{n^2}}{\lim\limits_{n \to \infty} 9 + \lim\limits_{n \to \infty} \frac{7}{n}} = \dfrac{3+0+0}{9+0} = \dfrac{3}{9} = \dfrac{1}{3}$

(2) $\dfrac{(4n+1)(2n+3)}{7n^2+4n+2} = \dfrac{n^2\left(4+\frac{1}{n}\right)\left(2+\frac{3}{n}\right)}{n^2\left(7+\frac{4}{n}+\frac{2}{n^2}\right)} = \dfrac{\left(4+\frac{1}{n}\right)\left(2+\frac{3}{n}\right)}{7+\frac{4}{n}+\frac{2}{n^2}}$

$\lim\limits_{n \to \infty} \dfrac{(4n+1)(2n+3)}{7n^2+4n+2} = \lim\limits_{n \to \infty} \dfrac{\left(4+\frac{1}{n}\right)\left(2+\frac{3}{n}\right)}{7+\frac{4}{n}+\frac{2}{n^2}} = \dfrac{\left(\lim\limits_{n \to \infty} 4 + \lim\limits_{n \to \infty} \frac{1}{n}\right)\left(\lim\limits_{n \to \infty} 2 + \lim\limits_{n \to \infty} \frac{3}{n}\right)}{\lim\limits_{n \to \infty} 7 + \lim\limits_{n \to \infty} \frac{4}{n} + \lim\limits_{n \to \infty} \frac{2}{n^2}}$

$= \dfrac{(4+0)(2+0)}{7+0+0} = \dfrac{4 \cdot 2}{7} = \dfrac{8}{7}$

48

4. Sei $\lim_{n\to\infty} a_n = a$. Dann ist auch $\lim_{n\to\infty} a_{n+1} = a$.

   Nach den Grenzwertsätzen gilt: $\lim_{n\to\infty} a_{n+1} = \lim_{n\to\infty}(a_n) - 0{,}4 \cdot \lim_{n\to\infty}(a_n) + 5$,

   also:
   $$a = a - 0{,}4\,a + 5$$
   $$\Leftrightarrow 5 - 0{,}4a = 0$$
   $$\Leftrightarrow a = \tfrac{5}{0{,}4} = 12{,}5$$

5. $\lim_{n\to\infty} \dfrac{\sqrt[n]{n}+1}{\sqrt[n]{5}+1} = \dfrac{\lim_{n\to\infty}\sqrt[n]{n}+1}{\lim_{n\to\infty}\sqrt[n]{5}+1} = \dfrac{1+1}{1+1} = 1$

6. a) $\dfrac{n^3+n}{n^4} = \dfrac{n^4\left(\frac{1}{n}+\frac{1}{n^3}\right)}{n^4} = \dfrac{1}{n}+\dfrac{1}{n^3}$

   $\lim_{n\to\infty}\dfrac{n^3+n}{n^4} = \lim_{n\to\infty}\left(\dfrac{1}{n}+\dfrac{1}{n^3}\right) = \lim_{n\to\infty}\dfrac{1}{n}+\lim_{n\to\infty}\dfrac{1}{n^3} = 0+0 = 0$

   b) $\lim_{n\to\infty}\dfrac{3+\frac{1}{n}}{4-\frac{(-1)^n}{n}} = \dfrac{3+\lim_{n\to\infty}\frac{1}{n}}{4-\lim_{n\to\infty}\frac{(-1)^n}{n}} = \dfrac{3+0}{4-0} = \dfrac{3}{4}$

   c) $\dfrac{\frac{1}{n}+n}{n} = \dfrac{n\left(\frac{1}{n^2}+1\right)}{n} = \dfrac{1}{n^2}+1$

   $\lim_{n\to\infty}\dfrac{\frac{1}{n}+n}{n} = \lim_{n\to\infty}\left(\dfrac{1}{n^2}+1\right) = \lim_{n\to\infty}\dfrac{1}{n^2}+1 = 0+1 = 1$

   d) $\dfrac{4n^2+7n+8}{2n^2+3n+7} = \dfrac{n^2\left(4+\frac{7}{n}+\frac{8}{n^2}\right)}{n^2\left(2+\frac{3}{n}+\frac{7}{n^2}\right)} = \dfrac{4+\frac{7}{n}+\frac{8}{n^2}}{2+\frac{3}{n}+\frac{7}{n^2}}$

   $\lim_{n\to\infty}\dfrac{4n^2+7n+8}{2n^2+3n+7} = \lim_{n\to\infty}\dfrac{4+\frac{7}{n}+\frac{8}{n^2}}{2+\frac{3}{n}+\frac{7}{n^2}} = \dfrac{\lim_{n\to\infty}4+\lim_{n\to\infty}\frac{7}{n}+\lim_{n\to\infty}\frac{8}{n^2}}{\lim_{n\to\infty}2+\lim_{n\to\infty}\frac{3}{n}+\lim_{n\to\infty}\frac{7}{n^2}} = \dfrac{4+0+0}{2+0+0} = 2$

   e) $\dfrac{5n^2-4n-2}{2n^2-2n+9} = \dfrac{n^2\left(5-\frac{4}{n}+\frac{2}{n^2}\right)}{n^2\left(2-\frac{2}{n}+\frac{9}{n^2}\right)} = \dfrac{5+\frac{4}{n}-\frac{2}{n^2}}{2-\frac{2}{n}+\frac{9}{n^2}}$

   $\lim_{n\to\infty}\dfrac{5n^2-4n-2}{2n^2-2n+9} = \lim_{n\to\infty}\dfrac{5-\frac{4}{n}-\frac{2}{n^2}}{2-\frac{2}{n}+\frac{9}{n^2}} = \dfrac{5-\lim_{n\to\infty}\frac{4}{n}-\lim_{n\to\infty}\frac{2}{n^2}}{2-\lim_{n\to\infty}\frac{2}{n}+\lim_{n\to\infty}\frac{9}{n^2}} = \dfrac{5-0-0}{2-0+0} = \dfrac{5}{2}$

   f) $\dfrac{8n^2-4n+2}{2n^3-4n^2+1} = \dfrac{n^3\left(\frac{8}{n}-\frac{4}{n^2}+\frac{2}{n^3}\right)}{n^3\left(2-\frac{4}{n}+\frac{1}{n^3}\right)} = \dfrac{\frac{8}{n}-\frac{4}{n^2}+\frac{2}{n^3}}{2-\frac{4}{n}+\frac{1}{n^3}}$

   $\lim_{n\to\infty}\dfrac{8n^2-4n+2}{2n^3-4n^2+1} = \lim_{n\to\infty}\dfrac{\frac{8}{n}-\frac{4}{n^2}+\frac{2}{n^3}}{2-\frac{4}{n}+\frac{1}{n^3}} = \dfrac{\lim_{n\to\infty}\frac{8}{n}-\lim_{n\to\infty}\frac{4}{n^2}+\lim_{n\to\infty}\frac{2}{n^3}}{\lim_{n\to\infty}2-\lim_{n\to\infty}\frac{4}{n}+\lim_{n\to\infty}\frac{1}{n^3}} = \dfrac{0}{2} = 0$

48

6. g) $\dfrac{15n^2-5n^2+2n}{3n^3-2n-1} = \dfrac{n^3\left(\frac{10}{n}+\frac{2}{n^2}\right)}{n^2\left(3-\frac{2}{n^2}-\frac{1}{n^3}\right)} = \dfrac{\frac{10}{n}+\frac{2}{n^2}}{3-\frac{2}{n^2}-\frac{1}{n^3}}$

$\lim\limits_{n\to\infty}\dfrac{15n^2-5n^2+2n}{3n^3-2n-1} = \lim\limits_{n\to\infty}\dfrac{\frac{10}{n}+\frac{2}{n^2}}{3-\frac{2}{n^2}-\frac{1}{n^3}} = \dfrac{\lim\limits_{n\to\infty}\frac{10}{n}+\lim\limits_{n\to\infty}\frac{2}{n^2}}{\lim\limits_{n\to\infty}3-\lim\limits_{n\to\infty}\frac{2}{n^2}-\lim\limits_{n\to\infty}\frac{1}{n^3}} = \dfrac{0}{3} = 0$

h) $\dfrac{12n^4-3n^2+1}{6n^4-4n^2+2n} = \dfrac{n^4\left(12-3\cdot\frac{1}{n^2}+\frac{1}{n^4}\right)}{n^4\left(6-\frac{4}{n^2}+\frac{2}{n^3}\right)} = \dfrac{12-\frac{3}{n^2}+\frac{1}{n^4}}{6-\frac{4}{n^2}+\frac{2}{n^3}}$

$\lim\limits_{n\to\infty}\dfrac{12n^4-3n^2+1}{6n^4-4n^2+2n} = \lim\limits_{n\to\infty}\dfrac{12-\frac{3}{n^2}+\frac{1}{n^4}}{6-\frac{4}{n^2}+\frac{2}{n^3}} = \dfrac{12-\lim\limits_{n\to\infty}\frac{3}{n^2}+\lim\limits_{n\to\infty}\frac{1}{n^4}}{6-\lim\limits_{n\to\infty}\frac{4}{n^2}+\lim\limits_{n\to\infty}\frac{2}{n^3}} = \dfrac{12}{6} = 2$

7. a) $\lim\limits_{n\to\infty}\dfrac{n+5}{n^2+1} = \lim\limits_{n\to\infty}\dfrac{\frac{1}{n}+\frac{5}{n^2}}{1+\frac{1}{n^2}} = \dfrac{\lim\limits_{n\to\infty}\frac{1}{n}+\lim\limits_{n\to\infty}\frac{5}{n^2}}{1+\lim\limits_{n\to\infty}\frac{1}{n^2}} = \dfrac{0}{1} = 0$

b) $\lim\limits_{n\to\infty}\dfrac{n^2+1}{n+5} = \lim\limits_{n\to\infty}\dfrac{1+\frac{1}{n^2}}{\frac{1}{n}+\frac{5}{n^2}} = \dfrac{1+\lim\limits_{n\to\infty}\frac{1}{n^2}}{\lim\limits_{n\to\infty}\frac{1}{n}+\lim\limits_{n\to\infty}\frac{5}{n^2}} = \dfrac{1+0}{0+0}$ n. def. $\Rightarrow \langle a_n\rangle$ ist divergent

c) $\lim\limits_{n\to\infty}\dfrac{2n}{n^2-4{,}5} = \lim\limits_{n\to\infty}\dfrac{\frac{2}{n}}{1-\frac{4{,}5}{n^2}} = \dfrac{0}{1} = 0$

d) $\lim\limits_{n\to\infty}\dfrac{1-\frac{1}{n}}{3-\frac{1}{n^2}} = \dfrac{1-\lim\limits_{n\to\infty}\frac{1}{n}}{3-\lim\limits_{n\to\infty}\frac{1}{n^2}} = \dfrac{1}{3}$

e) $\lim\limits_{n\to\infty}\dfrac{2n^2}{n^2-10} = \lim\limits_{n\to\infty}\dfrac{2}{1-\frac{10}{n^2}} = \dfrac{2}{1-\lim\limits_{n\to\infty}\frac{10}{n^2}} = 2$

f) $\lim\limits_{n\to\infty}\dfrac{4n+3}{2n-5} = \lim\limits_{n\to\infty}\dfrac{4+\frac{3}{n}}{2-\frac{5}{n}} = \dfrac{4+\lim\limits_{n\to\infty}\frac{3}{n}}{2-\lim\limits_{n\to\infty}\frac{5}{n}} = 2$

g) $\lim\limits_{n\to\infty}\dfrac{2n-1}{n^2-2} = \lim\limits_{n\to\infty}\dfrac{\frac{2}{n}-\frac{1}{n^2}}{1-\frac{2}{n^2}} = \dfrac{\lim\limits_{n\to\infty}\frac{2}{n}-\lim\limits_{n\to\infty}\frac{1}{n^2}}{1-\lim\limits_{n\to\infty}\frac{2}{n^2}} = \dfrac{0}{1} = 0$

h) $\lim\limits_{n\to\infty}\dfrac{n-\frac{1}{n}}{n^2-\frac{1}{n}} = \lim\limits_{n\to\infty}\dfrac{\frac{1}{n}-\frac{1}{n^3}}{1-\frac{1}{n^3}} = \dfrac{\lim\limits_{n\to\infty}\frac{1}{n}-\lim\limits_{n\to\infty}\frac{1}{n^3}}{1-\lim\limits_{n\to\infty}\frac{1}{n^3}} = \dfrac{0}{1} = 0$

i) $\lim\limits_{n\to\infty}\dfrac{n^2-1}{n^4+n^3} = \lim\limits_{n\to\infty}\dfrac{\frac{1}{n^2}-\frac{1}{n^4}}{1+\frac{1}{n}} = \dfrac{\lim\limits_{n\to\infty}\frac{1}{n^2}-\lim\limits_{n\to\infty}\frac{1}{n^4}}{1+\lim\limits_{n\to\infty}\frac{1}{n}} = \dfrac{0}{1} = 0$

j) $\lim\limits_{n\to\infty}\dfrac{4\sqrt{n}+1}{5\sqrt{n}+4} = \lim\limits_{n\to\infty}\dfrac{4+\frac{1}{\sqrt{n}}}{5+\frac{4}{\sqrt{n}}} = \dfrac{4+\lim\limits_{n\to\infty}\frac{1}{\sqrt{n}}}{5+\lim\limits_{n\to\infty}\frac{4}{\sqrt{n}}} = \dfrac{4}{5}$

k) $\lim\limits_{n\to\infty}\dfrac{1+\sqrt{n}}{3+\sqrt{n}} = \lim\limits_{n\to\infty}\dfrac{\frac{1}{\sqrt{n}}+1}{\frac{3}{\sqrt{n}}+1} = \dfrac{\lim\limits_{n\to\infty}\frac{1}{\sqrt{n}}+1}{\lim\limits_{n\to\infty}\frac{3}{\sqrt{n}}+1} = 1$

l) $\lim\limits_{n\to\infty}\left(\dfrac{\frac{1}{n^3}}{\frac{1}{n^2}}\right) = \lim\limits_{n\to\infty}\dfrac{n^2}{n^3} = \lim\limits_{n\to\infty}\dfrac{1}{n} = 0$

m) $\lim\limits_{n\to\infty}\dfrac{2^n-1}{2^n} = \lim\limits_{n\to\infty}\dfrac{1-\frac{1}{2^n}}{1} = \dfrac{1-\lim\limits_{n\to\infty}\frac{1}{2^n}}{1} = 1$

48

7. n) $\lim\limits_{n\to\infty} \frac{2-3^n}{2+3^n} = \lim\limits_{n\to\infty} \frac{\frac{2}{3^n}-1}{\frac{2}{3^n}+1} = \frac{\lim\limits_{n\to\infty}\frac{2}{3^n}-1}{\lim\limits_{n\to\infty}\frac{2}{3^n}+1} = -1$

   o) $\lim\limits_{n\to\infty} \frac{n\cdot\sqrt[n]{n}+1}{n\cdot\sqrt[n]{n}-4} = \lim\limits_{n\to\infty} \frac{\sqrt[n]{n}+\frac{1}{n}}{\sqrt[n]{n}-\frac{4}{n}} = \frac{\lim\limits_{n\to\infty}\sqrt[n]{n}+\lim\limits_{n\to\infty}\frac{1}{n}}{\lim\limits_{n\to\infty}\sqrt[n]{n}-\lim\limits_{n\to\infty}\frac{4}{n}} = 1$

8. *Beispiel:*

   $\left(4+\frac{1}{n}\right)$ konvergiert gegen 4 $\qquad$ $\left(-3+\frac{1}{n^2}\right)$ konvergiert gegen -3

   $\left(7-\frac{1}{n}\right)$ konvergiert gegen 7 $\qquad$ $\left(g-\frac{1}{3^n}\right)$ konvergiert gegen g

9. a) $\lim\limits_{n\to\infty} a_n^2 = \lim\limits_{n\to\infty}(a_n\cdot a_n) = \left(\lim\limits_{n\to\infty} a_n\right)\cdot\left(\lim\limits_{n\to\infty} a_n\right) = \left(\lim\limits_{n\to\infty} a_n\right)^2$

   b) $\lim\limits_{n\to\infty}(a_n)^k = \lim\limits_{n\to\infty}\underbrace{(a_n\cdot a_n\cdot\ldots\cdot a_n)}_{k\text{-mal}} = \underbrace{\left(\lim\limits_{n\to\infty} a_n\right)\cdot\left(\lim\limits_{n\to\infty} a_n\right)\cdot\ldots\cdot\left(\lim\limits_{n\to\infty} a_n\right)}_{k\text{-mal}}$

   $= \left(\lim\limits_{n\to\infty} a_n\right)^k$

10. In den Fällen a) und b) ist er nicht anwendbar, da $\langle b_n\rangle$ eine Nullfolge ist und somit eine Voraussetzung $B \neq 0$ (siehe Satz 2, 4.) nicht erfüllt ist.
    Im Fall c) ist jedes 2. Folgeglied = 0; also sind nicht alle $b_n \neq 0$. Insbesondere gibt es auch kein n_0, sodass $b_n \neq 0$ für alle $n > n_0$ gilt, d. h. auch die erweiterte Fassung des 4. Grenzwertsatzes kann nicht angewendet werden.

11. Vergleiche dazu Beispiel in Aufgabe 5 auf dieser Seite im Lehrbuch.

2.3 Geometrische Reihen

2.3.1 Geometrische Reihen als Folgen

50

1. a) Die ersten Glieder der Näherungsfolge sind im blauen Kasten bereits angegeben. Für das n-te Glied s_n gilt offenbar:

   $s_n = 3 + 3\cdot\frac{1}{10} + 3\cdot\frac{1}{100} + 3\cdot\frac{1}{1000} + \ldots + 3\cdot\frac{1}{10^{n-1}} + 3\cdot\frac{1}{10^n}$

   $= 3\cdot\left(\frac{1}{10}\right)^0 + 3\cdot\left(\frac{1}{10}\right)^1 + 3\cdot\left(\frac{1}{10}\right)^2 + 3\cdot\left(\frac{1}{10}\right)^3 + \ldots + 3\cdot\left(\frac{1}{10}\right)^{n-1} + 3\cdot\left(\frac{1}{10}\right)^n$

   $= a_1 + a_1\cdot q + a_1\cdot q^2 + a_1\cdot q^3 + \ldots + a_1\cdot q^{n-1} + a_1\cdot q^n$

   mit $a_1 = 3$ und $q = \frac{1}{10}$

   Die Summenglieder von s_n bilden eine Folge $\langle a_n\rangle$, die wegen der Gültigkeit der Beziehung $a_n = a_1\cdot q^{n-1}$, $a \neq 0$, $q \neq 0$, gemäß Satz 1, S. 21 geometrisch ist.

50

1. a) Fortsetzung
Damit ist s_n nach Definition eine geometrische Reihe.
Für das n-te Glied gilt: $s_n = a_1 \cdot \frac{1-q^n}{1-q} = 3 \cdot \frac{1-0{,}1^n}{1-0{,}1} = \frac{10}{3} \cdot \left(1 - 0{,}1^n\right)$.

b) (1) $0{,}4 = \frac{4}{10} = 4 \cdot \frac{1}{10}$

$0{,}44 = 4 \cdot \frac{1}{10} + 4 \cdot \frac{1}{100}$

$0{,}44 = 4 \cdot \frac{1}{10} + 4 \cdot \frac{1}{100} + 4 \cdot \frac{1}{1000}$

$\vdots$

$s_n = \frac{4}{10} + \frac{4}{10} \cdot \frac{1}{10} + \frac{4}{10} \cdot \frac{1}{10^2} + \frac{4}{10} \cdot \frac{1}{10^3} + \ldots + \frac{4}{10} \cdot \frac{1}{10^{n-1}}$

$a_1 = \frac{4}{10};\; q = \frac{1}{10};\; s_n = \frac{4}{10} \cdot \frac{1-\left(\frac{1}{10}\right)^n}{1-\frac{1}{10}} = \frac{4}{9} \cdot \left(1 - \left(\frac{1}{10}\right)^n\right)$

(2) $0{,}9 = \frac{9}{10}$

$0{,}99 = \frac{9}{10} + \frac{9}{10} \cdot \frac{1}{10}$

$0{,}999 = \frac{9}{10} + \frac{9}{10} \cdot \frac{1}{10} + \frac{9}{10} \cdot \frac{1}{n^2}$

$\vdots$

$s_n = \frac{9}{10} + \frac{9}{10} \cdot \frac{1}{10} + \frac{9}{10} \cdot \frac{1}{10^2} + \ldots + \frac{9}{10} \cdot \frac{1}{10^{n-1}};\; a_1 = \frac{9}{10},\; q = \frac{1}{10}$

$s_n = \frac{9}{10} \cdot \frac{1-\frac{1}{10^n}}{1-\frac{1}{10}} = 1 - \left(\frac{1}{10}\right)^n = 1 - \frac{1}{10^n}$

(3) $2{,}8 = 2 + \frac{8}{10}$

$2{,}88 = 2 + \frac{8}{10} + \frac{8}{10} \cdot \frac{1}{10}$

$2{,}888 = 2 + \frac{8}{10} + \frac{8}{10} \cdot \frac{1}{10} + \frac{8}{10} \cdot \frac{1}{10^2}$

$\vdots$

$s_n = 2 + \frac{8}{10} + \frac{8}{10} \cdot \frac{1}{10} + \frac{8}{10} \cdot \frac{1}{10^2} + \ldots + \frac{8}{10} \cdot \frac{1}{10^{n-1}}$

$= 2 + a_1 + a_1 \cdot q + a_1 \cdot q^2 + \ldots + a_1 \cdot q^{n-1};\; a_1 = \frac{8}{10},\; q = \frac{1}{10}$

$s_n = 2 + \frac{8}{10} \cdot \frac{1-\frac{1}{10^n}}{1-\frac{1}{10}} = 2 + \frac{8}{9}\left(1 - \frac{1}{10^n}\right)$

(4) $0{,}15 = \frac{15}{100}$

$0{,}1515 = \frac{15}{100} + \frac{15}{100} \cdot \frac{1}{100}$

$0{,}151515 = \frac{15}{100} + \frac{15}{100} \cdot \frac{1}{100} + \frac{15}{100} \cdot \frac{1}{100^2}$

$\vdots$

$s_n = \frac{15}{100} + \frac{15}{100} \cdot \frac{1}{100} + \frac{15}{100} \cdot \frac{1}{100^2} + \ldots + \frac{15}{100} \cdot \frac{1}{100^{n-1}};\; a_1 = \frac{15}{100},\; q = \frac{1}{100}$

$s_n = \frac{15}{100} \cdot \frac{1-\frac{1}{100^n}}{1-\frac{1}{100}} = \frac{15}{99}\left(1 - \frac{1}{100^n}\right) = \frac{5}{33}\left(1 - \frac{1}{100^n}\right)$

50 1. b) (5) $2{,}785 = 2{,}78 + \frac{5}{1000}$

$2{,}7855 = 2{,}78 + \frac{5}{1000} + \frac{5}{1000} \cdot \frac{1}{10}$

$2{,}78555 = 2{,}78 + \frac{5}{1000} + \frac{5}{1000} \cdot \frac{1}{10} + \frac{5}{1000} \cdot \frac{1}{10^2}$

$\vdots$

$s_n = 2{,}78 + \frac{5}{1000} + \frac{5}{1000} \cdot \frac{1}{10} + \ldots + \frac{5}{1000} \cdot \frac{1}{10^{n-1}}$; $a_1 = \frac{5}{1000}$, $q = \frac{1}{10}$

$s_n = 2{,}78 + \frac{5}{1000} \cdot \frac{1 - \frac{1}{10^n}}{1 - \frac{1}{10}} = 2{,}78 + \frac{5}{900}\left(1 - \frac{1}{10^n}\right) = 2{,}78 + \frac{1}{180}\left(1 - \frac{1}{10^n}\right)$

51 2. a) (1) $s_1 = 2\,000\,€$

$s_2 = 2\,000\,€ + 1{,}04 \cdot 2\,000\,€ = 4\,080\,€$

$s_3 = 2\,000\,€ + 1{,}04 \cdot 4\,080\,€ = 6\,234{,}20\,€$

$s_4 = 2\,000\,€ + 1{,}04 \cdot 6\,243{,}20\,€ = 8\,492{,}93\,€$

$\vdots$

$s_n = 2\,000\,€ + 2\,000\,€ \cdot 1{,}04 + \ldots + 2\,000\,€ \cdot 1{,}04^{n-1}$

(2) $s_{n+1} = s_n \cdot 1{,}04 + 2\,000\,€$

b) $s_1 = a_1$

$s_2 = a_1 + a_1 \cdot q$

$s_3 = a_1 + a_1 q + a_1 q^2$

$\vdots$

$s_n = a_1 + a_1 q + a_1 q^2 + \ldots + a_1 q^{n-1}$

(1) s_n ist eine (divergente) geometrische Reihe

(2) s_{n+1} setzt sich nach Aufgabenstellung zusammen aus der neuerlichen Einzahlung a_1 und dem mit dem Prozentsatz p verzinsten Kapital aus dem Vorjahr. Demnach gilt:

$s_{n+1} = a_1 + s_n + \frac{p}{100} \cdot s_n = a_1 + s_n\left(1 + \frac{p}{100}\right) = a_1 + s_n \cdot q$.

3. a) $3^1 + 3^2 + 3^3 + \ldots + 3^{20} = 3 \cdot \frac{1 - 3^{20}}{1 - 3} = 5\,230\,176\,600$

b) $1 + \frac{1}{2} + \left(\frac{1}{2}\right)^2 + \ldots + \left(\frac{1}{2}\right)^{10} = 1 + \frac{1}{2} \cdot \frac{1 - \left(\frac{1}{2}\right)^{10}}{1 - \frac{1}{2}} = 1 + \frac{1}{2} \cdot \frac{1023}{512}$

$= 1 + \frac{1023}{1024} \approx 1{,}99902$

c) $1 - 5 + 25 - \ldots - 3\,125 = 1 + (-5) + (-5)^2 + \ldots + (-5)^5$

$= 1 + (-5) \cdot \frac{1 - (-5)^5}{1 - (-5)} = -2\,604$

d) $3 + 12 + 48 + \ldots + 3\,072 = 3\,(1 + 4 + 16 + \ldots + 1\,024)$

$= 3\left(1 + 4 + 4^2 + \ldots + 4^5\right) = 3\left(1 + 4 \cdot \frac{1 - 4^5}{1 - 4}\right) = 3\,(1 + 4 \cdot 341) = 4\,095$

51

4. a) $s_1 = 4$
$s_2 = 4 + 4 \cdot 2 = 12$
$s_3 = 4 + 4 \cdot 2 + 4 \cdot 2^2 = 28$
$\vdots$
$s_n = 4 + 4 \cdot 2 + \ldots + 4 \cdot 2^{n-1} = 4 \cdot \frac{1-2^n}{1-2} = 4 \cdot (2^n - 1)$

b) $s_1 = 2$
$s_2 = 2 + 2 \cdot \frac{1}{3} = 2\frac{2}{3}$
$s_3 = 2 + 2 \cdot \frac{1}{3} + 2 \cdot \left(\frac{1}{3}\right)^2 = 2 + \frac{2}{3} + \frac{2}{9} = 2\frac{8}{9}$
$\vdots$
$s_n = 2 + 2 \cdot \frac{1}{3} + \ldots + 2 \cdot \left(\frac{1}{3}\right)^{n-1} = 2 \cdot \frac{1-\left(\frac{1}{3}\right)^n}{1-\frac{1}{3}} = 3 \cdot \left(1 - \left(\frac{1}{3}\right)^n\right)$

c) $s_1 = 1$
$s_2 = 1 + 1 \cdot \left(-\frac{1}{2}\right) = 1 - \frac{1}{2} = \frac{1}{2}$
$s_3 = 1 + 1 \cdot \left(-\frac{1}{2}\right) + 1 \cdot \left(-\frac{1}{2}\right)^2 = 1 - \frac{1}{2} + \frac{1}{4} = \frac{3}{4}$
$\vdots$
$s_n = 1 + 1 \cdot \left(-\frac{1}{2}\right) + \ldots + 1 \cdot \left(-\frac{1}{2}\right)^{n-1} = 1 \cdot \frac{1-\left(-\frac{1}{2}\right)^n}{1-\left(-\frac{1}{2}\right)} = \frac{2}{3}\left(1 - \left(-\frac{1}{2}\right)^n\right)$

d) $s_1 = 10$
$s_2 = 10 + 10 \cdot (-5) = -40$
$s_3 = 10 + 10 \cdot (-5) + 10 \cdot (-5)^2 = 210$
$\vdots$
$s_n = 10 + 10 \cdot (-5) + \ldots + 10 \cdot (-5)^{n-1} = 10 \cdot \frac{1-(-5)^n}{1-(-5)} = \frac{5}{3}\left(1 - (-5)^n\right)$

5. a) $s_1 = 5\,000\,€$

$s_{n+1} = s_n \cdot 1{,}035 + 5\,000\,€$

Damit erhält man

$s_2 = 10\,175\,€$
$s_3 = 15\,531{,}13\,€$
$s_4 = 21\,074{,}72\,€$
$s_5 = 26\,812{,}34\,€$

b) $s_n = 5\,000 \cdot \frac{1{,}035^n - 1}{1{,}035 - 1}$
$= \frac{5\,000}{0{,}035} \cdot \left(1{,}035^n - 1\right)$
$= \frac{5 \cdot 10^6}{35} \cdot \left(1{,}035^n - 1\right)$
$= \frac{1}{7} \cdot 10^6 \cdot \left(1{,}035^n - 1\right)$

Ansatz:

$50\,000 = \frac{1}{7} \cdot 10^6 \cdot \left(1{,}035^n - 1\right)$

$1{,}035^n = \frac{350\,000}{10^6} + 1$

$1{,}035^n = 0{,}35 + 1$

$1{,}035^n = 1{,}35$

$n = \frac{\log 1{,}35}{\log 1{,}035} \approx 8{,}72$

51 **6.** $s_1 = 1$; $s_2 = 2$; $s_n = 1 \cdot \frac{2^n - 1}{2 - 1} = 2^n - 1$; $s_{64} = 2^{64} - 1 = 1{,}845 \cdot 10^{19}$

Körneranzahl: $1{,}845 \cdot 10^{19}$
Minuten: $1{,}845 \cdot 10^{17}$ Tage: $3{,}074 \cdot 10^{14}$
Jahre: $8{,}54 \cdot 10^{11}$
Masse: $9{,}22 \cdot 10^{11}$ Tonnen

2.3.2 Konvergenz der geometrischen Reihe

52 **1. a)** Die Folge der Vorsprünge (gemessen in der Maßeinheit Stadion) lautet: $1, \frac{1}{10}, \frac{1}{100}, \frac{1}{1\,000}$. Es ist eine geometrische Folge mit $q = \frac{1}{10}$.

b) Die zugehörige geometrische Reihe hat den Summenwert $s = \frac{10}{9}$.

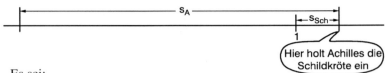

Es sei:
v_A = Geschwindigkeit des Achilles
v_{Sch} = Geschwindigkeit der Schildkröte
s_A = Länge des Weges des Achilles bis zum Einholen
s_{Sch} = Länge des Weges der Schildkröte bis zum Einholen
Δt = Zeit bis zum Einholen

Dann gilt: $v_A = 10 \cdot v_{Sch}$
$s_A = s_{Sch} + 1$

Berechnung von s_A
$s_A = v_A \cdot \Delta t$; $s_{Sch} = v_{Sch} \cdot \Delta t$
Also: $v_A \cdot \Delta t = v_{Sch} \cdot \Delta t + 1$
$v_A \cdot \Delta t = \frac{1}{10} \cdot v_A \cdot \Delta t + 1$
$\Delta t = \frac{10}{9 v_A}$
$s_A = v_A \cdot \Delta t = \frac{10}{9}$

Dieser Wert stimmt mit dem Summenwert der obigen geometrischen Reihe überein.

c) Achilles holt die Schildkröte solange nicht ein, wie seine zurückgelegte Weglänge kleiner als s_A ist. Achilles legt in der endlichen Zeit Δt unendlich viele Streckenlängen, nämlich $1, \frac{1}{10}, \frac{1}{100}, \frac{1}{1\,000}, \ldots$ (jeweils in der Maßeinheit Stadion) zurück, also insgesamt:
$1 + \frac{1}{10} + \frac{1}{100} + \frac{1}{1\,000} + \ldots = \frac{10}{9}$

53

2. a) $s = \frac{2}{10} + \frac{2}{100} + \frac{2}{1000} + \ldots = 2\left(\frac{1}{10} + \frac{1}{100} + \frac{1}{1000} + \ldots\right) = \frac{2}{10} \cdot \frac{1}{1-\frac{1}{10}} = \frac{2}{9}$

   b) $s = 3 + \frac{1}{10} + \frac{1}{100} + \frac{1}{1000} + \ldots = 3 + \frac{1}{10} \cdot \frac{1}{1-\frac{1}{10}} = 3 + \frac{1}{9} = 3\frac{1}{9} = \frac{28}{9}$

   c) $s = 4 + \frac{7}{10} + \frac{7}{100} + \frac{7}{1000} + \ldots = 4 + \frac{7}{10} \cdot \frac{1}{1-\frac{1}{10}} = 4 + \frac{7}{9} = 4\frac{7}{9} = \frac{43}{9}$

   d) $s = \frac{45}{100} + \frac{45}{1000} + \frac{45}{1\,000\,000} + \ldots = \frac{45}{100} \cdot \frac{1}{1-\frac{1}{100}} = \frac{45}{99} = \frac{5}{11}$

   e) $s = \frac{3\,178}{10\,000} + \frac{3\,178}{10\,000\,000} + \ldots = \frac{3\,178}{10\,000} \cdot \frac{1}{1-\frac{1}{10\,000}} = \frac{3178}{9999}$

3. a) $s = 2 + 1 + \frac{1}{2} + \frac{1}{4} + \frac{1}{8} + \ldots = 2 \cdot \frac{1}{1-\frac{1}{2}} = 4$

   b) $s = 3 - 1 + \frac{1}{3} - \frac{1}{9} + \frac{1}{27} - \ldots = 3 \cdot \frac{1}{1+\frac{1}{3}} = 3 \cdot \frac{1}{\frac{4}{3}} = \frac{9}{4} = 2{,}25$

   c) $s = 81 - 27 + 9 - 3 + 1 - \frac{1}{3} + \frac{1}{9} - + \ldots = 81 \cdot \frac{1}{1+\frac{1}{3}} = 81 \cdot \frac{\frac{3}{4}}{} = \frac{243}{4} = 60{,}75$

4. a) $1 + \frac{1}{3} + \left(\frac{1}{3}\right)^2 + \left(\frac{1}{3}\right)^3 + \ldots = 1 \cdot \frac{1}{1-\frac{1}{3}} = \frac{3}{2} = 1{,}5$

   b) $1 + \frac{3}{4} + \left(\frac{3}{4}\right)^2 + \left(\frac{3}{4}\right)^3 + \ldots = 1 \cdot \frac{1}{1-\frac{3}{4}} = 4$

   c) $1 - \frac{1}{2} + \frac{1}{4} - \frac{1}{8} + \ldots = 1 + \left(-\frac{1}{2}\right) + \left(-\frac{1}{2}\right)^2 + \left(-\frac{1}{2}\right)^3 + \ldots = 1 \cdot \frac{1}{1+\frac{1}{2}} = \frac{2}{3} = 0{,}\overline{6}$

   d) $1 + \frac{5}{6} + \frac{25}{36} + \frac{125}{216} + \ldots = 1 + \frac{5}{6} + \left(\frac{5}{6}\right)^2 + \left(\frac{5}{6}\right)^3 + \ldots = 1 \cdot \frac{1}{1-\frac{5}{6}} = 6$

   e) $1 - \frac{2}{3} + \frac{4}{9} - \ldots = 1 + \left(-\frac{2}{3}\right) + \left(-\frac{2}{3}\right)^2 + \ldots = 1 \cdot \frac{1}{1+\frac{2}{3}} = \frac{3}{5} = 0{,}6$

   f) $1 + 0{,}7 + 0{,}49 + \ldots = 1 + 0{,}7 + (0{,}7)^2 + \ldots = 1 \cdot \frac{1}{1-0{,}7} = \frac{10}{3} = 3{,}\overline{3}$

   g) $1 - 0{,}4 + 0{,}16 - \ldots = 1 + (-0{,}4) + (-0{,}4)^2 + \ldots = 1 \cdot \frac{1}{1+0{,}4} = \frac{10}{14} = \frac{5}{7}$
   $= 0{,}\overline{714285}$

   h) $2{,}4 + 1{,}2 + 0{,}6 + \ldots = 2{,}4 \cdot \left(1 + \frac{1}{2} + \frac{1}{4} + \ldots\right) = 2{,}4 \cdot \frac{1}{1-\frac{1}{2}} = 4{,}8$

   i) $0{,}1 - 0{,}02 + 0{,}004 + \ldots = 0{,}1 \cdot (1 - 0{,}2 + 0{,}04 - \ldots)$
   $= 0{,}1 \cdot \left(1 + (-0{,}2) + (-0{,}2)^2 + \ldots\right) = 0{,}1 \cdot \frac{1}{1+0{,}2} = 0{,}1 \cdot \frac{1}{1{,}2} = \frac{1}{12} = 0{,}08\overline{3}$

   j) $\frac{1}{4} + \frac{1}{4^2} + \frac{1}{4^7} + \ldots = \frac{1}{4} \cdot \frac{1}{1-\left(\frac{1}{4}\right)^3} = \frac{16}{63}$

   k) $\frac{1}{3} - \frac{1}{3^5} + \frac{1}{3^9} - \ldots = \frac{1}{3}\left(1 - \frac{1}{3^4} + \frac{1}{3^9} - \ldots\right) = \frac{1}{3}\left(1 + \left(-\frac{1}{3^4}\right) + \left(-\frac{1}{3^4}\right)^2 + \ldots\right)$
   $= \frac{1}{3} \cdot \frac{1}{1+\frac{1}{3^4}} = \frac{1}{3} \cdot \frac{1}{1+\frac{1}{81}} = \frac{1}{3} \cdot \frac{1}{\frac{82}{81}} = \frac{27}{82} = 0{,}3\overline{29268}$

   l) $10^{-1} + 10^{-2} + 10^{-3} + \ldots = 10^{-1}\left(1 + 10^{-1} + 10^{-2} + \ldots\right)$
   $= 10^{-1} \cdot \frac{1}{1-10^{-1}} = \frac{1}{10} \cdot \frac{1}{1-\frac{1}{10}} = \frac{1}{9} = 0{,}\overline{1}$

53

5. **a)** $h = 10 \text{ cm} + 10 \text{ cm} \cdot \frac{1}{2} + 10 \text{ cm} \cdot \frac{1}{4} + 10 \text{ cm} \cdot \frac{1}{8} + \ldots$

$= 10 \text{ cm}\left(1 + \frac{1}{2} + \left(\frac{1}{2}\right)^2 + \ldots\right) = 10 \text{ cm} \cdot \frac{1}{1-\frac{1}{2}} = 20 \text{ cm}$

b) $V = (10 \text{ cm})^3 + \left(10 \text{ cm} \cdot \frac{1}{2}\right)^3 + \left(10 \text{ cm} \cdot \frac{1}{4}\right)^3 + \left(10 \text{ cm} \cdot \frac{1}{8}\right)^3 + \ldots$

$= 1000 \text{ cm}^3 \left(1 + \left(\frac{1}{2}\right)^3 + \left(\frac{1}{4}\right)^3 + \left(\frac{1}{8}\right)^3 + \ldots\right)$

$= 1000 \text{ cm}^3 \left(1 + \frac{1}{2^3} + \left(\frac{1}{2^3}\right)^2 + \left(\frac{1}{2^3}\right)^3 + \ldots\right)$

$\ldots = 1000 \text{ cm}^3 \left(1 + \frac{1}{8} + \left(\frac{1}{8}\right)^2 + \left(\frac{1}{8}\right)^3 + \ldots\right)$

$= 1000 \text{ cm}^3 \cdot \frac{1}{1-\frac{1}{8}} = 1000 \text{ cm}^3 \cdot \frac{8}{7} \approx 1142{,}86 \text{ cm}^3$

6. $s_1 = 1000 \text{ €}$

$s_2 = 1000 \text{ €} \cdot \frac{8}{10} = 1000 \text{ €} \cdot \frac{4}{5}$

$s_3 = \left(1000 \text{ €} \cdot \frac{8}{10}\right) \cdot \frac{8}{10} = 1000 \text{ €} \cdot \left(\frac{8}{10}\right)^2 = 1000 \text{ €} \cdot \left(\frac{4}{5}\right)^2$

$\vdots$

$s = 1000 \text{ €} + 1000 \text{ €} \cdot \left(\frac{4}{5}\right) + 1000 \text{ €} \cdot \left(\frac{4}{5}\right)^2 + \ldots = 1000 \text{ €} \cdot \frac{1}{1-\frac{4}{5}} = 5000 \text{ €}$

7. **a)** Ein Halbkreis hat die Länge $\pi \cdot r$
Also gilt für die Spirale:

$l = \pi \cdot 5 \text{ cm} + \pi \cdot 5 \text{ cm} \cdot \frac{1}{2} + \pi \cdot 5 \text{ cm} \cdot \frac{1}{4} + \ldots = \pi \cdot 5 \text{ cm}\left(1 + \frac{1}{2} + \left(\frac{1}{2}\right)^2 + \ldots\right)$

$= \pi \cdot 5 \text{ cm} \cdot \frac{1}{1-\frac{1}{2}} = 2\pi \cdot 5 \text{ cm} = 31{,}42 \text{ cm}$. Die Spirale ist also genau so lang wie der Umfang des (Ausgangs-) kreises mit Radius 5 cm.

b) Eine Halbkreisfläche hat den Umfang $\frac{\pi}{2} \cdot r^2$.
Also gilt:

$A = \frac{\pi}{2} \cdot r^2 + \frac{\pi}{2} \cdot \frac{r^2}{2^2} + \frac{\pi}{2} \cdot \frac{r^2}{4^2} + \ldots = \frac{\pi}{2} \cdot r^2 \left(1 + \left(\frac{1}{2}\right)^2 + \left(\frac{1}{4}\right)^2 + \ldots\right)$

$= \frac{\pi}{2} \cdot r^2 \left(1 + \frac{1}{4} + \left(\frac{1}{4}\right)^2 + \ldots\right) = \frac{\pi}{2} \cdot r^2 \left(\frac{1}{1-\frac{1}{4}}\right) = \frac{2}{3}\pi r^2$

Mit $r = 5$ cm ergibt sich: $A = 52{,}36 \text{ cm}^2$.

8. $l_1 = a \cdot \sin\alpha$; $l_2 = l_1 \cdot \cos\alpha$; $l_3 = l_2 \cdot \cos\alpha = l_1 \cdot (\cos\alpha)^2$;
$l_4 = l_3 \cdot \cos\alpha = l_1 \cdot (\cos\alpha)^3 \ldots$
Daraus folgt für die Gesamtlänge aller Lote:

$l = a \cdot \sin\alpha + (a \cdot \sin\alpha) \cdot \cos\alpha + (a \cdot \sin\alpha) \cdot (\cos\alpha)^2 + (a \cdot \sin\alpha) \cdot (\cos\alpha)^3 + \ldots$

$= a \cdot \sin\alpha \cdot \frac{1}{1-\cos\alpha} = a \cdot \frac{\sin\alpha}{1-\cos\alpha}$

53 9. Die Aussage ist falsch. Gegenbeispiel: Es lässt sich bei vorgeschobenen $a_1 \neq 0$ kein q finden, sodass der Summenwert der geometrischen Reihe 0 ist.

2.4 Konvergenz monotoner und beschränkter Folgen

56 1. a) kleinste obere Schranke 2n   kleinste obere Schranke 0
       b) kleinste untere Schranke 0   kleinste obere Schranke 1 000

2. a) richtig; sei a_n konvergente Folge
      S. 43 Def. 4
      $\Rightarrow$ nur endlich viele Glieder liegen außerhalb einer ε-Umgebung vom Grenzwert $\Rightarrow$ größtes und kleinstes davon oder der Grenzwert bildet Schranken.
   b) falsch; z. B. $a_n = (-1)^n$ ist beschränkt aber nicht konvergent.

3. Konstante Folgen, da für sie gilt $a_n = a_{n+1}$ also sowohl $a_n \geq a_{n+1}$ und $a_n \leq a_{n+1}$

57 4. a) fallend   d) weder-noch   g) wachsend
       b) wachsend   e) weder-noch   h) weder-noch
       c) weder-noch   f) wachsend   i) wachsend

5. a) nach oben und unten beschränkt
      obere Schranken: 3; 30; 300   untere Schranken: −3; −30; −300
      kleinste obere Schranke $S_o = 2$ größte untere Schranke $S_u = -2$
   b) nach oben und unten beschränkt
      obere Schranken: 6; 7; 8 $S_o = 5$
      untere Schranken: −6; −7; −8 $S_u = 0$
   c) nach oben und unten beschränkt
      obere Schranken: 10; 20; 30 $S_o = 1$
      untere Schranken: −10; −20; −30 $S_u = \frac{3}{4}$
   d) nach unten beschränkt
      untere Schranken: 0; −1; $\frac{1}{2}$ $S_u = 0{,}9$
   e) nach oben und unten beschränkt
      obere Schranken: 1; 2; 3 $S_o = \frac{1}{9}$
      untere Schranken: −1; −2; −3 $S_u = -\frac{1}{3}$
   f) nach oben und unten beschränkt
      obere Schranken: 10; 20; 30 $S_o = 3$
      untere Schranken: −10; −1; 0 $S_u = 2$

57

5. g) nach oben beschränkt
obere Schranken: 1; 2; 3 $\quad S_o = 0$

h) nach oben beschränkt
obere Schranken: 1; 2; 3 $\quad S_o = 0$

i) nach unten beschränkt
untere Schranken: $-1; -2; -3 \quad S_u = 0$

j) nach unten beschränkt
untere Schranken: $-1; -2; -3 \quad S_u = 0$

k) nach oben und unten beschränkt
obere Schranken: 2; 3; 10 $\quad S_o = 1$

untere Schranken: $-1; 0; -10 \quad S_u = \frac{2}{3}$

l) nach oben und unten beschränkt
obere Schranken: 4; 6; 10 $\quad S_o = 3{,}25$
untere Schranken: $-4; -6; 0 \quad S_u = 0$

6. a) z. B. $(a_n) = 1 - \frac{1}{n}$ bzw. $(a_n) = (-1)^n$

b) z. B. $(a_n) = n$ (nicht nach oben beschränkt)
bzw. $(a_n) = (-2)^n$ (weder nach oben noch nach unten beschränkt)

7. a) $a_1 > 0$: Für $0 < q \leq 1$ ist (a_n) monoton fallend,

für $1 \leq q$ ist (a_n) monoton wachsend,

für $q < 0$ ist (a_n) weder fallend noch wachsend.

$[a_1 < 0]$: Für $0 < q \leq 1$ ist (a_n) monoton wachsend,

für $1 \leq q$ ist (a_n) monoton fallend,

für $q < 0$ ist (a_n) weder fallend noch wachsend.

b) $a_1 > 0$: $\quad q > 1$: $\quad (a_n)$ nach unten beschränkt.

$q = 1$: $\quad (a_n)$ nach oben und unten beschränkt.

$0 < q < 1$: $\quad (a_n)$ nach oben und unten beschränkt.

$-1 < q < 0$: $\quad (a_n)$ nach oben und unten beschränkt.

$q = -1$: $\quad (a_n)$ nach oben und unten beschränkt

$q < -1$: $\quad$ weder nach oben noch nach unten beschränkt.

$a_1 < 0$: $\quad q > 1$: $\quad (a_n)$ nach oben beschränkt.

$-1 \leq q \leq 1$: $\quad (a_n)$ nach oben und unten beschränkt.

$q < -1$: $\quad$ weder nach oben noch nach unten beschränkt.

57 8. a) (1) $(a_n) = (5; 5,5; 5,55; 5,555...)$
monoton steigend und nach oben beschränkt mit S = 6.
(2) $(a_n) = (0,9; 0,99; 0,999; ...)$
monoton steigend und nach oben beschränkt mit S = 1.
(3) $(a_n) = (0,1; 0,12; 0,123; 0,1234; ...)$
monoton steigend und nach oben beschränkt mit S = 0,2.

b) Die Folge mit $a_1 = d_0, d_1$ $a_2 = d_0, d_1d_2$ $a_3 = d_0, d_1d_2d_3$
usw. ist monoton steigend und durch $S = 1 + a_1$ nach oben beschränkt,
damit nach dem Monotoniekriterium konvergent.

9. a) $a_n = \frac{2n+2}{4n+2} = \frac{4n+2-2n}{4n+2} = 1 - \frac{2n}{4n+2}$

n	1	2	3	4	5
a_n	0,667	0,6	0,571	0,556	0,545

n	6	7	8	9	10
a_n	0,538	0,533	0,529	0,526	0,524

Vermutung: (a_n) monoton fallend

$\frac{a_n}{a_{n+1}} = \frac{\frac{2n+2}{4n+2}}{\frac{2(n+1)+2}{4(n+1)+2}} = \frac{(2n+2)(4n+6)}{(4n+2)(2n+4)} = \frac{8n^2+20n+12}{8n^2+20n+8} > 1$

Damit ist (a_n) monoton fallend.

b) untere Schranke: 0 obere Schranke: 1
nach dem Monotoniekriterium

c) $\lim_{n \to \infty} a_n = \lim_{n \to \infty} \frac{2+\frac{2}{n}}{4+\frac{2}{n}} = \frac{2}{4} = \frac{1}{2}$

Blickpunkt: Web-Diagramme

58 1. a) $x_{n+1} = \frac{1}{10}x_n + 0,7$ $x_1 = 0,7$ c) $x_{n+1} = \frac{1}{10}x_n + 0,36$ $x_1 = 3,9$
b) $x_{n+1} = \frac{1}{100}x_n + 0,42$ $x_1 = 0,42$

2. $(3; 1,8333; 1,4621; 1,415; 1,4142; ...)$
$z = \frac{1}{2}(z + \frac{2}{z})$ $2z^2 = z^2 + 2$ $z = \sqrt{2}$ $\lim_{n \to \infty} x_n = \sqrt{2}$

59

3. a) $x_{n+1} = \sqrt{2+x_n}$ $x_1 = 6$: (6; 2,8284; 2,1974; 2,0487; 2,0122; 2,003;
$g(x) = \sqrt{2+x}$ 2,0008; 2,0002; 2; ...)
konvergent mit $\lim_{n \to \infty} x_n = 2$
$[x_1 = -0,5]$: (–0,5; 1,2247; 1,7958; 1,9483; 1,987;
1,9968; 1,9992; 1,9998; 1,9999; 2; ...)
konvergent mit $\lim_{n \to \infty} x_n = 2$

Aus $z = \sqrt{2+z}$: $z^2 = 2+z$ $z^2 - z - 2 = 0$ $z_{1,2} = \frac{1}{2} \pm \sqrt{\frac{9}{4}}$
$z_1 = 2$ $[z_2 = -1]$

b) $x_{n+1} = \frac{6}{1+x_n}$ $x_1 = -0,5$: (–0,5; 1,2; 0,46154; 4,1053; 1,1753; 2,7583;
1,5965; 2,3108; 1,8122; 2,1335; 1,9148;
$g(x) = \frac{6}{1+x}$ 2,0585; 1,9618; ...; 2; ...)
konvergent mit $\lim_{n \to \infty} x_n = 2$
$[x_1 = 4]$: (4; 1,2; 2,7273; 1,6098; ...; 2; ...)
konvergent mit $\lim_{n \to \infty} x_n = 2$

Aus $z = \frac{6}{1+z}$: $z + z^2 = 6$ $z_{1,2} = -\frac{1}{2} \pm \sqrt{\frac{25}{4}}$ $z_1 = 2$ $[z_2 = -3]$

c) $x_{n+1} = x_n^2$ $x_1 = 1,5$: (1,5; 2,25; 5,0625; 25,629; 656,84; ...)
$g(x) = x^2$ Verfahren konvergiert nicht, divergente Folge
$[x_1 = -0,75]$: (–0,75; 0,5625; 0,31641; 0,1001; ...; 0; ...)
konvergent mit $\lim_{n \to \infty} x_n = 0$

Aus $z = z^2$ folgt $z_1 = 0$ $[z_2 = 1]$

d) $x_{n+1} = \frac{1}{2}\left(x_n + \frac{2}{x_n}\right)$ $x_1 = 1$: (1; 1,5; 1,4167; 1,4142; ...)
$g(x) = \frac{1}{2}\left(x + \frac{2}{x}\right)$ konvergent mit $\lim_{n \to \infty} x_n = \sqrt{2}$ (s. Aufg. 2 S. 82)
$[x_1 = 4]$: (4; 2,25; 1,5694; 1,4219; 1,4142; ...)
$\lim_{n \to \infty} x_n = \sqrt{2}$

4. -

2.5 Grenzwerte bei Funktionen

2.5.1 Verhalten von Funktionen für x → ∞ bzw. x → −∞

62

2. (1) $\lim\limits_{x \to \infty} 0{,}5^x + 3 = 3$ (3) $\lim\limits_{x \to \infty} 0{,}5^x \cdot 3 = 0$

   (2) $\lim\limits_{x \to \infty} 0{,}5^x - 3 = -3$ (4) $\lim\limits_{x \to \infty} 0{,}5^x \cdot \tfrac{1}{3} = 0$

63

3. a) divergiert gegen $-\infty$
   b) a_n ist divergent, aber divergiert weder gegen $+\infty$ noch gegen $-\infty$.
   c) divergiert gegen $+\infty$
   d) $\lim\limits_{n \to \infty} \left(4 - \left(\tfrac{1}{2}\right)^n\right) = 4$

4. a) (1) $10 < 3 + n^2$
      $\Leftrightarrow 7 < n^2$
      $\Leftrightarrow \sqrt{7} \le n$
      für $n > 2$
   (2) $100 < 3 + n^2$
      für $n > 9$
   (3) $1\,000 < 3 + n^2$
      für $n > 31$

   b) (1) $-10 > 5 - \sqrt{n}$
      für $n > 225$
   (2) $-100 > 5 - \sqrt{n}$
      für $n > 11\,025$
   (3) $-1\,000 > 5 - \sqrt{n}$
      für $n > 1\,010\,025$

5. a) $a_n = n^2$ $\lim\limits_{n \to \infty} \sqrt{n^2} = \lim\limits_{n \to \infty} n = \infty$
   b) $a_n = n$ $\lim\limits_{n \to -\infty} \tfrac{1}{2} n = \infty$
   c) $a_n = \pi n$ $\lim\limits_{n \to \infty} \cos(\pi n)$ existiert nicht

6. a) $\lim\limits_{x \to \infty} \left(\tfrac{1}{x} + 3\right) = \lim\limits_{x \to \infty} \tfrac{1}{x} + \lim\limits_{x \to \infty} 3 = 3$
   b) $\lim\limits_{x \to \infty} \left(\tfrac{x+1}{x^2}\right) = \lim\limits_{x \to \infty} \left(\tfrac{1}{x} + \tfrac{1}{x^2}\right) = \lim\limits_{x \to \infty} \tfrac{1}{x} + \lim\limits_{x \to \infty} \tfrac{1}{x^2} = 0$
   c) $\lim\limits_{x \to \infty} \left(2 + \tfrac{6}{x} - \left(\tfrac{1}{2}\right)^x\right) = \lim\limits_{x \to \infty} 2 + \lim\limits_{x \to \infty} \tfrac{6}{x} - \lim\limits_{x \to \infty} \left(\tfrac{1}{2}\right)^x = 2$

7. a) $\lim\limits_{x \to -\infty} f(x) = 3$ für $x \to \infty$ divergent
   b) divergent für $x \to \infty$ und $x \to -\infty$
   c) $\lim\limits_{x \to \pm\infty} f(x) = 5$
   d) $\lim\limits_{x \to -\infty} \left(\tfrac{4x^2 - 5}{x^3}\right) = \lim\limits_{x \to -\infty} \tfrac{4}{x} - \lim\limits_{x \to -\infty} \tfrac{5}{x^3} = 0$
      $\lim\limits_{x \to +\infty} f(x) = 0$

63

7. e) $\lim\limits_{x\to -\infty}\left(\frac{4\cdot 3^x-5}{2}\right) = \frac{\lim\limits_{x\to -\infty} 4\cdot 3^x - \lim\limits_{x\to -\infty} 5}{\lim\limits_{x\to -\infty} 2} = -\frac{5}{2}$ für $x\to\infty$ divergent

f) divergent für $x\to\infty$ und $x\to -\infty$

2.5.2 Grenzwert einer Funktion an einer Stelle

67

2. a) (1) $\langle x_n^2\rangle = \langle (2+\tfrac{1}{n})^2\rangle$

$\lim\limits_{n\to\infty}(2+\tfrac{1}{n})^2 = \lim\limits_{n\to\infty}(4+\tfrac{4}{n}+\tfrac{1}{n^2}) = 4$

(2) $\langle x_n^2\rangle = \langle (-4-\tfrac{1}{n})^2\rangle$

$\lim\limits_{n\to\infty}(-4-\tfrac{1}{n})^2 = \lim\limits_{n\to\infty}(16+\tfrac{8}{n}+\tfrac{1}{n^2}) = 16$

(3) $\langle x_n^2\rangle = \langle ((-1)^n+\tfrac{1}{n})^2\rangle$

$\lim\limits_{n\to\infty}((-1)^n-\tfrac{1}{n})^2 = \lim\limits_{n\to\infty}(-1)^{2n}\cdot\tfrac{1}{n^2} = 0$

b) (1) $\langle x_n^3\rangle = \langle (1-(\tfrac{1}{2})^n)^3\rangle$

$\lim\limits_{n\to\infty}\left((1-(\tfrac{1}{2})^n)^3\right) = \lim\limits_{n\to\infty} 1-3(\tfrac{1}{2})^n+3(\tfrac{1}{2})^{2n}-(\tfrac{1}{2})^{3n} = 1$

(2) $\langle x_n^3\rangle = \langle (2+\tfrac{1}{n})^3\rangle$

$\lim\limits_{n\to\infty}(2+\tfrac{1}{n})^3 = \lim\limits_{n\to\infty} 8+\tfrac{12}{n}+\tfrac{6}{n^2}+\tfrac{1}{n^3} = 8$

c) $\langle x_n^4+x_n\rangle = \langle (1+(-1)^n\cdot\tfrac{1}{n})^4+1+(-1)^n\cdot\tfrac{1}{n}\rangle$

$\lim\limits_{n\to\infty} 1+\tfrac{4(-1)^n}{n}+\tfrac{6(-1)^{2n}}{n^2}+\tfrac{4(-1)^{3n}}{n^3}+\tfrac{(-1)^{4n}}{n^4}+1+(-1)^n\cdot\tfrac{1}{n} = 2$

d) $\langle \tfrac{1}{x_n}\rangle = \langle \left(\tfrac{1}{1+(-1)^n(\tfrac{1}{2})^n}\right)\rangle$

$\lim\limits_{x\to\infty}\dfrac{1}{\tfrac{2^n+(-1)^n}{2^n}} = \lim\limits_{x\to\infty}\dfrac{2^n}{2^n+(-1)^n} = 1$

67

3. a) $x_n = -5 - \frac{1}{n}$ $\lim\limits_{n \to \infty} \left(-5 - \frac{1}{n}\right)^2 = 25$

b) $x_n = 3 - \frac{1}{n}$ $\lim\limits_{n \to \infty} \left(3 - \frac{1}{n}\right)^5 = 243$

c) $x_n = a - \frac{1}{n}$ $\lim\limits_{n \to \infty} \left(a - \frac{1}{n}\right)^3 + \left(a - \frac{1}{n}\right)^2 = a^3 + a^2$

d) $x_n = a - \frac{1}{n}$ $\lim\limits_{n \to \infty} 8 \cdot \left(a - \frac{1}{n}\right)^3 = 8a^3$

e) $x_n = a + \frac{1}{t}$ $\lim\limits_{n \to \infty} m\left(a + \frac{1}{t}\right) + n = ma + n$

f) $x_n = 4 + \frac{1}{n}$ $\lim\limits_{n \to \infty} \frac{1}{4 + \frac{1}{n}} = \lim\limits_{n \to \infty} \frac{n}{4n+1} = \frac{1}{4}$

g) $x_n = -2 - \frac{1}{n}$ $\lim\limits_{n \to \infty} \left(\frac{1}{-2 - \frac{1}{n}}\right)^2 = \lim\limits_{n \to \infty} \frac{1}{4 + \frac{4}{n} + \frac{1}{n^2}} = \lim\limits_{n \to \infty} \frac{n^2}{4n^2 + 4n + 1} = \frac{1}{4}$

h) $x_n = a - \frac{1}{n}$ $\lim\limits_{n \to \infty} \left(\frac{1}{a - \frac{1}{n}}\right)^4 = \ldots = \frac{1}{a^4}$

i) $x_n = a - \frac{1}{n}$ $\lim\limits_{n \to \infty} \frac{1}{\left(a - \frac{1}{n} + 1\right)^2} = \lim\limits_{n \to \infty} \frac{1}{a^2 - \frac{2a}{n} + 2a + \frac{1}{n^2} - \frac{2}{n} + 1} = \frac{1}{(a+1)^2}$

j) $x_n = a - \frac{1}{n}$ $\lim\limits_{n \to \infty} \frac{3\left(a - \frac{1}{n}\right)}{a - \frac{1}{n} - 2} = \frac{3a}{a - 2}$

4. a) $\lim\limits_{n \to \infty} (-1)^n \cdot \frac{1}{n}$ $\begin{cases} \lim\limits_{n \to \infty} \frac{1}{n} = 1 & \text{für gerade } n \\ \lim\limits_{n \to \infty} -\frac{1}{n} = 0 & \text{für ungerade } n \end{cases}$

b) $x_n = (-1)^n \cdot \frac{1}{n^2}$

c) $x_n = \frac{1}{n}$

68

5. a) 45   d) −44   g) 25   j) $2\frac{8}{17}$ m) $-\frac{1}{\pi}$

b) 126   e) 9   h) 2   k) −0,8415   n) 0,55

c) 240   f) $\left(6\frac{1}{9}\right)^2$ i) $\frac{1}{2}$ l) 1   o) $\frac{\sqrt{2\pi}}{\sqrt{2\pi} + 12\pi^2}$

6. $u(x) = x^3$, $\lim\limits_{x \to 0} x^3 = 0$; $v(x) = x^2$, $\lim\limits_{x \to 0} x^2 = 0$

$\lim\limits_{x \to 0} \frac{u(x)}{v(x)} = \lim\limits_{x \to 0} \frac{x^3}{x^2} = \lim\limits_{x \to 0} x = 0$

Durch das Kürzen entsteht eine andere Funktion.

2.5.3 Stetigkeit

2. a) $\lim\limits_{x \to a} 3x^2 + \lim\limits_{x \to a} 4x + \lim\limits_{x \to a} 5 = 3a^2 + 4a + 5$

b) $\frac{1}{4}\lim\limits_{x \to a} x^3 - \lim\limits_{x \to a} 4^x + \lim\limits_{x \to a} 1 = \frac{1}{4}a^3 - 4^a + 1$

c) $\dfrac{\lim\limits_{x \to a} x^2 - 2\lim\limits_{x \to a} x + \lim\limits_{x \to a} 1}{\left(\lim\limits_{x \to a} x - \lim\limits_{x \to a} 7\right) \cdot \left(\lim\limits_{x \to a} x + \lim\limits_{x \to a} 3\right)} = \dfrac{a^2 - 2a + 1}{(a-7)(a+3)}$, $a \neq 7$ und $a \neq -3$.

3. a) Siehe Seite 68, Nr. 1c)

b) $x_n = -3 + \frac{1}{n}$ $\qquad\qquad\qquad$ $x_n = -3 - \frac{1}{n}$

$\lim\limits_{x \to \infty} -3 + \frac{1}{n} + 4 = 1$ $\qquad$ $\lim\limits_{x \to \infty} 4 - \left(-3 - \frac{1}{n}\right) = 7$

Da die Grenzwerte nicht übereinstimmen, ist f an der Stelle a = −3 unstetig.

c) $x - H(x) = \begin{cases} x - 1 & \text{für } x > 0 \\ x & \text{für } x \leq 0 \end{cases}$

$x_n = \frac{1}{n}$, $\lim\limits_{x \to \infty} \frac{1}{n} - 1 = -1$

$x_n = -\frac{1}{n}$, $\lim\limits_{x \to \infty} \frac{1}{n} = 0$

Da die Grenzwerte nicht übereinstimmen, ist f an der Stelle a = 0 unstetig.

4. Die Funktion ist unstetig bei 5 kg und 10 kg, nicht definiert für ein Gewicht ≤ 0 kg und für ein Gewicht > 20 kg.

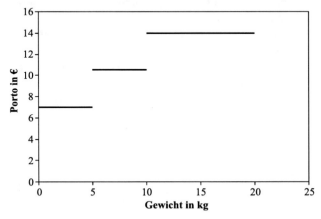

5. a) $f(x) = \begin{cases} \frac{x^2 - 1}{x - 1} & \text{für } x \neq 1 \\ 2 & \text{für } x = 1 \end{cases}$

b) (1) $f(x) = \begin{cases} \frac{x^2 - 4}{x + 2} & \text{für } x \neq -2 \\ -4 & \text{für } x = -2 \end{cases}$ $\qquad$ **(2)** $f(x) = \begin{cases} \frac{\sin x}{x} & \text{für } x \neq 0 \\ 1 & \text{für } x = 0 \end{cases}$

70

6. a) f (x) ist an der Stelle a = 0 stetig.
   b) f (x) ist an der Stelle a = 0 stetig.
   c) f (x) hat in der Stelle a = 0 eine Sprungstelle und ist somit an der Stelle a = 0 unstetig.
   d) f (x) hat in der Stelle a = 0 eine Sprungstelle und ist somit an der Stelle a = 0 unstetig.
   e) f (x) ist an der Stelle a = 4 stetig.
   f) f (x) ist an der Stelle a = 1 stetig.

7. a) f (x) ist als Verkettung stetiger Funktionen wieder eine stetige Funktion und somit an jeder Stelle a stetig (Satz 18).
   b) f (x) ist stetig für alle a < 0 und stetig für alle a > 0. f (x) ist in a = 0 unstetig, hat dort eine Sprungstelle.
   c) f (x) ist für alle a < 0 und für alle a > 0 stetig, aber für a = 0 unstetig, denn f (x) hat in a = 0 eine Sprungstelle.
   d) f (x) ist an jeder Stelle a stetig.

8. a) f (x) ist aus stetigen Funktionen zusammengesetzt und somit gilt nach Satz 9, dass f (x) wieder eine stetige Funktion ist.
   b) f (x) ist für alle x ≤ 0 nicht definiert und somit dort weder stetig noch unstetig.
   Für x ∈] 0; 2 [ist f (x) stetig.
   f (x) ist für x = 2 unstetig.
   Für alle x > 2 ist f (x) stetig.
   c) f (x) ist für alle x < 0 stetig (Satz 8 und 9, Zusammensetzung aus stetigen Funktionen).
   f (x) ist für x = 0 nicht definiert, also f (x) in a = 0 weder stetig noch unstetig.
   Für alle x > 0 ist f (x) wieder stetig, da f (x) für alle x > 0 aus stetigen Funktionen zusammengesetzt ist (Satz 8 mit Satz 9).
   d) Für alle x ≤ 0 ist f (x) nicht definiert und damit weder stetig noch unstetig.
   f (x) ist aber für alle x > 0 stetig (Reduzierung auf f (x) = $\sqrt{x}$, Stetigkeit nach Satz 8).

9. x ∈ ℝ, x ∈ ℚ ⇒ f (x) hat Sprungstelle in x;
   x ∈ ℝ, x ∉ ℚ ⇒ f (x) hat Sprungstelle in x
   ⇒ (x ∈ ℝ ⇒ f (x) hat Sprungstelle in x)
   ⇒ f ist für alle x ∈ ℝ unstetig.

10. a) $f(x) = x^0$ ist mit der Definition $0^0 = 1$ stetig.
    b) $f(x) = 0^x$ ist nicht stetig in 0, da $0^0 = 1$ und f (x) = 0 für x > 0.

2.6 Vermischte Übungen

71

1. **a)** $a_1 = 2;\quad a_2 = 4;\quad a_{n+1} = a_n + 2 \cdot a_{n-1}\quad (n > 1)$
   b) $a_n = 2^n$
   c) $a_{12} = 4096$

2. **a)** $a_{n+1} = \sqrt{a_n}\quad a_1 = \sqrt{10}$
   b) $a_n = 10^{\left(\frac{1}{2}\right)^n}$
   c) $\lim\limits_{n \to \infty} a_n = 1$ \qquad Ab dem 16. Glied zeigt der GTR den Wert 1.

   [a] $a_{n+1} = \sqrt{a_n}\quad a_1 = \sqrt{0,000001}$
   [b] $a_n = 0,000001^{\left(\frac{1}{2}\right)^n}$
   [c] $\lim\limits_{n \to \infty} a_n = 1$ \qquad Ab dem 22. Glied zeigt der GTR den Wert 1.

3. (ohne Einheiten)
   a) $z_n = (20 - a_n) \cdot 0,1$
   b) $a_{n+1} = 2 + 0,9 \cdot a_n \quad a_1 = 5$
   $(n > 1)\quad \lim\limits_{n \to \infty} a_n = \frac{2}{1-0,9} = 20$

4. **a)** $(a_n) = (1;\ 1,5;\ 1,75;\ 1,875;\ 1,9375;\ 1,9688;\ \ldots)$
   b) Vermutung: Konvergent mit Grenzwert 2
   c) $a_n = 2 - \left(\frac{1}{2}\right)^{n-1}$
   d) Geometrische Reihe wegen Bildungsgesetz Seite 51.
   e) Konvergent wegen Satz 4 Seite 52.

   $\left[a_1 = 10;\ a_{n+1} = \tfrac{1}{10} a_n + 10\right]$
   [a] $(a_n) = (10;\ 11;\ 11,1;\ 11,11;\ 11,111;\ 11,1111;\ \ldots)$
   [b] Konvergent mit $\lim\limits_{n \to \infty} a_n = 11\tfrac{1}{9}$
   [c] $a_n = 10 + 11 \cdot 0,1^{n-1}$
   [d] Geometrische Reihe mit $a_1 = 10 \quad s_{n+1} = a_1 + a_1 \cdot 0,1$
   [e] $\lim\limits_{n \to \infty} s_n = \frac{10}{1-0,1} = \frac{10}{9}$

71

5. a) $x_{n+1} = \sqrt{1+x_n}$ $x_1 = 0,5$
   Aus $x = \sqrt{1+x}$ folgt $x^2 - x - 1 = 0$
   $$x = \tfrac{1}{2} + \sqrt{\tfrac{5}{4}} \approx 1,618$$
   $(x_n) = (0,5;\ 1,2247;\ 1,4916;\ 1,5785;\ 1,6058;\ 1,6142;\ ...)$

   b) $x_{n+1} = \tfrac{1}{4}x_n^2 - x_n + 3$ $x_1 = 3$
   Aus $x = \tfrac{1}{4}x^2 - x + 3$ folgt $x^2 - 8x + 12 = 0$
   $$x = 4(\pm)2 = 2$$
   $(x_n) = (3;\ 2,25;\ 2,0156;\ 2,001;\ 2;\ ...)$

   c) $x_{n+1} = \tfrac{1}{1+x_n}$ $x_1 = 5$
   Aus $x = \tfrac{1}{1+x}$ folgt $x^2 + x - 1 = 0$
   $$x = -\tfrac{1}{2} \pm \sqrt{\tfrac{5}{4}} \approx 0,618$$
   $(x_n) = (5;\ 0,1667;\ 0,8571;\ 0,5385;\ 0,65;\ ...)$

   d) $x_{n+1} = \tfrac{3x_n+4}{2x_n+3}$ $x_1 = 1$
   Aus $x = \tfrac{3x+4}{2x+3}$ folgt $2x^2 = 4$ $x = \sqrt{2}$
   $(x_n) = (1;\ 1,4;\ 1,4138;\ 1,4142;\ ...)$

   e) $x_{n+1} = \tfrac{5x_n+6}{3x_n+5}$ $x_1 = 3$
   Aus $x = \tfrac{5x+6}{3x+5}$ folgt $3x^2 = 6$ $x = \sqrt{2}$
   $(x_n) = (3;\ 1,5;\ 1,4211;\ 1,4148;\ ...)$

   f) $x_{n+1} = \tfrac{ax_n+b}{c \cdot x_n + a}$
   Aus $x = \tfrac{ax+b}{cx+a}$ folgt $cx^2 = b$ $x = \sqrt{\tfrac{b}{c}}$

6. a) $(s_n) = (0,2;\ 0,22;\ 0,222;\ ...)$
   $s_1 = 0,2$ $s_{n+1} = 0,2 + s_n \cdot 0,1$
   $$\lim_{n\to\infty} s_n = \tfrac{0,2}{1-0,1} = \tfrac{2}{9}$$

   b) $(3+s_n) = (3,1;\ 3,11;\ 3,111;\ ...)$
   $s_1 = 0,1$ $s_{n+1} = 0,1 + s_n \cdot 0,1$
   $$\lim_{n\to\infty} (3+s_n) = 3 + \tfrac{0,1}{1-0,1} = 3\tfrac{1}{9}$$

71

6. c) $(4+s_n) = (4{,}7;\ 4{,}77;\ 4{,}777;\ \ldots)$

$s_1 = 0{,}7 \qquad s_{n+1} = 0{,}7 + s_n \cdot 0{,}1$

$\lim\limits_{n\to\infty}(4+s_n) = 4 + \frac{0{,}7}{1-0{,}1} = 4\frac{7}{9}$

d) $(s_n) = (0{,}45;\ 0{,}4545;\ 0{,}454545;\ \ldots)$

$s_1 = 0{,}45 \qquad s_{n+1} = 0{,}45 + s_n \cdot 0{,}01$

$\lim\limits_{n\to\infty} s_n = \frac{0{,}45}{1-0{,}01} = \frac{45}{99} = \frac{5}{11}$

e) $(s_n) = (0{,}3178;\ 0{,}31783178;\ 0{,}317831783178;\ \ldots)$

$s_1 = 0{,}3178 \qquad s_{n+1} = 0{,}3178 + s_n \cdot 0{,}0001$

$\lim\limits_{n\to\infty} s_n = \frac{0{,}3178}{1-0{,}0001} = \frac{3178}{9999}$

72

7. a) $(a_n) = \left(5 - \frac{1}{n}\right)$ \qquad **d)** $(a_n) = \left((-1)^n \cdot 6\right)$

b) $(a_n) = \left((-1)^n \cdot 2\right) \quad S_n = -2$ \qquad **e)** $(a_n) = \left(-5 - \frac{1}{n}\right)$

c) $(a_n) = \left(6 - \frac{1}{n^2}\right)$

8. a) S obere Schranke von (a_n), dann $a_n \leq S$. Damit $a_n - S \leq 0$ und 0 obere Schranke der Folge $(a_n - S)$.

b) Wenn (a_n) nach oben und unten beschränkt ist, dann gilt es Zahlen S, S' mit $S' \leq a_n \leq S$

Für $0 \leq S' \leq S$ \qquad ist $1 + S = T$ \quad mit $|a_n| < T$

für $S' \leq S \leq 0$ \qquad ist $1 + |S'| = T$ \quad mit $|a_n| < T$

für $S' \leq 0 \leq S$ \qquad ist $1 + \max(|S'|, |S|) = T$ \quad mit $|a_n| < T$.

Mit $|a_n| < T$ folgt $-T < a_n < T$, also ist (a_n) nach oben und unten beschränkt.

c) Aus $S \leq a_n$ und $c > 0$ folgt $c \cdot S \leq c \cdot a_n$.

Aus $S \leq a_n$ und $c > 0$ folgt $c \cdot S \geq c \cdot a_n$,

damit ist $c \cdot S$ obere Schranke von $(c \cdot a_n)$.

Aus $S \leq a_n$ und $c = 0$ folgt $(c \cdot a_n)$ ist die konstante Nullenfolge und $c \cdot S$ ist obere und untere Schranke.

9. a) Sei $\alpha = 1{,}4\% = 0{,}014$, $\beta = 1 + \alpha$

$a_{2005+n} = a_{2005+(n-1)} \cdot (1+\alpha) = a_{2005+(n-1)} \cdot \beta$

$a_{2005} = 6{,}4$

$n = 1:\ a_{2006} = a_{2005} \cdot \beta$

$n = 2:\ a_{2007} = a_{2005} \cdot \beta^2$

$a_{2005+n} = a_{2005} \cdot \beta^n$

b)

Jahr	Bevölkerungszahlen
2005	6,400
2006	6,490
2007	6,580
2008	6,673
2009	6,766
2010	6,861
2011	6,957
2012	7,054
2013	7,153
2014	7,253
2015	7,355

Jahr	Bevölkerungszahlen
2016	7,458
2017	7,562
2018	7,668
2019	7,775
2020	7,884
2021	7,994
2022	8,106
2023	8,220
2024	8,335
2025	8,452

c) $\dfrac{a_{2005+n}}{a_{2005}} = \beta^n = k \;\Rightarrow\; n = \dfrac{\lg k}{\lg \beta}$

Für $k = 2$, $n \approx 50$ Jahre; für $k = 4$, $n \approx 100$ Jahre.
Die Bevölkerungszahl verdoppelt [vervierfacht] sich zum Jahr 2055 [2105].

d) $a_{2100} = a_{2005} \cdot \beta^{95} \approx 24$ $\qquad a_{2150} = a_{2005} \cdot \beta^{145} \approx 48$

10. a) $s_1 = 1000$

$s_{n+1} = 1000 + s_n \cdot 1{,}15 - 0{,}8 \cdot s_n = 1000 + 0{,}35 s_n$ geometrische Reihe

b) $s_2 = 1350 \qquad s_3 = 1472 \qquad s_4 = 1515 \qquad s_5 = 1530$

c) $\lim\limits_{n \to \infty} s_n = \dfrac{1000}{1-0{,}35} \approx 1538$ Konstanter Bestand, der sich unter den vorgegebenen Bedingungen einstellt.

[a] $s_1 = 0 \qquad s_{n+1} = (s_n + 1000) \cdot 0{,}35 = 350 + 0{,}35 \cdot s_n$

ab $n = 2$ eine geometrische Reihe mit $s_2 = 350$ und $q = 0{,}35$

[b] $s_2 = 350 \qquad s_3 = 472 \qquad s_4 = 515 \qquad s_5 = 530$

[c] $\lim\limits_{n \to \infty} s_n = 538$ Konstanter Bestand, der sich unter den vorgegebenen Bedingungen einstellt.

11. a) $s_1 = 20 \qquad s_{n+1} = s_n \cdot 0{,}7 + 20$ Bildungsgesetz von Seite 51

b) $s_2 = 34; \qquad s_3 = 43{,}8; \qquad s_4 = 50{,}66; \qquad s_5 = 55{,}462$

c) $\lim\limits_{n \to \infty} s_n = \dfrac{20}{1-0{,}7} = 66{,}67$

73

12. Seite des gleichseitigen 1. Dreiecks: a $\quad A_1 = \frac{a^2}{4}\sqrt{3}$

    Streckenlängen in Figur 2: $\frac{a}{3}$ $\quad A_2 = \frac{a^2}{4}\sqrt{3} + 3 \cdot \frac{1}{4}\left(\frac{a}{3}\right)^2\sqrt{3}$

    Anzahl der Strecken: 12 $\quad\quad\quad = \frac{a^2}{4}\sqrt{3}\left(1 + \frac{1}{3}\right)$

    Streckenlängen in Figur 3: $\frac{a}{9}$ $\quad A_3 = A_2 + 12 \cdot \frac{1}{4}\left(\frac{a}{9}\right)^2\sqrt{3}$

    Anzahl der Strecken: 48 $\quad\quad\quad = \frac{a^2}{4}\sqrt{3}\left(1 + \frac{1}{3} + \frac{4}{27}\right)$

    Streckenlängen in Figur 4: $\frac{a}{27}$ $\quad A_4 = A_3 + 48 \cdot \frac{1}{4}\left(\frac{a}{27}\right)^2\sqrt{3}$

    Anzahl der Strecken: 192 $\quad\quad\quad = \frac{a^2}{4}\sqrt{3}\left(1 + \frac{1}{3} + \frac{4}{27} + \frac{16}{243}\right)$

    Ab dem zweiten Glied handelt es sich um eine geometrische Reihe mit $s_1 = \frac{1}{3}$ und $q = \frac{4}{9}$.

    $$\lim_{n\to\infty} A_n = \frac{a^2}{4}\sqrt{3}\left(1 + \frac{\frac{1}{3}}{1-\frac{4}{9}}\right) = \frac{a^2}{4}\sqrt{3}\left(1 + \frac{3}{5}\right) = \frac{2a^2\sqrt{3}}{5}$$

    $u_1 = 3a$; $u_2 = 4a$; $u_3 = \frac{16}{3}a$; $u_4 = \frac{64}{9}a$

    Ab dem 2. Glied handelt es sich um eine geometrische Folge mit $q = \frac{4}{3}$, die divergent ist.

13. a) $F_1 = \frac{8}{9}$; $F_2 = \frac{64}{81}$; $F_3 = \frac{512}{729}$; $F_4 = \frac{4096}{6561}$; $F_n = \left(\frac{8}{9}\right)^n$

    b) $\lim_{n\to\infty} F_n = 0$

    c) Randlängen $r_1 = 1 + \frac{4}{3}$; $r_2 = r_1 + 8 \cdot \frac{4}{9}$; $r_3 = r_2 + 64 \cdot \frac{4}{27}$; $r_4 = r_3 + 512 \cdot \frac{4}{81}$
       Die Randlänge wird bei jedem Schritt mehr als verdoppelt.

    d) Die Folge der Randlängen hat keinen Grenzwert.

14. $A_1 = a^2 \quad\quad A_2 = A_1 + 4 \cdot \left(\frac{a}{3}\right)^2 = a^2\left(1 + \frac{4}{9}\right)$

    $U_1 = 4a \quad\quad U_2 = 4 \cdot \frac{5}{3}a$

    $A_3 = A_2 + 4 \cdot 5 \cdot \left(\frac{a}{9}\right)^2 = a^2\left(1 + \frac{4}{9} + \frac{20}{81}\right) \quad\quad U_3 = 20 \cdot \frac{5}{9}a$

    $A_4 = A_3 + 100 \cdot \left(\frac{a}{27}\right)^2 = a^2\left(1 + \frac{4}{9} + \frac{20}{81} + \frac{100}{729}\right) \quad U_4 = 100 \cdot \frac{5}{27}a$

    Die Folge der Flächeninhalte bildet ab dem zweiten Glied eine geometrische Reihe mit $q = \frac{5}{9}$.

    $$\lim_{n\to\infty} A_n = a^2\left(1 + \frac{\frac{4}{9}}{1-\frac{5}{9}}\right) = 2a^2$$

    Die Folge der Umfänge bildet eine geometrische Folge mit $q = \frac{5}{3}$, die divergent ist.

3. DIFFERENTIALRECHNUNG

3.1 Abteilung einer Funktion an einer Stelle

3.1.1 Steigung eines Funktionsgraphen in einem Punkt – Der Begriff der Ableitung an einer Stelle

80

2. Die Gleichung der Tangente lautet x = 3. Sie hat also nicht die allgemeine Form y = mx + b und somit auch keine Steigung m.

81

3. a) Steigung in A > Steigung in B (beide negativ)
Steigung in C < Steigung in D
Steigung in E > Steigung in F
Steigung in G < Steigung in H

b) Steigung null: C, E und H
[0,2; 2,5[negative Steigung
]2,5; 5[positive Steigung
]5; 7[negative Steigung

c) größte Steigung in D   kleinste Steigung in B

4. a) 2   **b)** $\frac{3}{4}$ **c)** $-\frac{1}{2}$ **d)** $-\frac{1}{3}$

5. a) 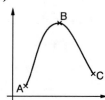   **b)**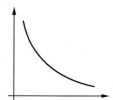

6. a) P (1 | 1):   Steigung 2
P (2 | 4):   Steigung 4
P (–1 | 1):   Steigung –2

b) P (1 | 1):   Steigung 3
P (0 | 0):   Steigung 0
P (0,5 | 0,5): Steigung $\frac{3}{4}$

81 6. c) P (0 | 1):   Steigung 0
P $\left(\frac{\pi}{2}|0\right)$:   Steigung −1
P $\left(-\frac{\pi}{2}|0\right)$:   Steigung 1

3.1.2 Berechnen der Tangentensteigung beim Graphen von $x \mapsto x^2$

84 1. a) (1) $f(x) = x^2$; $f'(x) = 2x$; $f'(1) = 2$; P(1 | 1)
$y = 2x + b \Rightarrow 1 = 2 + b \Rightarrow b = -1$
$y = 2x - 1$
(2) Q (2 | 4) $m = 2 \cdot 2 = 4$ $y = 4x - 4$
(3) R (3 | 9) $m = 2 \cdot 3 = 6$ $y = 6x - 9$
(4) $P\left(a | a^2\right)$ $m = 2a$ $y = 2ax - a^2$

b) Da $f'(a)$ die Steigung der Tangente im Punkt P (a | f(a)) ist, kann die Gleichung der Tangente dann mit der Punkt-Steigungs-Form bestimmt werden: $y = f'(a) \cdot (x - a) + f(a)$

2. a) $P_1(1|1)$; $P_2(4|16)$ $m_s = \frac{y_2 - y_1}{x_2 - x_1} = \frac{15}{3} = 5$

b) $P_1(-3|9)$; $P_2(-0,5|0,25)$ $m_s = \frac{0,25 - 9}{-0,5 + 3} = \frac{-8,75}{2,5} = -3,5$

c) $P_1\left(x_1|y_1\right)$; $P_2\left(x_2|y_2\right)$ $m_s = \frac{y_2 - y_1}{x_2 - x_1}$

85 3.
```
F1- F2- F3- F4- F5 F6-
Tools ...         PrgmIO ...

■ nDeriv(3^x,x)|x=2
                        9.88751
■ nDeriv(3^x,x)|x=-2
                         .122068
nDeriv(3^x,x)|x=-2
MAIN     RAD AUTO    SEQ    2/2
```

4. $y = x^2$ $S\left(x | x^2\right)$

a) P (2 | y) $\Rightarrow$ P (2 | 4) $m_s = \frac{x^2 - 4}{x - 2} = \frac{(x-2)(x+2)}{x-2} = x + 2$

b) P (0,5 | 0,25) $m_s = \frac{x^2 - 0,25}{x - 0,5} = x + 0,5$

c) P (−2 | 4) $m_s = \frac{x^2 - 4}{x + 2} = x - 2$

d) P (−1 | 1) $m_s = \frac{x^2 - 1}{x + 1} = x - 1$

e) P (0 | 0) $m_s = \frac{x^2}{x} = x$

f) P (−1,5 | 2,25) $m_s = \frac{x^2 - 2,25}{x + 1,5} = x - 1,5$

85

5. a) $P(2\,|\,4)$ $m = 2x = 4$ $y = 4x - 4$
   b) $P(-1\,|\,1)$ $m = -2$ $y = -2x - 1$
   c) $P(0\,|\,0)$ $m = 0$ $y = 0$
   d) $P(-0{,}5\,|\,0{,}25)$ $m = -1$ $y = -x - 0{,}25$
   e) $P(\sqrt{5}\,|\,5)$ $m = 2\sqrt{5}$ $y = 2\sqrt{5}\,x - 5$
   f) $P(-\sqrt[4]{3}\,|\,\sqrt[2]{3})$ $m = -2\sqrt[4]{3}$ $y = -2\sqrt[4]{3}\,x - \sqrt{3}$

6. a) $f(x) = x^2 + 3$ $f'(x) = 2x$ $P(a\,|\,a^2 + 3)$
      $m = 2a$
      $y = 2ax - a^2 + 3$
   b) $f(x) = (x+2)^2$ $f'(x) = 2(x+2)$ $P(1\,|\,9)$
      $m = 6$
      $y = 6x + 3$
   c) $f(x) = (x-2)^2$ $f'(x) = 2(x-2)$ $P(1\,|\,1)$
      $m = -2$
      $y = -2x + 3$

7. a) $P(0\,|\,-6)$ $f(x) = x^2 - 6$
      $m_s = \frac{(a+h)^2 - 6 - a^2 + 6}{h} = 2a + h;\ \lim\limits_{h \to 0} 2a + h = 2a$ $m = 0$
   b) $P(1\,|\,3)$ $f(x) = 2x^2 + x$
      $m_s = \frac{2(a+h)^2 + a + h - 2a^2 - a}{h} = \frac{4ah + h^2 + h}{h} = 4a + h + 1;\ \lim\limits_{h \to 0} 4a + h + 1 = 4a + 1$
      $m = 5$
   c) $P(3\,|\,4)$ $f(x) = (x-1)^2$
      $m_s = \frac{(a+h-1)^2 - (a-1)^2}{h} = \frac{2ah + h^2 - 2h}{h} = 2a - 2 + h;\ \lim\limits_{h \to 0} 2a - 2 + h = 2a - 2;$
      $m = 4$

8. a) $f(x) = x^2$ $P(3\,|\,9)$ $y = 6x - 9$
   b) $f(x) = x^2 + 2$ $P(2\,|\,6)$ $f'(x) = 2x$ $m = 4$ $y = 4x - 2$
   c) $f(x) = x^2 - 1$ $P(5\,|\,24)$ $f'(x) = 2x$ $m = 10$ $y = 10x - 26$

85

9. $f(x) = x^2$

negative Tangentensteigung: $a < 0$
[Tangentensteigung null: $a = 0$
positive Tangentensteigung: $a > 0$]

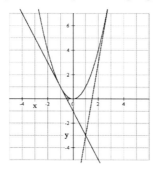

$f'(x) = 2x$
$6{,}75 = 2x \Rightarrow x = 3{,}375$
$-5 = 2x \Rightarrow x = -\frac{5}{2} = -2{,}5$

10. Beobachtung: Die Folge der Sekanten ist anschaulich eine Folge sich um den Punkt P drehender Geraden (Punkt S wandert auf P zu). Durchläuft S dabei eine Linkskurve dreht sich die Sekante gegen den Uhrzeigersinn und umgekehrt.

3.1.3 Bestimmen der Ableitung bei weiteren Funktionen

87

2. a) $m = 4a^3$

b) Setzt man $f(x) = \cos x = \sin\left(x + \frac{\pi}{2}\right)$, liefert die Überlegung, am Einheitskreis $f'(a) = \cos\left(a + \frac{\pi}{2}\right) = -\sin(a)$.

88

3. Die Sekantensteigung ist $m_s = v \cdot \frac{\sqrt{r^2-x^2} - \sqrt{r^2-a^2}}{x-a}$; $v = +1\ (-1)$ oberhalb (unterhalb) der 1. Achse; $x \neq a$.
Umformung:

$m_s = v \cdot \frac{(r^2-x^2)-(r^2-a^2)}{(x-a)\cdot\left(\sqrt{r^2-x^2}+\sqrt{r^2-a^2}\right)}$ (Erweitern mit $\sqrt{r^2-x^2}+\sqrt{r^2-a^2}$)

$= v \cdot \frac{-(x+a)}{\sqrt{r^2-x^2}+\sqrt{r^2-a^2}}$ (Zusammenfassen und $x - a$ kürzen)

Die Tangentensteigung ist damit: $m_t = \lim\limits_{x \to a} m_s = -v \cdot \frac{a}{\sqrt{r^2-a^2}}$

Für $a = 4$ und $r = 5$ ergibt sich: $m_t = \pm\frac{4}{3}$.

88

4. a) $m = -\frac{1}{x^2}$; $m = -\frac{1}{4}$; $m = -\frac{1}{a^2}$ b) $m = \frac{1}{2\sqrt{x}}$; $m = \frac{1}{2\sqrt{2}}$; $m = \frac{1}{2\sqrt{a}}$

5. a) $m_s = \dfrac{\frac{1}{a+h} - \frac{1}{a}}{h}$

   $m_s = \dfrac{\frac{a-(a+h)}{a^2+ah}}{h}$

   $m_s = \dfrac{\frac{-h}{a^2+ah}}{h}$

   $m_s = -\dfrac{1}{a^2+ah}$ $\lim\limits_{h \to 0} m_s = -\dfrac{1}{a^2}$

   b) $m_s = \dfrac{\sqrt{a+h}-\sqrt{a}}{h}$

   $m_s = \dfrac{\sqrt{a+h}-\sqrt{a}}{h} \cdot \dfrac{\sqrt{a+h}+\sqrt{a}}{\sqrt{a+h}+\sqrt{a}}$

   $m_s = \dfrac{a+h-a}{h \cdot (\sqrt{a+h}+\sqrt{a})}$

   $m_s = \dfrac{1}{\sqrt{a+h}+\sqrt{a}}$ $\lim\limits_{h \to 0} m_s = \dfrac{1}{2\sqrt{a}}$

   c) $m_s = \dfrac{\sin(a+h)-\sin a}{h}$

   $m_s = \dfrac{\sin a \cos h + \cos a \sin h - \sin a}{h}$

   $m_s = \sin a \dfrac{\cos h - 1}{h} + \cos a \dfrac{\sin h}{h}$

   $m_s = \sin a \cdot \dfrac{\cos(2\frac{h}{2})-1}{2 \cdot \frac{h}{2}} + \cos a \dfrac{\sin h}{h}$

   $m_s = \sin a \dfrac{-2\sin^2 \frac{h}{2}}{2 \cdot \frac{h}{2}} + \cos a \dfrac{\sin h}{h}$

   $m_s = -\sin a \sin \frac{h}{2} \cdot \dfrac{\sin \frac{h}{2}}{\frac{h}{2}} + \cos a \dfrac{\sin h}{h}$

   $\lim\limits_{h \to 0} m_s = \cos a$

   In der Formelsammlung:
   $\sin(\alpha+\beta) = \sin\alpha\cos\beta + \cos\alpha\sin\beta$

   Formelsammlung:
   $\cos 2\alpha = 1 - 2\sin^2\alpha$

   Man beachte:
   $\lim\limits_{h \to 0} \dfrac{\sin h}{h} = \lim\limits_{h \to 0} \dfrac{\sin \frac{h}{2}}{\frac{h}{2}} = 1$ *und*
   $\lim \sin \frac{h}{2} = 0$

6. a) $m = 24$, $y = 24x - 32$ $[m = 6, y = 6x + 4]$
   b) $m = 3$, $y = 3x + 3$ $[m = 12, y = 12x + 2]$
   c) $m = 4$, $y = 4x + 2$ $[m = 13, y = 13x - 16]$
   d) $m = 3$, $y = 3x - 8$ $[m = 3; y = 3x - 4]$
   e) $m = \frac{3}{4}$, $y = \frac{3}{4}x + 1$ $\left[m = \frac{3}{4}, y = \frac{3}{4}x - 1\right]$
   f) $m = -1$, $y = -x + \pi$ $[m = 0, y = 1]$

88

7. a) $f'(x) = 3x^2$

$f'(x) = 27 \Rightarrow 3x^2 = 27 \Rightarrow x = -3, \, x = 3$

$f'(x) = 7 \Rightarrow 3x^2 = 7 \Rightarrow x = \sqrt{\frac{7}{3}}, \, x = -\sqrt{\frac{7}{3}}$

$f'(x) = 0 \Rightarrow 3x^2 = 0 \Rightarrow x = 0$

b) $f'(x) = -\frac{1}{x^2}$

$f'(x) = -1 \Rightarrow -\frac{1}{x^2} = -1 \Rightarrow x = -1, \, x = 1$

$f'(x) = -4 \Rightarrow -\frac{1}{x^2} = -4 \Rightarrow x = -\frac{1}{2}, \, x = \frac{1}{2}$

$f'(x) = -7 \Rightarrow -\frac{1}{x^2} = -7 \Rightarrow x = -\frac{1}{\sqrt{7}}, \, x = \frac{1}{\sqrt{7}}$

c) $f'(x) = \frac{1}{2\sqrt{x}}$

$f'(x) = \frac{1}{9} \Rightarrow \frac{1}{2\sqrt{x}} = \frac{1}{9} \Rightarrow x = \frac{81}{4}$

$f'(x) = 16 \Rightarrow \frac{1}{2\sqrt{x}} = 16 \Rightarrow x = \frac{1}{1024}$

$f'(x) = \frac{1}{2} \Rightarrow x = 1$

$f'(x) = 3 \Rightarrow x = \frac{1}{36}$

d) $f'(x) = \cos x$

$f'(x) = 0 \Rightarrow x = \frac{\pi}{2}$

$f'(x) = \frac{1}{2} \Rightarrow x = \frac{\pi}{3}$

$f'(x) = -\frac{1}{2} \Rightarrow x = \frac{2\pi}{3}$

8. a) und b)

$y = \sin x$	$y = \cos x$
m = 1 für a = 2kπ mit k ∈ $\mathbb{Z}$ (Winkel 45°)	m = −1 für a = 2kπ + $\frac{\pi}{2}$ mit k ∈ $\mathbb{Z}$ (Winkel 135°)
m = −1 für a = (2k + 1) π mit k ∈ $\mathbb{Z}$ (Winkel 135°)	m = 1 für a = 2kπ + $\frac{3}{2}$ π mit k ∈ $\mathbb{Z}$ (Winkel 45°)

9. a) $f'(1) = 4$ $f'(2) = 32$ $f'(0) = 0$ $f'(-4) = -256$

b) $f'(3) = -\frac{1}{9}$ $f'(1) = 1$ $f'(-1) = -1$ $f'(-4) = -\frac{1}{16}$

c) $f'(1) = \frac{1}{2}$ $f'(4) = \frac{1}{4}$ $f'(2) = \frac{1}{4}\sqrt{2}$ $f'(256) = \frac{1}{32}$

d) $f'\left(\frac{\pi}{2}\right) = 0$ $f'\left(-\frac{\pi}{2}\right) = 0$ $f'\left(\frac{\pi}{3}\right) = \frac{1}{2}$ $f'\left(-\frac{\pi}{6}\right) = \frac{1}{2}\sqrt{3}$

88 10. a) Es gibt nur Steigungen größer, gleich null. Der Graph von f ist im gesamten Definitionsbereich streng monoton steigend.
b) Es gibt nur negative Steigungen. Der Graph von f ist im gesamten Definitionsbereich streng monoton fallend.
c) Es gibt nur positive Steigungen. Der Graph von f ist im gesamten Definitionsbereich streng monoton steigend.
d) Die Steigungen liegen alle zwischen −1 und 1.

89 11. a) $m = \frac{-2}{a^3}$ c) $m = -4$ e) $m = 2a - \frac{1}{a^2}$
  b) $m = -2$ d) $m = \frac{3}{4}$ f) $m = 3a^2 - \frac{1}{a^2}$

12. a) $m = \frac{1}{2\sqrt{a}}$ c) $m = \frac{3}{2\sqrt{a}}$ e) $m = \frac{1}{2\sqrt{a}} + 1$
  b) $m = \frac{1}{\sqrt{2a}}$ d) $m = \frac{-1}{2\sqrt{a^3}}$ f) $m = \frac{1}{2\sqrt{a}} - \frac{1}{a^2}$

13. a) $y = \frac{1}{4}x + 1$ b) $y = \frac{7}{6}x + \frac{3}{2}$ c) $y = \frac{3}{4}\sqrt{2}x + \frac{3}{2}\sqrt{2}$

14. $u = \sqrt{x}$; $P_1(x_1|u_1)$; $P_2(x_2|u_2)$
Gleichung einer Geraden:
$\frac{x-x_1}{x_2-x_1} = \frac{y-y_1}{y_2-y_1} \Rightarrow \frac{x-x_1}{x_2-x_1} = \frac{y-u_1}{u_2-u_1} \Rightarrow \frac{x-x_1}{x_2-x_1}(u_2-u_1) + u_1 = y \Rightarrow$
$y = \frac{u_2-u_1}{x_2-x_1}x - \frac{x_1(u_2-u_1)}{x_2-x_1} + u_1$

$\frac{u_2-u_1}{x_2-x_1}$ ist die Steigung einer Geraden.

$f'(x) = \lim_{x_2 \to x_1} \frac{u_2-u_1}{x_2-x_1} = \lim_{x_2 \to x_1} \frac{\sqrt{x_2}-\sqrt{x_1}}{x_2-x_1} \cdot \frac{\sqrt{x_2}+\sqrt{x_1}}{\sqrt{x_2}+\sqrt{x_1}}$
$= \lim_{x_2 \to x_1} \frac{x_2-x_1}{(x_2-x_1)(\sqrt{x_2}+\sqrt{x_1})} = \frac{1}{2\sqrt{x_2}}$

15. a) Nullstellen: $N_1(0|0)$; $N_2(10|0)$
Hochpunkt: $H(5|15)$
$y = ax^2 + bx + c$
N_1: $0 = c$
N_2: $0 = 100a + 10b$
H: $15 = 25a + 5b$ $\Rightarrow \frac{-3}{5}a; b = 6$

b) $y' = -\frac{6}{5}x + 6$ $y'(0) = 6$
Geradengleichung des linken Stützpfeilers: $y = 6x$
Geradengleichung des rechten Stützpfeilers:
$y'(10) = -6 = m$; $y = -6x + 60$

c) $\tan\alpha = \frac{\text{Gegen}}{\text{An}} = \frac{6}{1} = 6 \Rightarrow \alpha = 80{,}54°$

3.1.4 Analytische Definitionen der Ableitung – Differenzierbarkeit

93

2. Die Steigung ist null.

3. Beweis:
$f'(a) = \lim_{x \to a} \frac{f(x)-f(a)}{x-a}$ existiert

$\Rightarrow \frac{\lim_{x \to a} f(x)-f(a)}{= \lim_{x \to a} x-a}$ existiert

$\Rightarrow \lim_{x \to a} f(x)-f(a)$ existiert $\Rightarrow$ f ist in a stetig

94

4. -

5. a) −4 [−4]   b) 0 [0]   c) 1 [−1]   d) [1] [0]

6. a) keine Tangente   d) keine Tangente
   b) keine Tangente   e) keine Tangente
   c) keine Tangente   f) keine Tangente

7. a) $f'(3) = 7$; $f'(a) = 2a + 1$ c) nicht differenzierbar
   b) $f'(4) = \frac{1}{4}$; $f'(a) = \frac{1}{2\sqrt{a}}$ d) nicht differenzierbar

8. a) $\mathbb{R} \setminus \{0\}$ d) $\mathbb{R} \setminus \{-1\}$
   b) $\mathbb{R} \setminus \{\sqrt{2}; -\sqrt{2}\}$ e) $\mathbb{R} \setminus \{0\}$
   c) $\mathbb{R} \setminus \{1\}$ f) $\mathbb{R} \setminus \mathbb{Z}$

9. a) −2; 1   b) −1; 1   c) −1

3.1.5 Vermischte geometrische Anwendungen

95

2. a) $f(x) = x^2$, P (2,5 | 6,25)
   m = 5, y = 5x − 6,25

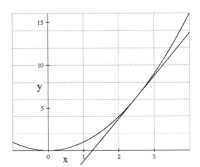

95   2. b) Gleichung der Normalen im Punkt $P(a\mid a^2)$: $y=-\frac{1}{2a}x+\left(a^2+\frac{1}{2}\right)$

Schnittpunkt der 2. Achse: $\left(0\mid a^2+\frac{1}{2}\right)$

Tangentenkonstruktion: Man fällt das Lot auf die 2. Achse und erhält $P_1(0\mid a^2)$. Durch Abtragen einer halben Längeneinheit erhält man $Q(0\mid a^2+\frac{1}{2})$. Die Gerade PQ ist dann Normale in P; durch Konstruktion der Senkrechten erhält man die Tangente.

96   3. a) Tangentengleichung: $y=-\frac{1}{a^2}x+\frac{2}{a}$; $y=0$ für $x=2a$

Damit liegt nicht nur $P(a\mid \frac{1}{a})$, sondern auch $Q(0\mid 2a)$ auf der Tangente.

b) Gleichungen der Normalen im Punkt $P(a\mid \frac{1}{a})$: $y=a^2x+\frac{1}{a}-a^3$

Schnittpunkt mit der Geraden $y=-x$: $S(a-\frac{1}{a}\mid -(a-\frac{1}{a}))$

Tangentenkonstruktion: Man fällt das Lot von P auf die erste Achse und erhält $P_1(a\mid 0)$. Durch Abtragen der Länge $|PP_1|=\frac{1}{a}$ erhält man $S_1(a-\frac{1}{a}\mid 0)$. Die Senkrechte zur 1. Achse $S(a-\frac{1}{a}\mid -(a-\frac{1}{a}))$. Die Gerade PS ist die Normale in P; durch Konstruktion der Senkrechten erhält man die Tangente.

4. a) Tangente an P_1: $y = 2x - 1$
Tangente an P_2: $y = 4x - 4$
Schnittpunkt: $S(1,5\mid 2)$
Schnittwinkel $\alpha = \arctan 4 - \arctan 2 = 12{,}53°$

b) Tangente an P_1: $y = 108x - 243$
Tangente an P_2: $y = -32x - 48$
Schnittpunkt: $S\left(\frac{39}{28}\mid -\frac{648}{7}\right) \approx S(1{,}39\mid -92{,}57)$
Schnittwinkel α: $\alpha = \arctan 108 - \arctan -32 = 177{,}68°$

5. Sekantensteigung: $\frac{4^3-1^3}{4-1}=21$ Stelle: $21=3x^2 \Rightarrow x_1=\sqrt{7},\ x_2=-\sqrt{7}$
Berührpunkt: $P_1(\sqrt{7}\mid 7\sqrt{7})$ und $P_2(-\sqrt{7}\mid -7\sqrt{7})$

6. Steigung in $P(2\mid y)$: $m_p = 4$. f mit $f(x)=x^3$ hat im Punkt $P'\left(\frac{2}{\sqrt{3}}\mid \frac{8}{3\sqrt{3}}\right)$ die Steigung 4.
Tangente an P': $y=4x-\frac{16}{3\sqrt{3}}$

96   7. Steigung der Tangente in P bzw. P′ :
$m_p = \tan(90° - \frac{\alpha}{2})$, $m_{p'} = -\tan(90° - \frac{\alpha}{2})$
$\alpha = 45°$: $m_p = \tan(67,5°) = 2,41 \Rightarrow 2,41 = 2x$
$\Rightarrow$ P (1,21 | 1,46); P′(–1,21 | 1,46)
$\alpha = 30°$: $m_p = 3,73 \Rightarrow$ P (1,87 | 3,5); P′(–1,87 | 3,5)
$\alpha = 60°$: $m_p = 1,73 \Rightarrow$ P (0,87 | 0,77); P′(–0,87 | 0,77)

8. **a)** $f(x) = (x-1)(x+3)(x-27) = x^3 - 25x^2 - 57x + 81$
$f'(x) = 3x^2 - 50x - 57 \qquad f'(-1) = -4$
$y = -4x + 108$; $-4x + 108 = 0 \Rightarrow x = 27$
Die Tangente $y = -4x + 108$ schneidet die 1. Achse im Punkt
$(27|0)$. $P(27|0)$ ist die dritte Nullstelle von f.

b) $f(x) = p(x-a)(x-b)(x-c)$; Nullstellen : $x = a$; $x = b$; $x = c$
$f'(x) = p(x-b)(x-c) + p(x-a)(x-c) + p(x-b)(x-c)$
$f'\left(\frac{a+b}{2}\right) = -\frac{1}{4}pa^2 + \frac{1}{2}pab - \frac{1}{4}pb^2 = -p \cdot \frac{1}{4}(a^2 - 2ab + b) = -p\left(\frac{a-b}{2}\right)^2$
$f\left(\frac{a+b}{2}\right) = -\left(\frac{a-b}{2}\right)^2 \cdot p \cdot \left(\frac{a+b}{2} - c\right)$
Gleichung der Tangente: $y = -p\left(\frac{a-b}{2}\right)^2 x + b$
$b = -p\left(\frac{a-b}{2}\right)^2 \left(\frac{a+b}{2} - c\right) + p\left(\frac{a-b}{2}\right)^2 \frac{a+b}{2} = p\left(\frac{a-b}{2}\right)^2 \left(\frac{a+b}{2} + c + \frac{a+b}{2}\right)$
$= p \cdot c \left(\frac{a-b}{2}\right)^2$
$y = -p\left(\frac{a-b}{2}\right)^2 x + p \cdot c \left(\frac{a-b}{2}\right)^2 = -p\left(\frac{a-b}{2}\right)^2 (x - c) \Rightarrow$
die Tangente y(x) hat in (c | 0) eine Nullstelle.

3.2 Änderungsraten in Anwendungen

3.2.1 Der Begriff der Änderungsrate

100   2. a)
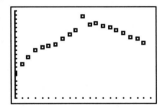

100

2. b) Änderungsraten (in cm pro Tag / in cm pro Stunde):
   17. 08.   58 / ≈ 2,42
   18. 08.   31 / ≈ 1,29
   19. 08.   25 / ≈ 1,04
   20. 08.   −23 / ≈ −0,96
   Größte Änderungsrate am 17. 08.

   c) In $\frac{cm}{Stunde}$: $+\frac{68}{114} \approx 0{,}5965$

   d) Vom 19. 08., 12 Uhr bis 19. 08., 18 Uhr.

3. Änderungsraten (in € pro Monat):
   Juli - ca. 2
   August - ca. 7
   September - ca. −5
   Oktober - ca. 4
   November - ca. −1
   Dezember - ca. 1
   Änderungsrate 01. Juli - 31. Dezember (in € pro Monat): ca. 1,33
   In Monaten, in denen die Änderungsrate (in € pro Monat) positiv [negativ] war, lag die punktuelle Änderungsrate deutlich unter [über] der monatlichen, wenn der Graph des Liniencharts im jeweiligen Monat fällt [steigt].
   Auch bei den Preisanstiegen Anfang, Mitte und Ende Juli liegen die punktuellen Änderungsraten des Preises höher als die monatliche Änderungsrate.

4. Beispiele für mögliche Schaubilder:

   a)

   Verschiebung parallel zur y-Achse möglich.

   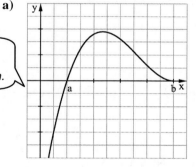
   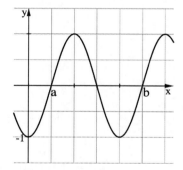

   b)

   Verschiebung parallel zur y-Achse möglich.

   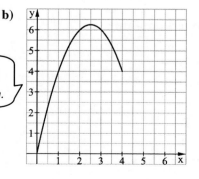
   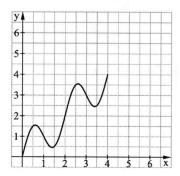

3.2.2 Momentane Änderungsraten – Geschwindigkeit

102

1. a) $s(t) = v_0 \cdot t - \frac{1}{2}gt^2$
   $v = \dot{s} = v_0 - gt$
   $\dot{s}(1) = 25 - 10 \cdot t = 15$
   $\dot{s}(2) = 5$
   $\dot{s}(3) = -5$
   $\dot{s}(4) = -15$
   $\dot{s}(5) = -25$

   b) $v = 0$ im Umkehrpunkt $\left(t = \frac{v_0}{g}\right)$ v positiv für $t < \frac{v_0}{g}$ (Steigphase)

                                                                                                                                         v negativ für $t > \frac{v_0}{g}$ (Fallphase)

2. Es sei $t \mapsto w(t)$ die Wachstumsfunktion, welche die Größe der Bakterienkultur (z. B. Größe der bedeckten Fläche) zum Zeitpunkt t beschreibt. $w'(t_0)$ ist dann die punktuelle Wachstumsgeschwindigkeit, also die punktuelle Änderungsrate der Größe der Bakterienkultur bezüglich der Zeit.

3. a) Gesamttemperaturabnahme (-zunahme) im Zeitintervall [t; t + h]
   mittlere Temperaturänderung im Intervall [t, t + h]
   momentane Temperaturänderung zur Zeit t

   b) Temperaturdifferenz = 12,12 − 9,24 = 2,88 (in °C)
   Änderungsrate für den Tag: $\frac{2{,}88 \text{ °C}}{24 \text{ h}} = 0{,}12 \frac{\text{°C}}{\text{h}}$

   Die momentane Änderungsrate ist bis ca. 10.32 Uhr positiv und ab ca. 10.33 Uhr negativ.

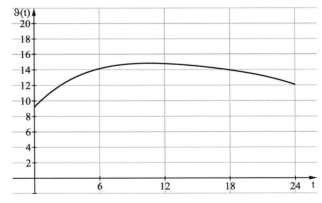

3.2.3 Weitere Beispiele für Änderungsraten in den Anwendungen

104

1. a) Sei $t \mapsto V(t)$ die dargestellte Funktion. Dann ist $\frac{V(t_0+h)-V(t_0)}{h}$ die mittlere zeitliche Verkehrsdichte zwischen den Zeitpunkten t_0 und $t_0 + h$.
   $V'(t_0)$ ist die Verkehrsdichte zum Zeitpunkt t_0, also die punktuelle Änderungsrate des Verkehrs bezüglich der Zeit. Die Dichte in Aufgabe 1, Seite 111 ist die punktuelle Änderungsrate des Verkehrs bezüglich der Länge der Autobahn.
   b) Die Funktion ist monoton steigend, da die Anzahl der Autos fortlaufend addiert wird. Der Graph beginnt im Punkt (0; 0), da zu Beginn mit dem Registrieren der Autos begonnen wurde.
   – Bis ca. 2.00 Anstieg durch Berufsverkehr (große Lkw-Dichte).
   Zwischen 2.00 – 6.00 nur leichte Zunahme, da Nachtruhe.
   Zwischen 6.00 – 9.00 starker Anstieg durch Pendler (hohe Pendler Dichte, s. auch ab 18.00 Uhr). Zwischen 9.00 – 15.00 Abflachen (Mittagszeit).
   Ab 15.00 Anstieg durch Pendler.
   Ab ca. 18.00 Abflachen (Feierabend).

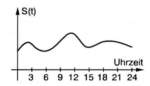

2. a) $\vartheta(x_0 + h) - \vartheta(x_0)$
   b) $\frac{\vartheta(x_0+h)-\vartheta(x_0)}{h}$
   c) $\vartheta'(x_0)$
   d) Steigung der Sekante; Steigung der Tangente

3. $p(h) - p(h_0) = $ Luftdruckunterschied zwischen h und h_0
   $\frac{p(h)-p(h_0)}{h-h_0} = $ Luftdruckänderung
   $p'(h) = $ punktuelle Luftdruckänderung bezüglich der Höhe

105

4. mittleres Luftdruckgefälle $= \frac{P(S_2)-P(S_1)}{|S_2 S_1|} = $ Steigung der Sekante zwischen den Punkten $(S_2|P(S_2))$ und $(S_1|P(S_1))$.
   punktuelles Luftdruckgefälle $= p'(S) - $ Steigung der Tangente im Punkt $(S | P(S))$.
   mittleres Temperaturgefälle bzw. punktuelles Temperaturgefälle analog in Aufgabe 1 wird die Änderungsrate der Temperatur bezüglich der Höhe, hier bezüglich der Horizontalentfernung angesprochen.

105

5. a) Eine gute Näherung ist
$$A(x) = -0{,}00014x^3 + 0{,}0164x^2 + 0{,}5554x + 0{,}69$$

b) Daraus erhält man durch die 1. Ableitung die Anzahl der Personen (in Mio.)

$A'(10) \approx 0{,}84$ $A'(60) \approx 1{,}01$
$A'(20) \approx 1{,}04$ $A'(70) \approx 0{,}79$
$A'(30) \approx 1{,}16$ $A'(80) \approx 0{,}49$
$A'(40) \approx 1{,}2$ $A'(90) \approx 0{,}11$
$A'(50) \approx 1{,}15$ ($A'(100) \approx -0{,}36$)

Bei der Zahl der 100-jährigen versagt das Modell.

6. Mit der Halbwertszeit $T_{1/2}$ ergibt sich

$$\left.\begin{array}{l} N(t) = N_0 \cdot e^{-at} \\ \tfrac{1}{2} = e^{-aT_{1/2}} \end{array}\right\} \Rightarrow N(t) = N_0 e^{-\tfrac{t}{T_{1/2}} \ln 2}$$

Die mittlere Zerfallsgeschwindigkeit zum Zeitpunkt t folgt aus der ersten Ableitung.

$$N'(t) = -\ln 2 \cdot \frac{N(t)}{T_{1/2}}$$

7. $\frac{m(t)-m(t_0)}{t-t_0}$ ist die mittlere Ausflussgeschwindigkeit (genauer Massenänderunggeschwindigkeit) im Zeitintervall $[t_0; t]$. Sie ist die Steigung der Sekante durch $(t_0; m(t_0))$ und $(t; m(t))$.

$m'(t_0)$ ist die punktuelle Ausflussgeschwindigkeit (Massenänderungsgeschwindigkeit) und damit punktuelle Änderungsrate der Masse bezüglich der Zeit.

3.3 Ableitungsfunktionen – erste, zweite, dritte ... Ableitung

106

2. -

107

3. Hinweis: Für gleiche Achsenskalierung mit ZoomScr arbeiten.

a)

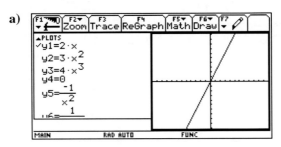

107

3. b)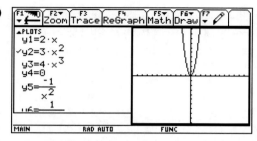

c)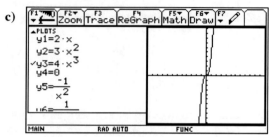

d)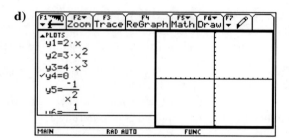

e)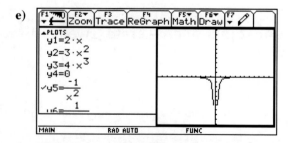

f)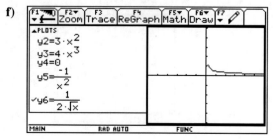

107

3. g)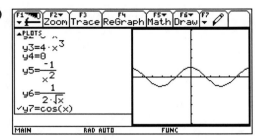

   h)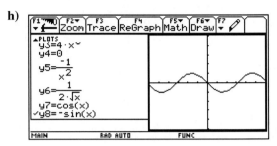

4.
a	−1,5	−1	−0,5	0	0,5	1	1,5
f′(a) ≈	197,07	3,42	1,3	1	1,3	3,43	202,71

5. a) $f(x) = x^2$
   $f'(x) = 2x$
   $f''(x) = 2$
   $f'''(x) = 0$

   b) $f(x) = \sin x$
   $f'(x) = \cos x$
   $f''(x) = -\sin x$
   $f'''(x) = -\cos x$

6. a)
a	−3	−2	−1	0	1	2	3
f′(a)	27	12	3	0	3	12	27

   $f'(x) = 3x^2$

   b)
a	−3	−2	−1	0	1	2	3
f′(a)	$-\frac{1}{9}$	$-\frac{1}{4}$	−1	/	−1	$-\frac{1}{4}$	$-\frac{1}{9}$

   $f'(x) = -\frac{1}{x^2}$

   c)
a	−3	−2	−1	0	1	2	3
f′(a)	−3	−2	−1	0	1	2	3

   $f'(x) = x$

107

6. d)

	−3	−2	−1	0	1	2	3
f'(a)	−2	−1	0	1	2	3	4

$f'(x) = x + 1$

7. a) $f'(x) = 3x^2 + 2x$ c) $f'(x) = 0$ e) $f'(x) = 8x + 2$
   b) $f'(x) = 4x^3$ d) $f'(x) = 6x^2$

8. a) $f'(x) = 2x;\ f''(x) = 2;\ f'''(x) = 0$
   b) $f'(x) = 4x;\ f''(x) = 4;\ f'''(x) = 0$
   c) $f'(x) = 1;\ f''(x) = f'''(x) = 0$
   d) $f'(x) = 2x;\ f''(x) = 2;\ f'''(x) = 0$

108

9.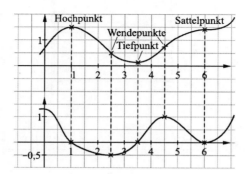

10. a)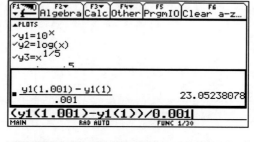

    b)

108

10. c)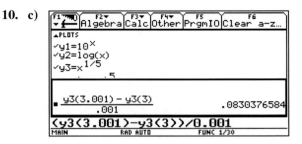

d)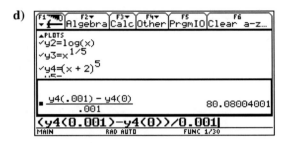

11.
a	−3	−2	−1	0	1	2
$f'(a) \approx$	0,05	0,14	0,37	0,99	2,68	7,24

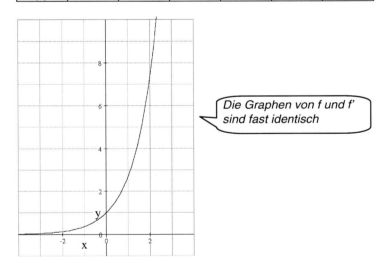

Die Graphen von f und f' sind fast identisch

108

12. a)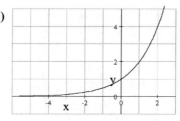

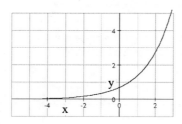

b)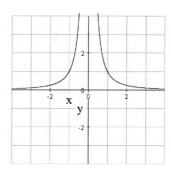

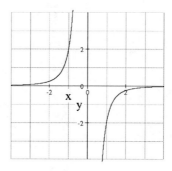

c)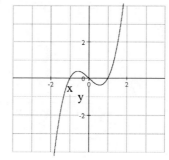

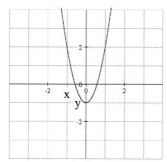

d) -

108 13.

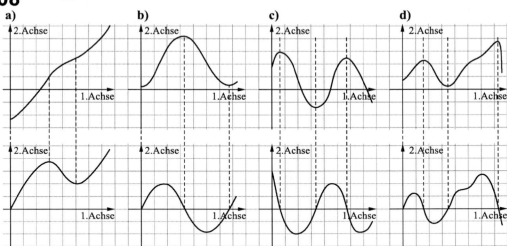

3.4 Ableitungsregeln

3.4.1 Potenzregel

109 2. Siehe dazu ④ auf Seite 110 im Lehrbuch.

110 3. a) $f'(x) = 7 \cdot x^{7-1} = 7x^6$

b) $f'(x) = 12 \cdot x^{12-1} = 12x^{11}$

c) $f'(x) = -3x^{-3-1} = -3x^{-4} = -\frac{3}{x^4}$

d) $f'(x) = -12x^{-12-1} = -12x^{-13} = -\frac{12}{x^{13}}$

4. a) $f(x) = x^{14}$ b) $f(x) = x^7$ c) $f(x) = x^9$ d) $f(x) = x^{s-2}$

5. a) $y = -4x - 3$ b) $y = 54\sqrt{3}x - 135$ c) $y = -10x - 9$

6. Für n = 0 keine Stelle, für n = 1 jede Stelle, für n > 1 die Stellen

$x = \left(\frac{1}{n}\right)^{\frac{1}{n-1}}$ z. B. $x = \frac{1}{2}; \ \pm\frac{1}{\sqrt{3}}; \ \frac{1}{\sqrt[3]{4}}; \ \pm\frac{1}{\sqrt[4]{5}}; \ ...$

für n < 0 gibt es nur für gerade n die Stellen

$x = \left(\frac{1}{n}\right)^{\frac{1}{n-1}}$ z. B. $x = -\sqrt[3]{2}; \ -\sqrt[5]{4}; \ ...$

110 6. Fortsetzung

$$\begin{cases} \text{Nur für } n \geq 2 \text{ und } n \text{ gerade} \\ x = -\left(\frac{1}{n}\right)^{\frac{1}{n-1}} \quad \text{z. B. } x = -\frac{1}{2};\ -\frac{1}{\sqrt[3]{4}};\ \ldots \\ \text{und für } n < 0 \\ x = \left(\frac{-1}{n}\right)^{\frac{1}{n-1}} \quad \text{z. B. } x = \pm 1;\ \sqrt[3]{2};\ \pm\sqrt[4]{3};\ \sqrt[5]{4};\ \ldots \end{cases}$$

3.4.2 Faktorregel

111   2. a) $f(x) = \frac{4}{3}x^3$
    b) $f(x) = \frac{1}{4}x^4$
    c) $f(x) = -\cos x$
    d) $f(x) = 2\sqrt{x}$
    e) $f(x) = -\frac{1}{x}$
    f) $f(x) = c;$
    g) $f(x) = \frac{5}{2}x^2$
    h) $f(x) = \frac{7}{3}x^3$

112   3. a) $f'(x) = 15x^4$
    b) $f'(x) = 63x^8$
    c) $f'(x) = \frac{5}{8}x^4$
    d) $f'(x) = \frac{3}{5}x^5$
    e) $f'(x) = \sqrt{32}\,x^3$
    f) $f'(x) = 6x^7$
    g) $f'(x) = \frac{7}{x^2}$
    h) $f'(x) = \frac{1}{6\sqrt{x}}$
    i) $f'(x) = -\frac{1}{6}$
    j) $f'(x) = 2x^2$
    k) $f'(x) = 4\cos x$
    l) $f'(x) = 5\sin x$

  4. a) $f(x) = x^4$
    b) $f(x) = \frac{1}{5}x^5$
    c) $f(x) = \frac{1}{8}x^8$
    d) $f(x) = \frac{1}{10}x^{10}$
    e) $f(x) = \frac{1}{2}x^6$
    f) $f(x) = \frac{7}{9}x^9$
    g) $f(x) = \frac{4}{7}x^7$
    h) $f(x) = \frac{1}{4}x^8$
    i) $f(x) = x^3$
    j) $f(x) = \frac{1}{n+1}x^{n+1}$
    k) $f(x) = 3\sin x$
    l) $f(x) = -2\cos x$

  5. a) $f'(x) = 4x^3;\ f''(x) = 12x^2;\ f'''(x) = 24x;\ f^{(IV)}(x) = 24;\ f^{(V)}(x) = 0$
    b) $f'(x) = 6x^5;\ f''(x) = 30x^4;\ f'''(x) = 120x^3;\ f^{(IV)}(x) = 360x^2;$
       $f^{(V)}(x) = 720x;\ f^{(VI)}(x) = 720;\ f^{(VII)}(x) = 0$
    c) $f'(x) = 8x^7;\ f''(x) = 56x^6;\ f'''(x) = 336x^5;\ f^{(IV)}(x) = 1\,680x^4;$
       $f^{(V)}(x) = 6\,720x^3;\ f^{(VI)}(x) = 20\,160x^2;\ f^{(VII)}(x) = 40\,320x;$
       $f^{(VIII)}(x) = 40\,320;\ f^{(IX)}(x) = 0$
    d) $f'(x) = 50x^4;\ f''(x) = 200x^3;\ f'''(x) = 600x^2;\ f^{(IV)}(x) = 1\,200x;$
       $f^{(V)}(x) = 1\,200;\ f^{(VI)}(x) = 0$

112 5. e) $f'(x) = \frac{3}{10}x^5$; $f''(x) = \frac{3}{2}x^4$; $f'''(x) = 6x^3$; $f^{(IV)}(x) = 18x^2$; $f^{(V)}(x) = 36x$; $f^{(VI)}(x) = 36$; $f^{(VII)}(x) = 0$

f) $f'(x) = \frac{2}{9}x^7$; $f''(x) = \frac{14}{9}x^6$; $f'''(x) = \frac{28}{3}x^5$; $f^{(IV)}(x) = \frac{140}{3}x^4$; $f^{(V)}(x) = \frac{560}{3}x^3$; $f^{(VI)}(x) = 560x^2$; $f^{(VII)}(x) = 1\,120x$; $f^{(VIII)}(x) = 1\,120$; $f^{(IX)}(x) = 0$

g) $f'(x) = \frac{7}{3}x^6$; $f''(x) = 14x^5$; $f'''(x) = 70x^4$; $f^{(IV)}(x) = 280x^3$; $f^{(V)}(x) = 840x^2$; $f^{(VI)}(x) = 1\,680x$; $f^{(VII)}(x) = 1\,680$; $f^{(VIII)}(x) = 0$

h) $f'(x) = 2{,}8x^3$; $f''(x) = 8{,}4x^2$; $f'''(x) = 16{,}8x$; $f^{(IV)}(x) = 16{,}8$; $f^{(V)}(x) = 0$

6. $f^{(k)}(x) = (n!-(n-k)!)x^{n-k}$; $f^{(n)} = n!$; $f^{(n+1)}(x) = 0$

3.4.3 Summen- und Differenzregel

114 2. a) Der Graph von f (x) + c entsteht aus dem Graphen von f durch eine Verschiebung parallel zur 2. Achse um den Betrag c.
Auch die Tangente an der Stelle a kann man sich für f (x) + c entstanden denken durch dieselbe Verschiebung der Tangente in f.

b) Sei $f(x) = g(x) + c$; $g(x)$ enthält keinen konstanten Summanden mehr $\Rightarrow f'(x) = (g(x)+c)' = g'(x) + \underbrace{(c)'}_{=0} = g'(x)$

3. a) $(f(x) \cdot g(x))' = (x^5 \cdot x^3)' = (x^8)' = 8x^7$
$f'(x) \cdot g'(x) = 5x^4 \cdot 3x^2 = 15x^6$

b) $\left(\frac{f(x)}{g(x)}\right)' = \left(\frac{x^5}{x^3}\right)' = (x^2)' = 2x$
$\frac{f'(x)}{g'(x)} = \frac{5x^4}{3x^2} = \frac{5}{3}x^2$

4. a) $f'(x) = 5x^4 + 8x^7$
b) $f'(x) = 4x^3 - 3x^2$
c) $f'(x) = 3x^2 + 4x^3$
d) $f'(x) = 5x^4 - 7x^6$
e) $f'(x) = 9x^8 + 5x^4$
f) $f'(x) = 8x^3 - 18x^5$
g) $f'(x) = 10x^9 + 2$
h) $f'(x) = 4x + 3$
i) $f'(x) = -\frac{1}{x^2} + 1$
j) $f'(x) = -\frac{1}{x^2} - \frac{1}{2\sqrt{x}}$
k) $f'(x) = 2x + \frac{1}{2\sqrt{x}}$
l) $f'(x) = 1 + \frac{1}{x^2}$

114

5. a) $f'(x) = \frac{5}{8}x^4 + \frac{3}{2}x^2 - 0{,}7$
   b) $f'(x) = 8x^3 - 14x + 5$
   c) $f'(x) = 96x^{11} - 2\sqrt[3]{17}x + 5$
   d) $f'(x) = 36x^3 - 3\sqrt{3}x^2 + 5$
   e) $f'(x) = 24x^5 + 6x^2 - 18x - 18$
   f) $f'(x) = 36x^3 - x^2 + x - \sqrt[3]{2}$

6. a) $f'(x) = -\frac{3}{x^2} + \frac{1}{\sqrt{x}}$
   b) $f'(x) = -\frac{1}{x^2} - 2x - 4x^3$
   c) $f'(x) = -\frac{7}{x^2} + \frac{4}{3}x$
   d) $f'(x) = 20x^4 - \frac{3}{x^2} - \frac{1}{4\sqrt{x}}$
   f) $f'(x) = -\frac{1}{x^2} - \sin x$
   g) $f'(x) = 2\cos x + 3\sin x$
   h) $f'(x) = -a\sin x$
   i) $f'(x) = \frac{2}{\sqrt{x}} - 2\sin x$

7. a) $f'(x) = 18x^5 - 8x^3$; $f''(x) = 90x^4 - 24x^2$; $f'''(x) = 360x^3 - 48x$; $f^{(IV)}(x) = 1\,080x^2 - 48$; $f^{(V)}(x) = 2\,160x$; $f^{(VI)}(x) = 2\,160$; $f^{(VII)}(x) = 0$
   b) $f'(x) = 10x^4 - 8 - 4x^3$; $f''(x) = 40x^3 - 12x^2$; $f'''(x) = 120x^2 - 24x$; $f^{(IV)}(x) = 240x - 24$; $f^{(V)}(x) = 240$; $f^{(VI)}(x) = 0$
   c) $f'(x) = \frac{10}{3}x^4 - 6x^3 + 2$; $f''(x) = \frac{40}{3}x^3 - 18x^2$; $f'''(x) = 40x^2 - 36x$; $f^{(IV)}(x) = 80x - 36$; $f^{(V)}(x) = 80$; $f^{(VI)}(x) = 0$

115

8. a) $f'(x) = 12x^3 + 4x$; $f''(x) = 36x^2 + 4$; $f'''(x) = 72x$
   b) $f'(x) = 30x^5 - 21x^2$; $f''(x) = 150x^4 - 42x$; $f'''(x) = 600x^3 - 42$
   c) $f'(x) = -\frac{1}{6}x^3 + \frac{1}{2}x^2 - \frac{1}{2}$; $f''(x) = -\frac{1}{2}x^2 + x$; $f'''(x) = -x + 1$
   d) $f'(x) = 6x + 8$; $f''(x) = 6$; $f'''(x) = 0$
   e) $f'(x) = 4$; $f''(x) = 0$
   f) $f'(x) = 18x^5 - 16x$; $f''(x) = 90x^4 - 16x$; $f'''(x) = 360x^3$
   g) $f'(x) = 49x^6 + 27x^2$; $f''(x) = 294x^5 + 54x$; $f'''(x) = 1\,470x^4 + 54$
   h) $f'(x) = 20x^3 - 24x^2 + 1$; $f''(x) = 60x^2 - 48x$; $f'''(x) = 120x - 48$
   i) $f'(x) = \frac{5}{6}x^5 + \frac{11}{6}x^2 - \frac{7}{8}x$; $f''(x) = \frac{25}{6}x^4 + \frac{11}{3}x - \frac{7}{8}$; $f'''(x) = \frac{50}{3}x^3 + \frac{11}{3}$

9. a) $f(x) = x^3 + x^2$
   b) $f(x) = x^4 - x^7$
   c) $f(x) = x^9 - x^6 + 8x$
   d) $f(x) = \frac{1}{7}x^7 + \frac{1}{3}x^3$
   e) $f(x) = \frac{1}{5}x^5 - \frac{1}{4}x^4$
   f) $f(x) = 2x^4 - 2x^3$
   g) $f(x) = \frac{2}{5}x^5 - 2x^4 + \frac{2}{3}x^3$
   h) $f(x) = -\cos x - \sin x$
   i) $f(x) = 2\sin x + \frac{1}{2x}$

10. a) $f(x) = \frac{1}{3}x^3 + \frac{1}{4}x^4$
    b) $f(x) = -\cos x + \sin x$
    c) $f(x) = \frac{1}{12}x^4 - \frac{1}{20}x^5$

115   11. a) $f(x) = x^2 + 2x + 1$; $f'(x) = 2x + 2$
  b) $f'(x) = -\frac{1}{x^2} + \frac{1}{2\sqrt{x}}$
  c) $f(x) = \frac{(x+1)\cdot(x-1)}{x+1} = x - 1$ für $x \neq -1$; $f'(x) = 1$ für $x \neq -1$

12. a) $63x^2 + 74x$ d) -2
  b) $(3ac)x^2 + (2ad)x + bc$ e) $4x - 17$
  c) $9x^2 - 12x - 12{,}5$ f) $28x^3 + 216x^2 + 318x + 32$

13. t_3: $y = 1{,}5x - 2$ (Tangente an $f(x) = g(x) + h(x)$ an der Stelle 3)

14. Z. B. $g(x) = \frac{1}{10}x^5 - \cos(x) + c\cdot x + d$
  $h(x) = \frac{1}{10}x^5 - \cos(x) + e\cdot x + f$ c, d, e, f $\in \mathbb{R}$ beliebig

15. $f'(x) = \frac{2}{\sqrt{x}} - 2\sin x$, das Resultat ist richtig.

3.5 Vermischte Übungen

116   1. $f(x) = \sin x$: $f^{(2k+1)}(x) = (-1)^k \cos x$; $k = 0, 1, 2, \ldots$
  $f^{(2k)}(x) = (-1)^k \sin x$; $k = 0, 1, 2, \ldots$
  $f(x) = \cos x$: $f^{(2k+1)}(x) = (-1)^{k+1} \sin x$; $k = 0, 1, 2, \ldots$
  $f^{(2k)}(x) = (-1)^{k+1} \cos x$; $k = 0, 1, 2, \ldots$

2. a) $\alpha = 45°$: $x = \frac{1}{8}$; $\alpha = 30°$: $x = \frac{1}{8\sqrt{3}}$;
  $\alpha = 60°$: $x = \frac{\sqrt{3}}{8}$; $\alpha = 120°$: $x = -\frac{\sqrt{3}}{8}$;
  $\alpha = 135°$: $x = -\frac{1}{8}$
 b) $\alpha = 45°$: $x = \pm\sqrt{\frac{1}{15}}$; $\alpha = 30°$: $x = \pm\sqrt[4]{\frac{1}{675}}$;
  $\alpha = 60°$: $x = \pm\sqrt[4]{\frac{1}{75}}$; $\alpha = 120°$; $\alpha = 135°$: in keinem Punkt
 c) $\alpha = 45°$: $x = 4{,}9$; $\alpha = 30°$: $x = -\frac{1}{\sqrt{300}} + 5$;
  $\alpha = 60°$: $x = -\sqrt{\frac{3}{100}} + 5$; $\alpha = 120°$: $x = +\sqrt{\frac{3}{100}} + 5$;
  $\alpha = 135°$: $x = -5{,}1$

3. Es gilt: $f(-3) = 9a - 3b + c = 0$
  $f(0) = c = -2$
  $f'(4) = 8a + b = 1$ $\Rightarrow f(x) = \frac{5}{33}x^2 - \frac{7}{33}x - 2$

116

4. $f'(x) = -3x^2 - 2x + 1$; $g'(x) = 4x - 8$
Bedingungen für Parallelität: $f'(x) = g'(x)$
$\Rightarrow -3x^2 + 2x + 1 = 4x - 8$
$\Leftrightarrow x^2 + 2x - 3 = 0$
$\Leftrightarrow (x+3) \cdot (x-1) = 0 \Rightarrow x_1 = -3; x_2 = 1$

5. a) $A(r) = \pi r^2$; $A'(r) = 2\pi r$ b) $V(r) = \frac{4}{3}\pi r^3$; $V'(r) = 4\pi r^2$
Beim Ableiten ergibt sich die Formel für Kreisumfang bzw. Kugeloberfläche. Bei Quadraten bzw. Würfeln ergibt die Ableitung der Flächenformel bzw. der Volumenformel den halben Umfang bzw. die halbe Oberfläche.

6. a) $y = -\frac{1}{f'(a)} \cdot (x-a) + f(a)$ b) $\left(0 \left| \frac{a}{f'(a)} + f(a)\right.\right)$ $\left(a + \frac{f(a)}{f'(a)} \left| 0\right.\right)$
c) parallel zur 2. Achse

7. a) $f(x) = g(x)$ für $x = \frac{7}{2} \pm \frac{3}{2}\sqrt{5}$
Schnittwinkel in $x = \frac{7}{2} - \frac{3}{2}\sqrt{5}$: $\alpha = 145{,}97°$
Schnittwinkel in $x = \frac{7}{2} + \frac{3}{2}\sqrt{5}$: $\alpha = 179{,}84°$
b) $f(x) = g(x)$ für $x = -\frac{1}{2} \pm \sqrt{\frac{33}{4}}$
Schnittwinkel in $x = -\frac{1}{2} + \sqrt{\frac{33}{4}}$: $\alpha = 3{,}42°$
Schnittwinkel in $x = -\frac{1}{2} - \sqrt{\frac{33}{4}}$: $\alpha = 0{,}71°$

8. a) $S(x) = 13x - 10$ und $f'(x) = 4x + 5 = 13 \Rightarrow x = 2$
Berührpunkt $B(2 | 14)$
b) $S(x) = -13x + 4$ und $f'(x) = 8x - 9 \Rightarrow x = -\frac{5}{8}$
Berührpunkt $B\left(-\frac{5}{8} \left| \frac{211}{16}\right.\right)$
c) $S(x) = 4x + 4 \Rightarrow B\left(\frac{1}{4} \left| \frac{21}{4}\right.\right)$
d) $S(x) = \frac{19}{5}x + \frac{4}{5} \Rightarrow B\left(\frac{25}{4} \left| 24\frac{1}{2}\right.\right)$

117

9. a) Tangentengleichung im Punkt $(a|a^2)$ $y = 2ax - a^2$
$P(-1|-1)$ einsetzen ergibt:
$-1 = -2a - a^2 \Leftrightarrow a^2 + 2a - 1 = 0 \Rightarrow a_1 = -1 + \sqrt{2}; a_2 = -1 - \sqrt{2}$
$\Rightarrow B_1\left(-1+\sqrt{2} \left| 3 - 2\sqrt{2}\right.\right)$; $B_2\left(-1-\sqrt{2} \left| 3 + 2\sqrt{2}\right.\right)$
b) $T_1: y = \left(-2 + 2\sqrt{2}\right)x - \left(3 - 2\sqrt{2}\right)$; $T_2: y = \left(-2 - 2\sqrt{2}\right)x - \left(3 + 2\sqrt{2}\right)$
c) $M(-1|3)$. Die ersten Koordinaten von M und P stimmen überein.

117

10. **a)** Da die Steigungen der beiden Tangenten T_1 und T_2 die Bedingung $m_{T_1} \cdot m_{T_2} = -1$ erfüllen müssen, ergibt sich für die Abzissenwerte der Berührpunkte $4a \cdot b = -1$.
Diese Bedingung ist für unendlich viele Punktepaare erfüllt.

b) Bis auf den Ursprung jeder Punkt (siehe a)).

c) Aus Teil a) folgt: $T_1: y = 2ax - a^2 \quad T_2: y = -\frac{1}{2a}x - \frac{1}{16a^2}$

d) $\quad 2ax - a^2 = -\frac{1}{2a}x - \frac{1}{16a^2} \quad |-16a^2$

$32a^3 x - 16a^4 = -8ax - 1$

$(32a^3 + 8a)x = 16a^4 - 1$

$x = \frac{(4a^2-1)(4a^2+1)}{8a(4a^2+1)}$

$x = \frac{4a^2-1}{8a}$

$y = 2ax - a^2$

$= -\frac{1}{4}$

$S\left(\frac{4a^2-1}{8a} \big| -\frac{1}{4}\right)$

Die Schnittpunkte liegen alle auf der Geraden mit der Gleichung $y = -\frac{1}{4}$.

e) Nach Teil a): $b = -\frac{1}{4a}$

f) Berührpunkte: $\left(a \big| a^2\right)$ und $\left(-\frac{1}{4a} \big| \frac{1}{16a^2}\right)$

Gerade durch die Berührpunkte:

$y - a^2 = \frac{\frac{1}{16a^2} - a^2}{-\frac{1}{4a} - a}(x - a)$

$y - a^2 = \left(-\frac{1}{4a} + a\right)(x - a)$

$y - a^2 = \left(-\frac{1}{4a} + a\right)x + \frac{1}{4} - a^2$

$y = \left(-\frac{1}{4a} + a\right)x + \frac{1}{4}$

Schnittpunkt mit der 2. Achse: $\left(0 \big| \frac{1}{4}\right)$

11. **a)** Mit p_1, p_2 als Abzissenwerte der Punkte P_1, P_2 ($p_1 > p_2$) ergibt sich als Sekantensteigung: $m_{sek} = p_1 + p_2$.
Damit hat die Tangente den Berührpunkt $B\left(\frac{1}{2}(p_1 + p_2) \big| y\right)$. Auf der Parallelen zur 2. Achse liegen also alle Punkte mit dem Abzissenwert $\frac{1}{2}(p_1 + p_2)$.
Der Mittelpunkt der Sehne hat die Koordinaten $\left(\frac{1}{2}p_1 + p_2\right)$ und $\frac{1}{2}\left(p_1^2 + p_2^2\right)$, liegt also auf der Parallelen.

117

11. b) Sei $f(x) = x^3 \Rightarrow m_{sek} = p_1^2 + p_1 p_2 + p^2$;

$B = \left(\sqrt{\frac{1}{3}(p_1^2 + p_1 p_2 + p_2^2)} \mid y \right)$.

Parallel zur 2. Achse hat Abszissenwerte $\sqrt{\frac{1}{3}(p_1^2 + p_1 p_2 + p_2^2)}$ und nicht $\frac{1}{2}(p_1 + p_2)$ (z. B. für $p_1 = 0; p_2 = 1$).

12. (A) zu (3): Steigung des Graphen ist immer positiv, außer an der Stelle $x = 0$, wo sie gleich 0 ist.
(C) zu (4): Steigung des Graphen ist immer positiv.
(B) zu (2): Steigung des Graphen ist links von etwa $x = 2{,}5$ negativ und wird positiv; bei $x=0$ fällt sie noch mal auf 0.
(D) zu (1): Steigung des Graphen ist für $x < 0$ und $0 < x <$ ca. 2,5 positiv, bei $x = 0$ gleich 0 und rechts von etwa 2,5 negativ.

118

13. Aus $2a \cdot \frac{1}{2\sqrt{b}} = -1$ folgt $a = -\sqrt{b}$

14. a) $\frac{1}{2\sqrt{a}} x + \frac{1}{2}\sqrt{a} = \frac{1}{2\sqrt{b}} x + \frac{1}{2}\sqrt{b} \Rightarrow x = \sqrt{a \cdot b}$

$\Rightarrow S\left(\sqrt{a \cdot b}; \frac{1}{2}(\sqrt{a} + \sqrt{b}) \right)$

b) $-2\sqrt{a} x + \sqrt{a}(1 + 2a) = -2\sqrt{b} x + \sqrt{b}(1 + 2b)$

$\Rightarrow x = \frac{\sqrt{b}(1+2b) - \sqrt{a}(1+2a)}{2(\sqrt{b} - \sqrt{a})} = a + b + \sqrt{ab} + \frac{1}{2}$

$\Rightarrow S\left(a + b + \sqrt{ab} + \frac{1}{2}; -2(a\sqrt{b} + b\sqrt{a}) \right)$

15. Tangente an $f(x) = \sqrt{x}$ hat die positive Steigung $f'(x) = \frac{1}{2\sqrt{x}}$.

Dagegen hat die Tangente an $f(x) = \frac{1}{x}$ die negative Steigung $f'(x) = -\frac{1}{x^2}$.

118

16. Tangentengleichung: $y = -\frac{1}{2}x - \frac{1}{3}\pi - \frac{1}{2}\sqrt{3}$

   Mithilfe einer Tabelle kann man z. B.

   das Intervall $\left[-\frac{2}{3}\pi - \frac{1}{30}\pi;\ -\frac{2}{3}\pi + \frac{1}{30}\pi\right]$ finden.

```
F1▼  F2▼ F3  F4  F5▼ F6▼
  f▼ Zoom Edit ✓ All Style ▷◁...
▲PLOTS
✓y1=sin(y4(x))
✓y2=-1/2·y4(x)-1/3·π-1/2·√3
✓y3=y2(x)-y1(x)
 y4=-2/3·π+x·1/3·π
 y5=■
 y6=
 y7=
 y8=
 y9=
 y10=
y5(x)=
MAIN        RAD AUTO        FUNC
```

```
F1▼  F2     F3   F4     F5    F6
  f▼ Setup Cell Header Del Ins ...
 x     y1     y2      y3
-.3   -.6691 -.7089  -.0398
-.2   -.7431 -.7613  -.0182
-.1   -.809  -.8137  -.0046
 0.   -.866  -.866    ...
 .1   -.9135 -.9184  -.0048
 .2   -.9511 -.9707  -.0197
 .3   -.9781 -1.023  -.045
 .4   -.9945 -1.075  -.0809
y3(x)=⁻1.E⁻14
MAIN        RAD AUTO        FUNC
```

17. Gleichung der Normalen im Punkt $P\left(a\ |\ a^2 - 2{,}75\right)$: $y = -\frac{1}{2a}x + a^2 - 2{,}25$

    (0 | 0) liegt auf n: $0 = a^2 - 2{,}25$; also $a = \frac{3}{2}$ oder $a = -\frac{3}{2}$; also

    $P_1\left(\frac{3}{2}\Big|-\frac{1}{2}\right)$; $P_2\left(-\frac{3}{2}\Big|-\frac{1}{2}\right)$

    $\left(\begin{array}{l}(0\ |\ -2)\ \text{liegt auf n:}\ -2 = a^2 - 2{,}25;\ \text{also}\ a = \frac{1}{2}\ \text{oder}\ a = -\frac{1}{2};\ \text{also} \\ P_1\left(\frac{1}{2}\Big|-2{,}5\right);\ \ P_2\left(-\frac{1}{2}\Big|-2{,}5\right)\end{array}\right)$

18. Außer der trivialen Lösung $p = 1$ ($f_p(x) = x$) gibt es eine weitere Lösung, die man wie folgt bestimmen kann:

    $f(x) = f_p(x)$: $x^3 - px^3 + px^2 - 1 = 0$ I.

    $f'(x) \cdot f_p'(x) = -1$: $x^3 - 2x + 2px - p = 0$ II.

    $x = 1\ /\ x = -1\ /\ p = 1$ erfüllt I. und II.

    $\overline{\text{I.}}\ p = \frac{1-x^3}{x^2-x^3}$ ($x \neq 0,\ x \neq 1$) $\overline{\text{II.}}\ p = \frac{x^2-2x}{1-2x}$ $\left(x \neq \frac{1}{2}\ \left(x = \frac{1}{2}\text{erfüllt II nicht}\right)\right)$

    $\overline{\text{I}} = \overline{\text{II}}$: $\frac{1-x^3}{x^2-x^3} = \frac{x^2-2x}{1-2x}$ $(1-2x)(1-x^3) = (x^2-2x)\cdot(x^2-x^3)$

    $x^5 - x^4 + x^3 - 2x + 1 = 0$

    $x = \pm 1$ ist Lösung (vgl. oben), also Polynomdivision:

    $\left(x^5 - x^4 + x^3 - 2x + 1\right):\left(x^2-1\right) = x^3 - x^2 + 2x + 1$

    $x^3 - x^2 + 2x - 1 = 0$ hat genau eine Nullstelle, und zwar im Intervall [0,5; 0,6]. Näherungslösung (Halbierungsverfahren):

    $x \approx 0{,}5698403$ führt auf $p \approx 5{,}834473$

118

19. Die gesuchte Punktmenge ist $\{(x \mid y) \text{ mit } x \neq 0 \text{ und } y = \frac{1}{4}\}$
(punktierte Gerade)
Zum Lösungsweg:
$f_p(x) = h_q(x)$: $px^2 = -x^2 + q \Leftrightarrow q = px^2 + x^2$ (I*)
$f_p'(x) \cdot h_q'(x) = -1$: $2px \cdot (-2x) = -1$ (II) $\Leftrightarrow px^2 = \frac{1}{4}$ (II*)
Da $f_p(x) = px^2 \underset{\underset{II^*}{\uparrow}}{=} \frac{1}{4}$, muss jeder Lösungspunkt die 2. Koordinate $\frac{1}{4}$ haben.
Als 1. Koordinate kommt jedes $x \in \mathbb{R} \setminus \{0\}$ vor, denn: $x = 0$ erfüllt II nicht und zu jedem $x \neq 0$ gibt es ein p und ein q, sodass (I) und (II) erfüllt ist, nämlich: $p = \frac{1}{4x^2}$ und $q = \frac{1}{4} + x^2$.

20. $h: V \mapsto h(V) = 3\sqrt[3]{\frac{V}{4\pi}}$
Die Höhenrate ist die Änderungsrate der Funktion h (bezüglich der Variablen V). Die lokale Höhenrate an der Stelle V_0 ist die Ableitung der Funktion h an der Stelle V_0.

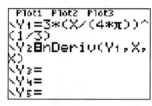

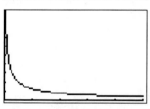

Die Höhenrate nimmt mit zunehmendem V ab. Da der Sand mit konstanter Schüttgeschwindigkeit V/t dem Sandhügel zugeführt wird, wird die Höhenzunahme immer kleiner.

119

21. a) $f(t) = 1 \cdot 1{,}5^t$, f(t) in der Einheit 10 000 Tiere, t in der Einheit Wochen.
 b) $f(5) \approx 7{,}6$, d. h. etwa 76 000 Tiere; $f(10) \approx 58$, d. h. etwa 580 000 Tiere.
 c) $\frac{f(5)-f(0)}{5} \approx 1{,}32$; also innerhalb dieser Zeit durchschnittliche Zunahme von 13 000 Tieren/Woche;
$\frac{f(10)-f(0)}{10} \approx 5{,}7$; also innerhalb dieser Zeit durchschnittliche Zunahme von 57 000 Tieren/Woche;
 d) Nach 5 Wochen 31 000 Tiere/Woche,
nach 10 Wochen 230 000 Tiere/Woche.

119 22. a) Sie nimmt betragsmäßig zu im Bereich von 0 < t < 4; dann nimmt sie betragsmäßig fast plötzlich ab und bleibt dann konstant, bis der Springer den Boden erreicht.

b)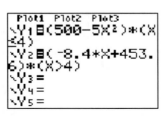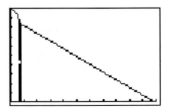

Das GTR-Schaubild zeigt nicht die „Abrundung" bei der 4. Sekunde, d.h., bei der kleinen Zeitspanne, in der sich der Fallschirm öffnet.

c)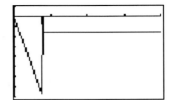

d) $v(t) = f'(t) = \begin{cases} -10t & \text{für } 0 \leq t \leq 4 \\ -8,4 & \text{für } t > 4 \end{cases}$; die Geschwindigkeit ist nach

Definition negativ, da die entsprechenden Steigungen bei dem ursprünglichen Schaubild negativ sind. Die Funktion v ist an der Stelle t = 4 unstetig. Der Springer kommt mit −8,4 m/s auf dem Boden an, seine dem Betrag nach größte Geschwindigkeit hat er bei t = 4 s. Danach wird der Springer fast ruckartig von −40 m/s auf −8,4 m/s abgebremst.

120 23. $f'(x) = 9x^2 - 5$

$f'\left(\sqrt{\frac{5}{3}}\right) = 9 \cdot \frac{5}{3} - 5 = 10$

Tangentengleichung: $y = 10x - 10\sqrt{\frac{5}{3}}$ $y \approx 10x - 12,9$

Die Ungenauigkeit des Rechners liegt daran, dass man die Stelle $\sqrt{\frac{5}{3}}$ nicht genau trifft. Wenn man jedoch mit Zoom arbeitet, kann man die Genauigkeit verbessern.

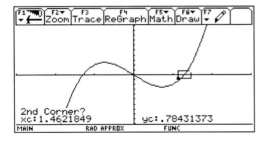 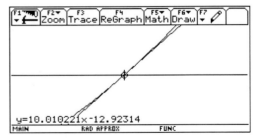

24. Vermutung: Der Berührpunkt an die innere Parabel ist der Mittelpunkt der Strecke zwischen den beiden Schnittpunkten der äußeren Parabel.
Beweis:
$f(x) = x^2$ und $g(x) = x^2 - k$

Tangentengleichung an den Punkt $(a \mid a^2)$: $y = 2ax - a^2$

Schnittpunkt mit dem Graphen von $g(x)$:
$x^2 - k = 2ax - a^2$
$x^2 - 2ax + a^2 - k = 0 \qquad x_{1/2} = a \pm \sqrt{k}$
$\qquad\qquad\qquad\qquad\qquad x_1 = a + \sqrt{k}, \quad x_2 = a - \sqrt{k}$

$S_1\left(a + \sqrt{k} \mid a^2 + 2a\sqrt{k}\right), \ S_2\left(a - \sqrt{k} \mid a^2 - 2a\sqrt{k}\right)$

Mittelpunkt der Strecke $S_1 S_2$: $\left(a \mid a^2\right)$

25. a)

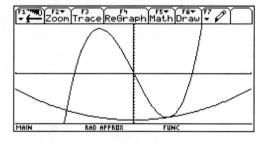

120

25. b)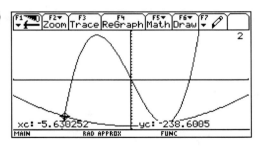

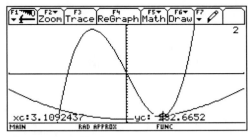

Rechnerische Überprüfung:
f (−5,63) ≈ −222,22   g (−5,63) ≈ −238,61
f (3,11) ≈ −282,02   g (3,11) ≈ −282,66

Verbesserung mit Zoom ergibt:
f (−5,666) ≈ −237,49   g (−5,66) ≈ −237,79
f (3) = −284   g (3) = −284

c) Gemeinsame Tangente wird in P (3 | −284) vermutet.
Gleichung der Tangente an den Graphen von f bzw. von g sind identisch: y = 12x − 320

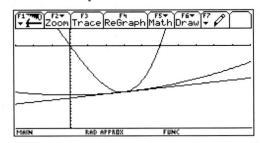

26. a) f 1 (x) ist die Ableitungsfunktion von f.
  b) Aus der Punkt-Steigungs-Form (vgl. Schülerband S. 28) ergibt sich
   mit y = t (a) und x_1 = a sowie y_1 = f(a)
   t (a) − f (a) = m (x − a)
   Setzt man für m nun die Ableitung an der Stelle a ein, erhält man
   t (a) − f (a) = f 1 (a) (x − a), also t (a) = f 1 (a) (x − a) + f (a)

120   **26.** **c)** $f'(x) = 6x^2 - 3$

$f'\left(\sqrt{\frac{3}{2}}\right) = 9 - 3 = 6$

$f\left(\sqrt{\frac{3}{2}}\right) = 3 \cdot \sqrt{\frac{3}{2}} - 3\sqrt{\frac{3}{2}} = 0$

Einsetzen in die Punkt-Steigungs-Form ergibt

$t(a) - 0 = 6\left(x - \sqrt{\frac{3}{2}}\right)$

$t(a) = 6x - 6\sqrt{\frac{3}{2}}$

$t(a) = 6x - 3\sqrt{6}$

d)

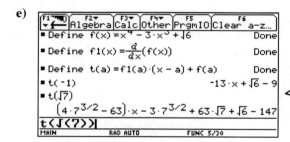

e)

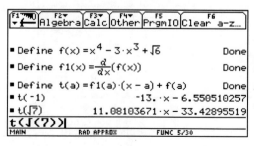

Fenster für AUTO und EXACT identisch

Fenster für APPROXIMATE

Blickpunkt: Steuerfunktion

121

1. a)

$$T(x) = \begin{cases} T_1(x) = 0 & \text{für } 0 \leq x \leq 7664 \\ T_2(x) = (883{,}74 \cdot 0{,}0001(x - 7664) + 1500) \cdot 0{,}0001(x - 7664) & \text{für } 7664 < x \leq 12739 \\ T_3(x) = (228{,}74 \cdot 0{,}0001(x - 12739) + 2397) \cdot 0{,}0001(x - 12739) + 989 & \text{für } 12739 < x \leq 52151 \\ T_4(x) = 0{,}42 \cdot x - 7914 & \text{für } 52151 < x \end{cases}$$

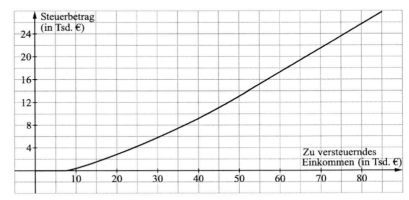

Es ist $T_1(7\,664) = 0$ und für $x \to 7\,664$ gilt $T_2(x) \to 0$,
$T_2(12\,739) \approx 988{,}86$ und für $x \to 12\,739$ gilt $T_3(x) \to 989$,
$T_3(52\,151) \approx 13\,989{,}09$ und für $x \to 52\,151$ gilt $T_4(x) \to 13989{,}42$.
Daher hat die Funktion T an den Stellen 12 739 und 52 151 Sprungstellen.

b) Die Graphen zu $\frac{T_1(x)}{x}$, $\frac{T_2(x)}{x}$, $\frac{T_3(x)}{x}$ und $\frac{T_4(x)}{x}$ sind (auf ihren Definitionsmengen) monoton steigend, wie man anhand der Ableitungen erkennt. Da der Graph von T ebenfalls monoton steigt, steigt die Durchschnittsbelastung $\frac{T(x)}{x}$ mit steigendem Einkommen x.

Es ist für große x : $\frac{T(x)}{x} = \frac{T_4(x)}{x} = 0{,}42 - \frac{7914}{x}$. Da $\frac{7914}{x}$ für $x \to \infty$ gegen 0 strebt, strebt die Durchschnittsbelastung für $x \to \infty$ gegen $0{,}42 = 42\%$

c) Bei einem Einkommen von a Euro muss Frau Wohlgemuth T(a) Euro Steuern zahlen.
Bei einem Einkommen von a + h Euro muss Frau Wohlgemuth T(a + h) Euro Steuern zahlen, also zusätzlich T(a + h) − T(a) Euro.
Der Anteil der Steuern am Einkommenszuwachs h beträgt somit $\frac{T(a+h) - T(a)}{h}$.
Geometrisch kann man diesen Quotienten als Steigung der Sekante durch die Punkte A(a | T(a)) und B(a + h | T(a + h)) des Schaubilds der Steuerfunktion interpretieren.

121 1. d) Das „Verhältnis zwischen der Änderung des Steuerbetrages und der Änderung des zu versteuernden Einkommens" kann mithilfe des Quotienten $\frac{T(a+h)-T(a)}{h}$ beschrieben werden, wobei h die Änderung des zu versteuernden Einkommens bezeichnet.
Für h → 0 erhält man die Ableitung T'(a) von der Steuerfunktion T an der Stelle a als Grenzwert dieses Differenzenquotienten.
Der Grenzsteuersatz ist somit die erste Ableitung T' der Steuerfunktion T.
An den Sprungstellen der Steuerfunktion kann die Ableitung nicht gebildet werden.
Es ist $T_1'(x) = 0$, $T_2'(x) = 1{,}76748 \cdot 10^{-5} \cdot x + 0{,}0145403328$,
$T_3'(x) = 4{,}5748 \cdot 10^{-6} \cdot x + 0{,}1814216228$, $T_4' = 0{,}42$.
T_2' und T_3' sind streng monoton steigend. Für x → 12 739 gilt
$T_2'(x) \to 0{,}23969961$;
für x → 52 151 gilt $T_3'(x) \to 0{,}4200020176 \approx 0{,}42$.
Daher ist 0,4200020176 größter Grenzsteuersatz.

122 2. a) Da die Steuerfunktion T abschnittsweise durch lineare bzw. quadratische Funktionen definiert ist, ist die Ableitung der Steuerfunktion (Grenzsteuersatz) abschnittsweise linear. An den Sprungstellen der Steuerfunktion ist die Ableitung nicht definiert.
Der Eingangssteuersatz gibt an, welcher Anteil des über 7 664 € hinausgehenden zu versteuernden Einkommens „anfangs" als Steuer abgeführt werden muss.
Als Eingangssteuersatz wird in der Grafik 15% angegeben. Diesen Wert erhält man rechnerisch mit
$T_2(x) = (883{,}74 \cdot 0{,}0001(x - 7\,664) + 1\,500) \cdot 0{,}0001(x - 7\,664)$ aus Aufgabe 1:
Für x → 7 664 gilt $T_2'(x) \to 0{,}15 = 15\%$.
Als Spitzensteuersatz wird in der Grafik 42% angegeben.
Für $T_4(x) = 0{,}42 \cdot x - 7\,914$ aus Aufgabe 1 gilt $T_4'(x) = 0{,}42 = 42\%$.
Allerdings gilt für x → 52 151: $T_3'(x) \to 0{,}4200020176 \approx 0{,}42$.
Die Durchschnittsbelastung ergibt sich als $\frac{T(x)}{x}$.

122

2. b) Die Steuerfunktion ist für 7 664 < x < 12 739 und für
12 739 < x < 52 151 jeweils streng monoton steigend, da die Ableitungsfunktion jeweils größer als 0 ist.
Da die Ableitungsfunktion sogar für 7 664 < x < 12 739 und für
12 739 < x < 52 151 jeweils selbst (linear) monoton steigt, ist das Schaubild von T in diesen Intervallen jeweils linksgekrümmt, d. h., das Schaubild von T weist ein Wachstumsverhalten auf, das stärker als lineares Wachstum ist. Das bedeutet, dass $\frac{T(x)}{x}$ streng monoton steigt. Man spricht von einem progressivem Verlauf des Schaubilds von T.
Da die Ableitungsfunktion für 7 664 < x < 12 739 und für
12 740 < x < 52 151 jeweils linear monoton steigt, bezeichnet man den Verlauf des Schaubilds von T in diesen Abschnitten als „linear-progressiv".
Aufgrund der unterschiedlichen Steigungen von T_2' und T_3' für
7 664 < x < 12 739 und für 12 740 < x < 52 151 kann man diese Intervalle als Progressionsbereiche unterscheiden.

c) Beträgt das zu versteuernde Einkommen a + 1 Euro, so beträgt der Anteil, mit dem der letzte hinzuverdiente Euro zusätzlich belastet wird, (T(a + 1) − T(a)) / 1. Dieser Differenzenquotient stimmt *näherungsweise* mit der Ableitung T′(a), also dem Grenzsteuersatz für das Einkommen a überein.

3. Beträgt das gesamte zu versteuernde Einkommen beider Ehepartner x Euro, so beträgt die zu entrichtende Steuer gemäß dem Splittingverfahren $S(x) = 2 \cdot T\left(\frac{x}{2}\right)$ Euro.
Hieraus ergibt sich die folgende abschnittsweise definierte Steuerfunktion:

$$S(x) = \begin{cases} S_1(x) = 0 & \text{für } 0 < x \leq 15328 \\ S_2(x) = 2 \cdot \left(\left(883,74 \cdot 0,0001\left(\frac{x}{2} - 7664\right) + 1500\right) \cdot 0,0001\left(\frac{x}{2} - 7664\right)\right) & \text{für } 15328 < x \leq 25478 \\ S_3(x) = 2 \cdot \left(\left(228,74 \cdot 0,0001\left(\frac{x}{2} - 12739\right) + 2397\right) \cdot 0,0001\left(\frac{x}{2} - 12739\right) + 989\right) & \text{für } 25478 < x \leq 104302 \\ S_4(x) = 2 \cdot (0,21 \cdot x - 7914) & \text{für } 104302 < x \end{cases}$$

Ein Vergleich der Graphen der Grenzsteuer zeigt, das die Grenzsteuer nach dem Splittingverfahren für 7 665 < x < 104 304 geringer ist, als wenn das gesamte zu versteuernde Einkommen x beider Eheleute zusammen gemäß der Steuerfunktion T zu versteuern wäre.

123

4. a) Da wegen der Monotonie $\left(\frac{T(x)}{x}\right)' > 0$ ist, gilt $T'(x) \cdot x - T(x) \geq 0$, also
$T'(x) \geq \frac{T(x)}{x}$, x > 0.
Ökonomisch bedeutet dies, dass die Steuerbelastung des letzten verdienten Euros höher ist als die durchschnittliche Steuerbelastung des Gesamteinkommens.

123

4. b) Ist $\frac{T(x)}{x}$ konstant für alle x > 0, so heißt der Steuertarif *proportional*.

Fällt $\frac{T(x)}{x}$ monoton für alle x > 0, so heißt der Steuertarif *regressiv*.

c) Die Mehrwertsteuer beträgt für die meisten Güter zzt. 16% des Warennettowertes, also $\frac{T(x)}{x} = 0{,}16$. Daher ist die Mehrwertsteuer ein Beispiel für einen proportionalen Steuertarif.

5. a) Abgebildet sind die Graphen der Grenzbelastung $(T'(x))$ sowie der Durchschnittsbelastung $\left(\frac{T(x)}{x}\right)$ für die (historischen) Steuertarife von 1985 bzw. 1990.

Da für Einkommen ab etwa 5 600 DM der Graph der Durchschnittsbelastung des Steuertarifs von 1990 unter dem Graphen der Durchschnittsbelastung des Steuertarifs von 1985 verläuft, bedeutete der Wechsel des Steuertarifes im Jahr 1990, dass für entsprechende Einkommen nach dem neuen Tarif geringere Steuern gezahlt werden mussten als nach dem Tarif ab 1985.

Im Einzelnen ergaben sich folgende Entlastungen:

zu versteuerndes Einkommen (in DM)	Durchschnittsbelastung Tarif		Steuer (in DM)		Steuerersparnis (in DM)
	1985	1990	1985	1990	
10 000	≈ 11,5 %	≈ 7,5 %	≈ 1 150	≈ 750	≈ 400
40 000	≈ 25 %	≈ 20 %	≈ 10 000	≈ 8 000	≈ 2 000
120 000	≈ 42,5 %	≈ 34 %	≈ 51 000	≈ 40 800	≈ 10 200

b) Häufig wird von Arbeitnehmerseite bei Einkommenstarifverhandlungen (unter anderem) ein sogenannter Inflationsausgleich gefordert, der die Einkommenserhöhung der Erhöhung des allgemeinen Preisniveaus anpassen soll: Sind beispielsweise die Preise für die allgemeine Lebenshaltung durchschnittlich um 2% gestiegen, so wird eine entsprechende Erhöhung der Löhne gefordert, um so die Kaufkraft des Einkommens zu sichern.
Allerdings nimmt wegen der monoton steigenden steuerlichen Durchschnittsbelastung der Anteil der Steuern am gesamten zu versteuernden Einkommen (nach Überschreiten des Grundfreibetrages) zu, so dass (trotz des Inflationsausgleichs) das nach Abzug der Steuern nunmehr real verfügbare Einkommen geringer ist.

6. a) Die Anbieter haben u. a. aufgrund der betrieblichen Kostenstrukturen vor der Einführung der Steuer zum Preis p pro hergestellter Einheit des Wirtschaftsgutes die Menge x angeboten (Angebotsfunktion A). Die Einführung der Mengensteuer t pro Einheit, die von den Anbietern getragen werden muss, wirkt für die Anbieter wie eine Kostenerhöhung. Daher werden sie – alles andere als unverändert unterstellt – dieselbe Menge x nach Einführung der Mengensteuer nur noch zum Preis p + t anbieten. Das bedeutet eine Verschiebung des Schaubilds der Angebotsfunktion um t nach oben (Angebotsfunktion A_t).

b) Der neue Gleichgewichtspunkt ergibt sich als Schnittpunkt der verschobenen Angebotskurve mit der (unveränderten) Nachfragekurve.
Der neue Gleichgewichtspreis p_t und die neue Gleichgewichtsmenge x_t ergeben sich somit aus der Gleichung $p_N - n \cdot x = p_t = p_A + a \cdot x + t$ zu
$$x_t = \frac{p_N - p_A - t}{a+n} \quad \text{und} \quad p_t = \frac{p_N \cdot a + (p_A + t) \cdot n}{a+n}.$$
Das hiermit verbundene Steueraufkommen T beträgt $T = t \cdot x_t$. Es ist in der Abbildung als rotes Rechteck dargestellt.

c) Es ist $T(t) = t \cdot x_1 = \frac{t \cdot (p_N - p_A - t)}{a+n} =$ 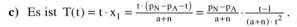 $\frac{p_N - p_A}{a+n} \cdot \frac{t-1}{(a+n) \cdot t^2}$.

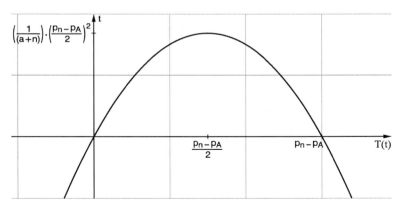

Der Graph von T ist eine nach unten geöffnete Parabel mit den Achsenschnittstellen 0 und $(p_N - p_A)$.

Der Scheitelpunkt hat die Koordinaten $\left(\frac{(p_N - p_A)}{2} \middle| \frac{(p_N - p_A)^2}{4 \cdot (a+n)} \right)$.

$T(t)$ wird für $t = \frac{(p_N - p_A)}{2}$ maximal. Es ist $T_{max} = \frac{(p_N - p_A)^2}{4 \cdot (a+n)}$.

4. FUNKTIONSUNTERSUCHUNGEN

4.1 Ganzrationale Funktionen

4.1.1 Begriff der ganzrationalen Funktion, Symmetrie und Globalverlauf

134

3. **a)** $f(-x) = -f(x) \Rightarrow$ punktsymmetrisch zum Punkt (0 | 0)

$f(-(y+4)) = -f(y+4) \Rightarrow$ punktsymmetrisch zum Punkt (0 | 4)

$f(-(y+4)) = 3(-(y+4))^5 + 3(-(y+4))^3 + y + 4 + 4$

$\qquad\qquad = -3(y+4)^5 - 3(y+4)^3 + y + 8$

$-f(y+4) = -\left[3(y+4)^5 + 3(y+4) - (y+4) + 4\right]$

$\qquad\qquad = -3(y+4)^5 - 3(y+4) + y + 8 \Rightarrow$

$f(-(y+4)) = -f(y+4)$

b) $g(x) = 2x^7 - 3x^3 \qquad g(-x) = -2x^7 + 3x^3$

$-g(x) = -2x^7 - 3x^3 \Rightarrow g(x)$ ist punktsymmetrisch zum Punkt (0 | 0)

Wird der Graph von g um −1 in Richtung der 1. Achse verschoben, so ist y = g (x − 1)

$y(x) = 2(x-1)^7 - 3(x-1)^3$

Wird der Graph von y um 5 in Richtung der 2. Achse verschoben, so ist f(x) = y(x) + 5

$f(x) = 2(x-1)^2 - 3(x-1)^3 + 5 \Rightarrow$ der Graph von f ist punktsymmetrisch zum Punkt (1 | 5).

4. **a)** $g(x) = x^4 + 3$

$g(-x) = (-x)^4 + 3 = x^4 + 3 = g(x) \Rightarrow g(x)$ symmetrisch zur 2. Achse.

Wird der Graph von g um 4 in Richtung der 1. Achse verschoben, so gehört zum Bildgraphen die Funktionsgleichung $f(x) = (x-4)^4 + 3$.

f(x) ist symmetrisch in Bezug auf die Gerade x = 4.

b) $f(x) = x^2 + 6x - 4 = x^2 + 6x + 9 - 13 = (x+3)^2 - 13$

$g(x) = x^2 - 13$

$g(-x) = x^2 - 13 = g(x)$

g(x) - symmetrisch zur 2. Achse

Wird der Graph von g(x) um −13 in Richtung der 1. Achse verschoben, so gehört zum Bildgraphen die Funktionsgleichung $f(x) = (x-3)^2 - 13$.

f(x) ist symmetrisch in Bezug auf die Gerade x = −3.

135

5. a) $f(x) = \frac{1}{8}x^4 + \frac{1}{4}$ d) $f(x) = x^2 + 2\sqrt{2}x + 2$
   b) keine ganzrationale Funktion   e) keine ganzrationale Funktion
   c) keine ganzrationale Funktion

6. Ja: Die Graphen zu g(x) = + x sowie zu h(x) = −x + a (a∈ ℝ) sind symmetrisch zur Geraden y = x. g und h sind allerdings auch die einzigen Funktionen mit dieser Eigenschaft. Symmetrie des Graphen zu g(x) zur Geraden y = x verlangt, dass g(g(x)) = x. Dies ist offenbar nur für g und h erfüllbar.

7. a) $f(x) = \frac{2}{3}(x+a)^4$

   $\frac{2}{3}(-x+a)^4 = \frac{2}{3}(x+a)^4 \Rightarrow a = 0 \Rightarrow f(x) = \frac{2}{3}x^4$

   Nullstellen: (0 | 0)
   Achsensymmetrisch zur 2. Koordinatenachse; f(−x) = f(x): ja
   Punktsymmetrisch zum Koordinatenursprung; f(−x) = −f(x): nein

   b) $f(x) = x^3 + a$
   $f(-x) = -x^3 + a; \quad -f(x) = -x^3 - a$
   $f(-x) = -f(x) \Rightarrow a = 0; \quad f(x) = x^3$
   Nullstellen: (0 | 0)
   Achsensymmetrisch zur 2. Koordinatenachse; f(−x) = f(x): nein
   Punktsymmetrisch zum Koordinatenursprung; f(−x) = −f(x): ja

   c) $f(x) = 3x^5 + ax^4 + ax^3 - 12x$
   $f(-x) = -3x^5 + ax^4 - ax^3 + 12x$
   $-f(x) = -3x^5 - ax^4 - ax^3 + 12x$ für a = 0
   $f(-x) = -f(x) \Rightarrow f(x) = 3x^5 - 12x$
   Nullstellen: (0 | 0), $(\sqrt{2} | 0)$, $(-\sqrt{2} | 0)$
   Achsensymmetrisch zur 2. Koordinatenachse; f(−x) = f(x): nein
   Punktsymmetrisch zum Koordinatenursprung; f(−x) = −f(x): ja

   d) $f(x) = (x-a)(x+2) = x^2 + (2-a)x - 2a$
   $f(-x) = x^2 - (2-a)x - 2a$
   $-f(x) = x^2 - (2-a)x + 2a$ für a = 0
   $f(x) = x^2 \Rightarrow f(-x) = f(x)$
   Nullstellen: (0 | 0)
   Achsensymmetrisch zur 2. Koordinatenachse; f(−x) = f(x): ja
   Punktsymmetrisch zum Koordinatenursprung; f(−x) = −f(x): nein

135

7. e) $f(x) = x(x^4 + a)$

$f(-x) = -x(x^4 + a)$

$-f(x) = -x(x^4 + a) \Rightarrow f(-x) = -f(x)$ für alle $a \in \mathbb{R}$

Nullstellen: $(0 \mid 0)$ für $a < 0$, $(\sqrt[4]{-a} \mid 0)$, $(-\sqrt[4]{-a} \mid 0)$

Achsensymmetrisch zur 2. Koordinatenachse; $f(-x) = f(x)$: nein
Punktsymmetrisch zum Koordinatenursprung; $f(-x) = -f(x)$: ja

f) $f(x) = ax^8 - x$

$f(-x) = ax^8 + x$

$-f(x) = -ax^8 + x \Rightarrow f(-x) = -f(x)$ für $a = 0$

$f(x) = -x$

Nullstellen: $(0 \mid 0)$

Achsensymmetrisch zur 2. Koordinatenachse; $f(-x) = f(x)$: nein
Punktsymmetrisch zum Koordinatenursprung; $f(-x) = -f(x)$: ja

8. a) (1) $f(x) = 26x^{10} - 32x + 17$

für $x \to -\infty$, $f(x) \to \infty$,   für $x \to \infty$, $f(x) \to \infty$

(2) $f(x) = -x^8 + x$

für $x \to -\infty$, $f(x) \to -\infty$,   für $x \to \infty$, $f(x) \to -\infty$

(3) $f(x) = x^5 + 3x^2 - 6x + 7$

für $x \to \infty$, $f(x) \to \infty$,   für $x \to -\infty$, $f(x) \to \infty$

(4) $f(x) = -\frac{1}{18}x^9 + 35x^2 + 8$

für $x \to \infty$, $f(x) \to -\infty$,   für $x \to -\infty$, $f(x) \to \infty$

b) $f_1(x)$ zu (4) $f_2(x)$ zu (1) $f_3(x)$ zu 3 $f_4(x)$ zu 2

9. a) $f(x) \to -\infty$ für $x \to -\infty$ und $x \to \infty$.
Es muss links vom gezeigten Ausschnitt des Funktionsgraphen ein weiteres Maximum vorliegen.

b) $f(x) \to -\infty$ für $x \to -\infty$; $f(x) \to \infty$ für $x \to \infty$.
Es muss links vom gezeigten Ausschnitt des Funktionsgraphen ein weiteres Maximum und eine weitere Nullstelle vorliegen.

10. a) $f(x) = -\frac{2}{3}x + x^5$

$f(-x) = \frac{2}{3}x - x^5$

$-f(x) = \frac{2}{3}x + x^5 \Rightarrow f(-x) = -f(x)$

$x \to \infty$, $f(x) \to \infty$, $x \to -\infty$, $f(x) \to -\infty$

Achsensymmetrisch zur 2. Koordinatenachse; $f(-x) = f(x)$: nein
Punktsymmetrisch zum Koordinatenursprung; $f(-x) = -f(x)$: ja

135 10. b) $f(x) = x^3 + 2x^2 + 5$
$f(-x) = -x^3 + 2x^2 + 5$
$-f(x) = -x^3 - 2x^2 - 5$
$x \to \infty$, $f(x) \to \infty$, $x \to -\infty$, $f(x) \to -\infty$
Achsensymmetrisch zur 2. Koordinatenachse; $f(-x) = f(x)$: nein
Punktsymmetrisch zum Koordinatenursprung; $f(-x) = -f(x)$: nein

c) $f(x) = 3x^4 - 2x^2 + 1$
$f(-x) = 3x^4 - 2x^2 + 1$
$-f(x) = -3x^4 + 2x^2 - 1$
$f(x) = f(-x)$
$x \to \infty$, $f(x) \to \infty$, $x \to -\infty$, $f(x) \to \infty$
Achsensymmetrisch zur 2. Koordinatenachse; $f(-x) = f(x)$: ja
Punktsymmetrisch zum Koordinatenursprung; $f(-x) = -f(x)$: nein

d) $f(x) = -4x^5 - x^3 + 7x$
$f(-x) = 4x^5 + x^3 - 7x$
$-f(x) = 4x^5 + x^3 - 7x$
$f(-x) = -f(x)$
$x \to \infty$, $f(x) \to -\infty$, $x \to -\infty$, $f(x) \to \infty$
Achsensymmetrisch zur 2. Koordinatenachse; $f(-x) = f(x)$: nein
Punktsymmetrisch zum Koordinatenursprung; $f(-x) = -f(x)$: ja

e) $f(x) = -\frac{1}{3}x^4 + x^2 + 2$
$f(-x) = -\frac{1}{3}x^4 + x^2 + 2$
$-f(x) = \frac{1}{3}x^4 - x^2 - 2$
$f(x) = f(-x)$
$x \to \infty$, $f(x) \to -\infty$, $x \to -\infty$, $f(x) \to -\infty$
Achsensymmetrisch zur 2. Koordinatenachse; $f(-x) = f(x)$: ja
Punktsymmetrisch zum Koordinatenursprung; $f(-x) = -f(x)$: nein

f) $f(x) = -\sqrt{2}x^8 - 4x$
$f(-x) = -\sqrt{2}x^8 + 4x$
$-f(x) = -\sqrt{2}x^8 + 4x$
$x \to \infty$, $f(x) \to -\infty$, $x \to -\infty$, $f(x) \to -\infty$
Achsensymmetrisch zur 2. Koordinatenachse; $f(-x) = f(x)$: nein
Punktsymmetrisch zum Koordinatenursprung; $f(-x) = -f(x)$: nein

4.1.2 Nullstellen einer ganzrationalen Funktion – Polynomdivision

2. a) $z = x^2$
$z^2 - 11z + 18 = 0$
$z_1 = 2,\ z_2 = 9$
$x^2 = 2,\ x^2 = 9$
$x_1 = -\sqrt{2},\ x_2 = \sqrt{2},\ x_3 = -3,\ x_4 = 3$

b) (1) $-\sqrt{5};\ -1;\ 1;\ \sqrt{5}$
(2) $\sqrt[4]{3};\ -\sqrt[4]{3}$
(3) $1;\ -\sqrt[3]{5}$

3. a) $(x-4)(x-4) = x^2 - 16$

$(x^4 - 8x^3 + 17x^2 - 8x + 16) : (x-4) = x^3 - 4x^2 + x - 4$
$\underline{x^4 - 4x^3}$
$\quad -4x^3 + 17x^2$
$\quad \underline{-4x^3 + 16x^2}$
$\quad\quad\quad x^2 - 8x$
$\quad\quad\quad \underline{x^2 - 4x}$
$\quad\quad\quad\quad -4x + 16$
$\quad\quad\quad\quad \underline{-4x + 16}$
$\quad\quad\quad\quad\quad 0$

$(x^3 - 4x^2 + x - 4) : (x-4) = x^2 + 1$
$\underline{x^3 - 4x^2}$
$\quad 0 - x - 4$
$\quad \underline{x - 4}$
$\quad\quad 0$

b) $f_1(x) = x^2 - 4x + 4 = (x-2)^2 = (x-2)(x-2)$
$f_2(x) = x^3 - 6x^2 + 12x - 8 = (x-2)(x-2)(x-2)$

c) -

4.

f(x)	x
60	-4
-4	-2
-3	-1
-4	0
5	1
60	2
572	4

Es liegt eine Nullstelle zwischen −4 und −2 und zwischen 0 und 1.
Jede ganzzahlige Nullstelle von f ein Teiler von 4.
Nach der Wertetabelle sind also die Nullstellen von f nicht ganzzahlig.

$f(x) = (x^2 + 2x - 2)(x^2 + 2x + 2) = x^4 + x^3 + x^2 - 4$

$(x^2 + 2x + 2) > 0$ für alle x

$(x^2 + 2x - 2)$ hat Nullstellen $x_{1,2} = -1 \pm \sqrt{3}$, dies sind also die einzigen Nullstellen von f.

141

5. a) $x^2 - 5x + 7$ e) $3x^4 - 3x^3 + 3x^2 - x$
   b) $x^2 - 2x - 4$ f) $x^2 + x + 1$
   c) $x^3 - x + 4$ g) $x^9 + x^8 + x^7 + x^6 + x^5 + x^4 + x^3 + x^2 + x + 1$
   d) $2x^3 - x^2 + 4x - 1$ h) $x^{n-1} + x^{n-2} + \ldots + x + 1$

6. a) Nullstellen: $-1; 1; 3$ b) Nullstellen: $-1; 2; 5$

7. a) $4; -2; -1$ d) 3 (doppelt); $-\frac{1}{2}$
   b) $0; 3; -5$ e) 0 (dreifach); $-1; 1$
   c) $-3; 3$ f) $0; -2; -1$

8. a) $-1; 2; 4$ c) -1 e) $-\frac{2}{3}; 1; 2$
   b) $-3; \frac{1}{2}; 4$ d) $-2; -\frac{1}{2}; \frac{1}{2}$ f) $-8; 0; \frac{1}{2}; 3$

9. a) $f(x) = (x+4)(x-2)(x+1) = x^3 + 3x^2 - 6x - 8$
   b) $f(x) = (x+3) \cdot x \cdot (x-1)(x-2) = x^4 - 7x^2 + 6x$
   c) $f(x) = x(x+3)(x-3)^2 = x^4 - 3x^3 - 9x^2 + 27x$
   d) $f(x) = -x^3(x+4)^2 = -x^5 - 8x^4 - 16x^3$

10.

	Nullstellen	$x \to \infty$	$x \to -\infty$	Positiv	Negativ
a)	$-2; -1; \frac{1}{2}$	$f(x) \to \infty$	$f(x) \to -\infty$	$]2; -1[$; $]\frac{1}{2}; \infty[$	$]-\infty; -2[$; $]-1; \frac{1}{2}[$
b)	$-3; 1; 2$	$f(x) \to \infty$	$f(x) \to -\infty$	$]-3; 1[$; $]2; \infty[$	$]-\infty; -3[$; $]1; 2[$
c)	$-2; -1; 0; 2$	$f(x) \to \infty$	$f(x) \to \infty$	$]-\infty; -2[$; $]-1; 0[$; $]2; \infty[$	$]-2; -1[$; $]0; 2[$
d)	$-3; -2; \frac{1}{3}; 2; 3$	$f(x) \to \infty$	$f(x) \to -\infty$	$]-3; -2[$; $]\frac{1}{3}; 2[$; $]3; \infty[$	$]-\infty; -3[$; $]-2; \frac{1}{3}[$; $]2; 3[$

11. a) $x_1 = -\sqrt{5}; x_2 = -2; x_3 = 2; x_4 = \sqrt{5}$
    b) $x_1 = -3; x_2 = -\frac{\sqrt{2}}{2}; x_3 = 0; x_4 = \frac{\sqrt{2}}{2}; x_5 = 3$
    c) $x_1 = 2; x_2 = 3$

142

12.

	Grad des Polynoms	$x \to \infty$	$x \to -\infty$	Nullstellen mit Vorzeichenwechsel	Nullstellen ohne Vorzeichenwechsel
a)	3	$f(x) \to \infty$	$f(x) \to -\infty$	4	3 (doppelt)
b)	6	$f(x) \to \infty$	$f(x) \to \infty$	0 (dreifach); 0,6	−1 (doppelt)
c)	3	$f(x) \to \infty$	$f(x) \to -\infty$	$-\sqrt{2}$	$\frac{2}{3}$ (doppelt)
d)	3	$f(x) \to \infty$	$f(x) \to -\infty$	−3	3 (doppelt)
e)	3	$f(x) \to \infty$	$f(x) \to -\infty$	−2	1 (doppelt)
f)	4	$f(x) \to \infty$	$f(x) \to \infty$	0 (dreifach); 1	

13. a) $f_4(x) = (x-2)^4 (x^2+1)$

   b) (1) $f_1 = (x-2)(x^2+1) \Rightarrow x = 2$ ist einfache Nullstelle

   (2) $f_2 = (x-2)(x-2)(x^2+1) \Rightarrow x = 2$ ist doppelte Nullstelle

   (3) $f_3 = (x-2)(x-2)(x-2)(x^2+1) \Rightarrow x = 2$ ist dreifache Nullstelle

   c) $f_1 = (x-2)(x^2+1)$
   $f_2 = (x-2)^2 (x^2+1)$
   $f_3 = (x-2)^3 (x^2+1)$

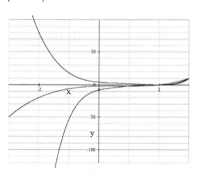

14. a)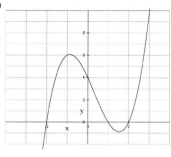

$f(x) = (x-1)(x^2-4)$

b)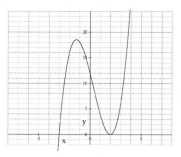

$f(x) = (x-2)^2 (x+3)$

14. c)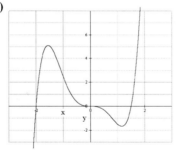

$f(x) = x^3(x-1,5)(x+2)$

d)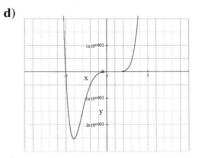

$f(x) = (x-1)^3(x+5)(x-0,5)^2$

e)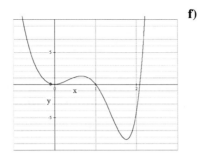

$f(x) = \left(x^3 - 9\right)(x-1)x^2$

f)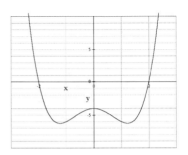

$f(x) = \left(x^2 - 4\right)\left(x^2 + 1\right)$

15. a) $f(x) = (x-2)(x+3)\left(x^2+1\right)$ c) $f(x) = x^2(x-1) = x^3 - x^2$

b) $f(x) = (x-1)(x-2)(x-3)$ d) $f(x) = \left(x^2+1\right)\left(x^2-1\right)x = x^5 - x$

16. a) $y = x^2(x+4)(x-3)$

b) $y = (x+2)^3(x-1)(x-3)$

c) $y = \frac{1}{1000}(5-x)(x-3)^2(x+1)(x+4)^2$

4.1.3 Das Newton – Verfahren zur Bestimmung von Näherungswerten für eine Nullstelle

144

2.

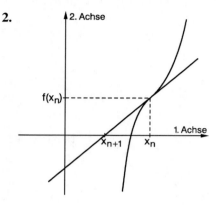

3. **a)** $f(x) = x^2 - 2 \qquad f'(x) = 2x$

$x_{n+1} = x_n - \frac{x_n^2 - 2}{2x_n} = \frac{1}{2}\left(\frac{2x_n^2 - x_n^2 + 2}{x_n}\right) = \frac{1}{2}\left(x_n + \frac{2}{x_n}\right)$

b) (1) $f(x) = x^2 - a \qquad f'(x) = 2x$

$x_{n+1} = x_n - \frac{x_n^2 - a}{2x_n} = \frac{1}{2}\left(x_n + \frac{a}{x_n}\right)$

(2) $f(x) = x^3 - a \qquad f'(x) = 3x^2$

$x_{n+1} = x_n - \frac{x_n^3 - a}{3x_n^2} = \frac{1}{3}\left(\frac{3x_n^3 - x_n^3 + a}{x_n^2}\right) = \frac{1}{3}\left(2x_n + \frac{a}{x_n^2}\right)$

(3) $f(x) = x^k - a \qquad f'(x) = k \cdot x^{k-1}$

$x_{n+1} = x_n - \frac{x_n^k - a}{k \cdot x_n^{k-1}} = \frac{1}{k}\left(\frac{kx_n^k - x_n^k + a}{x_n^{k-1}}\right) = \frac{1}{k}\left((k-1)x_n + \frac{a}{x_n^{k-1}}\right)$

c) (1) $x_{n+1} = \frac{1}{2}\left(x_n + \frac{10}{x_n}\right) \qquad x_1 = 4: (4; 3{,}25; 3{,}1635; 3{,}1623; \ldots)$

(2) $x_{n+1} = \frac{1}{2}\left(x_n + \frac{15\,610}{x_n}\right) \qquad x_1 = 100: (100; 125{,}8; 123{,}15; 123{,}13; \ldots)$

(3) $x_{n+1} = \frac{1}{3}\left(2x_n + \frac{5}{x_n^2}\right) \qquad x_1 = 1: (1; 2{,}333; 1{,}8617; 1{,}722; 1{,}721; \ldots)$

(4) $x_{n+1} = \frac{1}{5}\left(4x_n + \frac{18}{x_n^4}\right) \qquad x_1 = 2: (2; 1{,}825; 1{,}7845; 1{,}7826; \ldots)$

(5) $x_{n+1} = \frac{1}{7}\left(6x_n + \frac{31}{x_n^6}\right) \qquad x_1 = 1: (1; 5{,}2857; 4{,}5308; 3{,}8841; 3{,}3305;$

$2{,}858; 2{,}4578; 2{,}1268; 1{,}8708; 1{,}7068;$
$1{,}6421; 1{,}6334; 1{,}6332; \ldots)$

$x_1 = 2: (2; 1{,}7835; 1{,}6663; 1{,}6352; 1{,}6333;$
$1{,}6332; \ldots)$

144

3. c) (6) $x_{n+1} = \frac{1}{10}\left(9x_n + \frac{180}{x_n^9}\right)$ $x_1 = 1{,}5$: (1,5; 1,8182; 1,7193; 1,6845; 1,6809; 1,6808; ...)

145

4. a) $f(x) = x^3 - x - 0{,}5$ $\quad f'(x) = 3x^2 - 1$

   $x_{n+1} = x_n - \frac{x_n^3 - x_n - 0{,}5}{3x_n^2 - 1}$, $x_1 = 1$: (1; 1,25; 1,1949; 1,1915; ...)

   b) $f(x) = x^3 - 3x - 45$ $\quad f'(x) = 3x^2 - 3$

   $x_{n+1} = x_n - \frac{x_n^3 - 3x_n - 4}{3x_n^2 - 3}$, $x_1 = 2$: (2; 2,2222; 2,1962; 2,1958; ...)

   c) $f(x) = x^3 + 2x + 1$ $\quad f'(x) = 3x^2 + 2$

   $x_{n+1} = x_n - \frac{x_n^3 + 2x_n + 1}{3x_n^2 + 2}$, $x_1 = 0$: (0; −0,5; −0,4545; −0,4534; ...)

   d) $f(x) = x^3 - 30x + 33$ $\quad f'(x) = 3x^2 - 30$

   $x_{n+1} = x_n - \frac{x_n^3 - 30x + 33}{3x_n^2 - 30}$, $x_1 = 1$: (1; 1,1481; 1,1508; ...)

   $\phantom{x_{n+1}}$ $x_1 = 4$: (4; 5,2778; 4,8731; 4,8118; 4,8104; ...)

   $\phantom{x_{n+1}}$ $x_1 = -6$: (−6; −5,962; −5,961; ...)

   e) $f(x) = 5x^4 - 110x + 100$ $\quad f'(x) = 20x^3 - 110$

   $x_{n+1} = x_n - \frac{5x_n^4 - 110x_n + 100}{20x_n^3 - 110}$, $x_1 = 2$: (2; 2,8; 2,4981; 2,3993; 2,3886; 2,3855; ...)

   $\phantom{x_{n+1}}$ $x_1 = 1$: (1; 0,9444; 0,9454; ...)

   f) $f(x) = 2x^4 + 6x - 40$ $\quad f'(x) = 8x^4 + 6$

   $x_{n+1} = x_n - \frac{2x_n^4 + 6x_n - 40}{8x_n^3 + 6}$, $x_1 = 1$: (1; 3,2857; 2,5513; 2,1189; 1,9602; 1,9407; 1,9405; ...)

   $\phantom{x_{n+1}}$ $x_1 = 2$: (2; 1,9429; 1,9405; ...)

   $\phantom{x_{n+1}}$ $x_1 = -2$: (−2; −2,345; −2,279; −2,276; ...)

5. a) $x_{n+1} = x_n - \frac{x_n^3 - 5x_n + 80}{3x_n^2 - 5}$, $x_1 = -4$: (−4; −4,837; −4,699; −4,695; ...)

   b) $x_{n+1} = x_n - \frac{-8 + 42x_n - x_n^3}{4 - 3x_n^2}$, $x_1 = 2$: (2; 3; 2,6957; 2,6504; 2,6494; ...)

   c) $x_{n+1} = x_n - \frac{x_n^3 - 6x_n^2 - 83x_n - 20}{3x_n^2 - 12x_n - 83}$, $x_1 = 0$: (0; −0,241; −0,2455; ...)

   $\phantom{x_{n+1}}$ $x_1 = 12$: (12; 12,741; 12,674; ...)

   $\phantom{x_{n+1}}$ $x_1 = -6$: (−6; −6,474; −6,429; −6,428; ...)

145

5. d) $x_{n+1} = x_n - \frac{3x_n^3 - 60x_n - 72}{9x_n^2 - 60}$, $x_1 = 4$: (4; 5,4286; 5,028; 4,9823; 4,9817; ...)

$x_1 = -1$: (-1; -1,294; -1,313; ...)

$x_1 = -3$: (-3; -4,286; -3,801; -3,677; -3,669; -3,668; ...)

e) $x_{n+1} = x_n - \frac{x_n^4 - \frac{1}{20}x_n + 7}{4x_n^3 - \frac{1}{20}}$, keine Nullstellen

f) $x_{n+1} = x_n - \frac{-x^3 - x^5 + 2x^2}{-8x^7 - 5x^4 + 4x}$, Bei „0" und „1" gibt es hier beim Newtonverfahren in dieser Form Probleme.

$\left(-x^8 - x^5 + 2x^2\right) = -x^2(x-1)\left(x^5 + x^4 + x^3 + 2x^2 + 2x + 2\right)$

daher: $x_{0_1} = 0$; $x_{0_2} = 1$

$x_{n+1} = x_n - \frac{x^5 + x^4 + x^3 + 2x^2 + 2x + 2}{5x^4 + 4x^3 + 3x^2 + 4x + 2}$

$x_1 = -1$: (-1; -1,5; -1,335; -1,269; -1,26; ...)

6. a) $f(x) = \sin(x) - \frac{1}{2}x$ $f'(x) = \cos(x) - \frac{1}{2}$

$x_{n+1} = x_n - \frac{\sin(x_n) - \frac{1}{2}x_n}{\cos(x_n) - \frac{1}{2}}$ $x_1 = 0$: (0; 0; 0; ...)

$x_1 = 2$: (2; 1,901; 1,8955; ...)

$x_1 = -2$: (-2; -1,901; -1,8955; ...)

b) $f(x) = \cos(x) - x$ $f'(x) = -\sin(x) - 1$

$x_{n+1} = x_n - \frac{\cos(x_n) - x_n}{-\sin(x_n) - 1}$ $x_1 = 1$: (1; 0,75036; 0,73911; 0,73909; ...)

c) $f(x) = \sin(x) - x^2$ $f'(x) = \cos(x) - 2x$

$x_{n+1} = x_n - \frac{\sin(x_n) - x_n^2}{\cos(x_n) - 2x_n}$ $x_1 = 0$: (0; 0; 0; ...)

$x_1 = 1$: (1; 0,8914; 0,87698; 0,87673; ...)

d) $f(x) = \cos(x) - x^2$ $f'(x) = -\sin(x) - 2x$

$x_{n+1} = x_n - \frac{\cos(x_n) - x_n^2}{-\sin(x_n) - 2x_n}$ $x_1 = 1$: (1; 0,81904; 0,82425; 0,82413; ...)

$x_1 = -1$: (-1; -0,81904; -0,82425; -0,82413; ...)

e) $f(x) = \sin(x) - (2x^2 - 1)$ $f'(x) = \cos(x) - 4x$

$x_{n+1} = x_n - \frac{\sin(x_n) - (2x_n^2 - 1)}{\cos(x_n) - 4x_n}$

$x_1 = 1$: (1; 0,94981; 0,95283; 0,95259; 0,95261; ...)

$x_1 = -0,5$: (-0,5; -0,5135; -0,5016; -0,5121; -0,5028; -0,511; -0,5038; -0,5101; -0,5045; -0,5094; -0,5051; -0,5089; -0,5055; -0,5085; ...; -0,5071; ...)

145   7. a) Nullstellen: $f(x) = x^3 - x^2 - 5$ $f'(x) = 3x^2 - 2x$

$x_{n+1} = x_n - \frac{x_n^3 - x_n^2 - 5}{3x_n^2 - 2x_n}$, $x_1 = 2$: (2; 2,125; 2,1164; $\underline{2{,}1163}$; ...)

Extremstellen: $g(x) = 3x^2 - 2x$ $g'(x) = 6x - 2$

$x_{n+1} = x_n - \frac{3x_n^2 - 2x_n}{6x_n - 2}$, $x_1 = 0$: (0; 0; $\underline{0}$; ...)

$x_1 = 1$: (1; 0,75; 0,675; 0,66677; $\underline{0{,}66667}$; ...)

Wendestellen: $h(x) = 6x - 2$ $h'(x) = 6$

$x_{n+1} = x_n - \frac{6x_n - 2}{6}$, $x_1 = 2$: (2; $\underline{0{,}3333}$; ...)

b) Nullstellen: $f(x) = x^3 - 2x^2 - 5$ $f'(x) = 3x^2 - 4x$

$x_{n+1} = x_n - \frac{x_n^3 - 2x_n^2 - 5}{3x_n^2 - 4x_n}$, $x_1 = 3$: (3; 2,7333; 2,6916; $\underline{2{,}6906}$; ...)

Extremstellen: $g(x) = 3x^2 - 4x$ $g'(x) = 6x - 4$

$x_{n+1} = x_n - \frac{3x_n^2 - 4x_n}{6x_n - 4}$, $x_1 = 0$: (0; 0; $\underline{0}$; ...)

$x_1 = 1$: (1; 1,5; 1,35; 1,3335; $\underline{1{,}3333}$; ...)

Wendestellen: $h(x) = 6x - 4$ $h'(x) = 6$

$x_{n+1} = x_n - \frac{6x_n - 4}{6}$, $x_1 = 1$: (1; $\underline{0{,}66667}$; ...)

c) Nullstellen: $f(x) = x^4 - 3x^3 + 2x^2 - 5$ $f'(x) = 4x^3 - 9x^2 + 4x$

$x_{n+1} = x_n - \frac{x_n^4 - 3x_n^3 + 2x_n^2 - 5}{4x_n^3 - 9x_n^2 + 4x_n}$, $x_1 = 2$: (2; 3,25; 2,8028; 2,58; 2,5224;

$\underline{2{,}5189}$; ...)

$x_1 = -1$: (−1; −0,9412; $\underline{-0{,}9374}$; ...)

Extremstellen: $g(x) = 4x^3 - 9x^2 + 4x$ $g'(x) = 12x^2 - 18x + 4$

$x_{n+1} = x_n - \frac{4x_n^3 - 9x_n^2 + 4x_n}{12x_n^2 - 18x_n + 4}$, $x_1 = 0$: (0; 0; $\underline{0}$; ...)

$x_1 = 1$: (1; 0,5; 0,625; 0,60976; $\underline{0{,}60961}$; ...)

$x_1 = 2$: (2; 1,75; 1,6554; 1,6407; $\underline{1{,}6404}$; ...)

Wendestellen: $h(x) = 12x^2 - 18x + 4$ $h'(x) = 24x - 18$

$x_{n+1} = x_n - \frac{12x_n^2 - 18x_n + 4}{24x_n - 18}$, $x_1 = 0$: (0; 0,22222; 0,26901; 0,27128;

$\underline{0{,}27129}$; ...)

$x_1 = 1$: (1; 1,3333; 1,2381; 1,2288; $\underline{1{,}2287}$; ...)

145

7. **d)** Nullstellen: $f(x) = x^5 - x^4 + x^3 - x^2 - 4$ $f'(x) = 5x^4 - 4x^3 + 3x^2 - 2x$

$x_{n+1} = x_n - \frac{x_n^5 - x_n^4 + x_n^3 - x_n^2 - 4}{5x_n^4 - 4x_n^3 + 3x_n^2 - 2x_n}$, $x_1 = 2$: (2; 1,7143; 1,5641; 1,5239; $\underline{1{,}5214}$; ...)

Extremstellen:
$g(x) = 5x^4 - 4x^3 + 3x^2 - 2x$ $g'(x) = 20x^3 - 12x^2 + 6x - 2$

$x_{n+1} = x_n - \frac{5x_n^4 - 4x_n^3 + 3x_n^2 - 2x_n}{20x_n^3 - 12x_n^2 + 6x_n - 2}$, $x_1 = 0$: (0; 0; $\underline{0}$; ...)

$x_1 = 1$: (1; 0,83333; 0,75111; 0,73053; 0,72933; $\underline{0{,}72932}$; ...)

Wendestellen: $h(x) = 20x^3 - 12x^2 + 6x - 2$ $h'(x) = 60x^2 - 24x + 6$

$x_{n+1} = x_n - \frac{20x_n^3 - 12x_n^2 + 6x_n - 2}{60x_n^2 - 24x_n + 6}$, $x_1 = 0$: (0; 0,33333; 0,46032; 0,43815; $\underline{0{,}43708}$; ...)

e) Nullstellen: $f(x) = 5x^2 - 2x^3 + x - 7$ $f'(x) = 6x^2 + 10x + 1$

$x_{n+1} = x_n - \frac{5x_n^2 - 2x_n^3 + x_n - 7}{-8x_n^2 + 10x_n + 1}$, $x_1 = -1$: $(-1; -1{,}067; \underline{-1{,}064}; ...)$

Extremstellen: $g(x) = -6x^2 + 10x + 1$ $g'(x) = -12x + 10$

$x_{n+1} = x_n - \frac{-6x_n^2 + 10x_n + 1}{-12x_n + 10}$, $x_1 = 0$: $(0; -0{,}1; -0{,}0946; \underline{-0{,}0946}; ...)$

$x_1 = 2$: (2; 1,7857; 1,7616; $\underline{1{,}7613}$; ...)

Wendestellen: $h(x) = -12x + 10$ $h'(x) = -12$

$x_{n+1} = x_n - \frac{-12x_n + 10}{-12}$, $x_1 = 1$: (1; $\underline{0{,}8333}$; ...)

f) Nullstellen: $f(x) = x^7 - 3x + 5$ $f'(x) = 7x^6 - 3$

$x_{n+1} = x_n - \frac{x_n^7 - 3x_n + 5}{7x_n^6 - 3}$, $x_1 = -2$: $(-2; -1{,}737; -1{,}539; -1{,}419; -1{,}376; \underline{-1{,}371}; ...)$

Extremstellen: $g(x) = 7x^6 - 3$ $g'(x) = 42x^5$

$x_{n+1} = x_n - \frac{7x_n^6 - 3}{42x_n^5}$, $x_1 = 1$: (1; 0,90476; 0,87178; 0,86834; $\underline{0{,}8683}$; ...)

(analog) $x_1 = -1$: $(-1; -0{,}90476; \underline{-0{,}8683}; ...)$

Wendestellen: $h(x) = 42x^5$ $h'(x) = 210x^4$

$x_{n+1} = x_n - \frac{x}{5}$, $x_1 = 0$: (0; $\underline{0}$; ...)

8. $V(x) = (6 + x)(4 + x)(3 + x) = x^3 + 13x^2 + 54x + 72$
$V(0) = 72$ Aus $V(x) = 288$ folgt
$f(x) = x^3 + 13x^2 + 54x - 216$ $f'(x) = 3x^2 + 26x + 54$

$x_{n+1} = x_n - \frac{x_n^3 + 13x_n^2 + 54x_n - 216}{3x_n^2 + 26x_n + 54}$, $x_1 = 2$: (2; 2,4068; 2,3828; $\underline{2{,}3827}$; ...)

145

9. a) Mit Quaderhöhe x und Grundkante b erhält man $b^2 \cdot x = \frac{175}{9}$.

Aus dem Strahlensatz folgt: $\frac{5}{b} = \frac{7}{7-x}$ $35 - 5x = 7b$

$\frac{25(7-x)^2 \cdot x}{49} = \frac{175}{9}$ $V(x) = \frac{49x - 14x^2 + x^3}{49} = \frac{7}{9}$ bringt:

$f(x) = x^3 - 14x^2 + 49x - \frac{343}{9}$ $f'(x) = 3x^2 - 28x + 49$

$x_{n+1} = x_n - \frac{x_n^3 - 14x_n^2 + 49x_n - \frac{343}{9}}{3x_n^2 - 28x_n + 49}$, $x_1 = 2$: (2; 0,3778; 0,60003; 1,0067;

1,0885; <u>1,0918</u>; ...)

$x_1 = 3$: (3; 4,2361; 3,8716; <u>3,8563</u>; ...)

[$x \approx 9{,}05$ ist keine Lösung wegen $0 < x < 7$]

b) $V_{\text{Quader}_1} = b^2 \cdot x_1 = \left(\frac{25}{7}\right)^2 \cdot 2 = \frac{1250}{49}$, $V_{\text{Quader}_2} = b^2 \cdot x_2 = \left(\frac{20}{7}\right)^2 \cdot 2 = \frac{800}{49}$

10. $f(x) = x^3 + 13x^2 + 54x - 216$ $f'(x) = 3x^2 + 26x + 54$

$f(x) = x^3 + 13x^2 + 54x - 216$ $f'(x) = 3x^2 + 26x + 54$

$x_{n+1} = x_n - \frac{x_n^3 + 13x_n^2 + 54x_n - 216}{3x_n^2 + 26x_n + 54}$,

$x_1 = 1$: (1; 2,7831; 2,4052; 2,3828; <u>2,3827</u>; ...)

$x_1 = 2$: (2; 2,4068; 2,3828; <u>2,3827</u>; ...)

mit $x_1 = 2$ erhält man die Lösung einen Schritt eher, weil 2 näher an der zu bestimmenden Nullstelle liegt.

4.2 Extremstellen – Notwendiges Kriterium

150

2. Sei $T\left(x_e \mid (f(x_e))\right)$ ein Tiefpunkt des Graphen um f. Dann gibt es nach Definition 2 (S. 121) eine Umgebung U von x_2, sodass gilt $f(x) \geq f(x_e)$, also $f(x) - f(x_e) \geq 0$ für alle $x \in U$.

Wir betrachten wiederum den Differenzenquotienten:

Für $x < x_e$ gilt $x - x_e < 0$, also $\frac{f(x) - f(x_e)}{x - x_e} \leq 0$.

Für $x > x_e$ gilt $x - x_e > 0$, also $\frac{f(x) - f(x_e)}{x - x_e} \geq 0$.

Die Funktion f ist an der Stelle x_e differenzierbar.

Daher existiert der Grenzwert $\lim\limits_{x \to x_e} \frac{f(x) - f(x_e)}{x - x_e}$.

Für $x < x_e$ gilt: $\lim\limits_{x \to x_e} \frac{f(x) - f(x_e)}{x - x_e} \leq 0$.

Für $x > x_e$ gilt: $\lim\limits_{x \to x_e} \frac{f(x) - f(x_e)}{x - x_e} \geq 0$.

Daraus folgt: $f'(x_e) = \lim\limits_{x \to x_e} \frac{f(x) - f(x_e)}{x - x_e} = 0$.

150

3. Im ersten Fall lässt sich das Kriterium nicht anwenden, weil f an der Stelle x_e nicht differenzierbar ist. Im zweiten Fall ist es nicht anwendbar, weil x_e am Rand des Definitionsbereich von f liegt und daher keine Extremstelle von f in D_f sein kann (vgl. Def. 2 b), S. 121).

4. a) b) c)

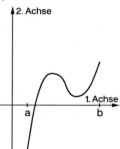 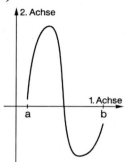 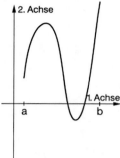

5. a) (1): Wenn eine Zahl durch 4 teilbar ist, dann muss sie auch durch 2 teilbar sein.
   (2): Wenn ein Viereck ein Quadrat ist, dann müssen alle Winkel gleich 90° sein.
   b) (1): Die Tatsache, dass eine Zahl gerade ist, ist eine notwendige Bedingung dafür, dass sie durch 12 teilbar ist.
   (2): Die Tatsache, dass bei einem Viereck die Gegenseiten gleich lang sind, ist eine notwendige Bedingung dafür, dass dieses Viereck ein Rechteck ist.

151

6. a) (absolute) Hochpunkte bei x_1 und x_2, (relativer) Tiefpunkt bei $x = 2$
   b) (absoluter) Hochpunkt bei x_1, (absolutes) Randextremum bei x_2, (relativer) Tiefpunkt bei $x = 2$
   c) Jeder Punkt $x \in D_f$ ist sowohl absolutes Maximum als auch absolutes Minimum von f.
   d) Alle Punkte (x | f (x)) mit $x = \frac{4k+1}{2} \cdot \pi$, $k \in \mathbb{Z}$, sind (absolute) Hochpunkte von f;
   alle Punkte (x | f (x)) mit $x = \frac{4k-1}{2} \cdot \pi$, $k \in \mathbb{Z}$, sind (absolute) Tiefpunkte von f.

151

7. a)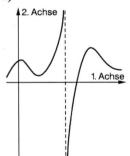
b)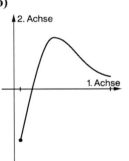
c)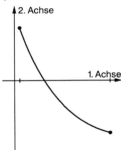

d)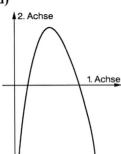
e)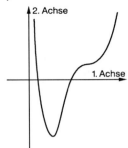

8. a) $f'(x) = 2x - 4$ $\Rightarrow$ mögliche Extremstelle: $x_e = 2$
b) $f'(x) = 2x - 2$ $\Rightarrow$ mögliche Extremstelle: $x_e = 1$
c) $f'(x) = 2x - 3$ $\Rightarrow$ mögliche Extremstelle: $x_e = \frac{3}{2}$
d) $f'(x) = 9x^2 - 6$ $\Rightarrow$ mögliche Extremstelle: $x_e = \sqrt{\frac{2}{3}}$ oder $x_e = -\sqrt{\frac{2}{3}}$

9. In den Fällen a) – d) und f) führt die notwendige Bedingung $f'(x) = 0$ auf eine für jedes (reelle) x unlösbare Gleichung:
a) $f'(x) = 2$ $\qquad$ $f'(x) = 0$ führt auf $\qquad$ $2 = 0$
b) $f'(x) = -\frac{1}{x^2}$ $\qquad$ $f'(x) = 0$ führt auf $\qquad$ $-\frac{1}{x^2} = 0$
c) $f'(x) = 3x^2 + 3$ $\qquad$ $f'(x) = 0$ führt auf $\qquad$ $x^2 = -1$
d) $f'(x) = 6x^2 + 6x + 6$ $f'(x) = 0$ führt auf $\qquad$ $\left(x + \frac{1}{2}\right)^2 = -\frac{3}{4}$
f) $f'(x) = -\frac{1}{x^2} - 2$ $\qquad$ $f'(x) = 0$ führt auf $\qquad$ $x^2 = -\frac{1}{2}$

Im Falle **e)** folgt aus der notwendigen Bedingung $f'(x) = 0$ mit $f'(x) = 3x^2 - 6x + 3$ $x_e = 1$ als mögliche Extremstelle. Mit $x^3 - 3x^2 + 3x - 1 = (x-1)^3$ erkennt man jedoch leicht, dass $f(1) = 0$, $f(x < 1) < 0$ und $f(x > 1) > 0$ gilt. Damit gibt es keine Umgebung U von $x_e = 1$, sodass $f(x) \geq f(x_e)$ für alle $x \in U$ (Minimumbedingung) oder $f(x) \leq f(x_e)$ für alle $x \in U$ (Maximumbedingung) erfüllt ist (vgl. Def. 2 b), S. 121). D. h. $x_e = 1$ kann keine Extremstelle sein (x_e ist ein Sattelpunkt).

151

> TP bedeutet hier Tiefpunkt

10. a) $f'(x) = 2x$; TP$(0 \mid -2)$

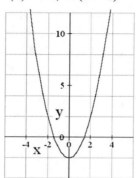

b) $f'(x) = -2 + 2x$; TP$(1 \mid -1)$

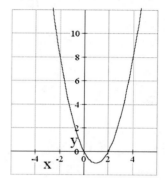

c) Es ist $f(2) = 0$ und $f(x) \geq 0$ für alle x aus einer Umgebung von 2, also ist $(2 \mid 0)$ ein Tiefpunkt von f. Das notwendige Kriterium (Satz 1) lässt ich hier nicht anwenden, da f an der Stelle $x = 2$ nicht differenzierbar ist.

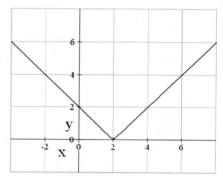

d) TP$(2 \mid 0)$ analog zu c)

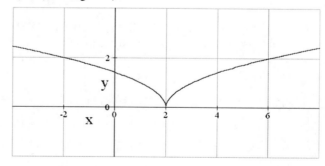

151

10. e) $f'(x) = -\dfrac{16x}{(x^2-2)^2}$; HP $(0\,|-4)$

HP bedeutet hier Hochpunkt

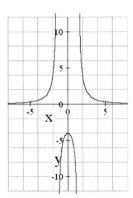

f) $f'(x) = 4x^3 - 8x$; TP$(-\sqrt{2}\,|\,0)$, HP $(0\,|\,4)$, TP$(\sqrt{2}\,|\,0)$

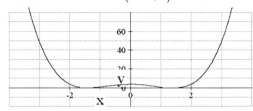

11. a) $f'(x) = -6x^2$ $\Rightarrow$ mögliche Extremstelle bei $x = 0$
    b) $f'(x) = \cos x - 1$ $\Rightarrow$ mögliche Extremstellen bei $x = k \cdot \pi$, $k \in \mathbb{Z}$
    c) $f'(x) = \frac{1}{2}x - \frac{1}{2\sqrt{x}}$ $\Rightarrow$ mögliche Extremstelle bei $x = 1$
    d) $f'(x) = 4x^3 - 2x$ $\Rightarrow$ mögliche Extremstelle bei $x = -\sqrt{\frac{1}{2}}$, $x = 0$ und $x = \sqrt{\frac{1}{2}}$
    e) $f'(x) = 2x - \frac{2}{x^2}$ $\Rightarrow$ mögliche Extremstelle bei $x = 1$
    f) $f'(x) = -\sin x + \frac{1}{\sqrt{2}}$ $\Rightarrow$ mögliche Extremstelle bei $x = \frac{\pi}{4} + 2k\pi$ oder $x = \frac{3}{4}\pi + 2k\pi$, $k \in \mathbb{Z}$

12. a) $x_e = 0$ ist einzige mögliche Extremstelle von f $(f'(x) = 3x^2)$.
    Nun ist z. B. f$(-1) <$ f$(0) <$ f(1) $(-3 < -2 < -1)$. Da es außer $x_e = 0$ keine weiteren möglichen Extremstellen gibt, folgt mit Def. 1 b) (S. 191), dass x_e keine Extremstelle sein kann.
    b) $x_e = 0$ ist einzige mögliche Extremstelle von f $(f'(x) = -5x^4)$.
    Mit f$(0) = 4$, f$(1) = 3$ und f$(-1) = 5$ läuft die Argumentation analog zu a).
    c) $x_e = 1$ ist einzige mögliche Extremstelle von f $(f'(x) = 3(x-e)^2)$.
    Mit f$(1) = 2$, f$(2) = 3$ und f$(0) = 1$ läuft die Argumentation analog zu a).

151 12. d) Es ist $f(x_e = 0) = 0$, $f(x > x_e) > 0$ und $f(x < x_e) < 0$ für $x \in \mathbb{R}$.
Dann kann $x_e = 0$ nach Def. 2 b) keine relative Extremstelle sein.

152 13. a) $x_e = 0$ ist einzige mögliche Extremstelle von f $(f'(x) = 2x)$.
Nun ist z. B. $f(-1) = f(1) = 1$, $f(0) = 0$, also $f(-1) > f(0)$ und $f(1) > f(0)$. Da sich im Intervall $[-1, 1]$ außer $x_e = 0$ keine weiteren Extremstellen befinden, muss (0 | 0) Tiefpunkt sein.

b) Außer $x_1 = 0$ und $x_2 = 3$ gibt es noch die mögliche Extremstelle $x_3 = \frac{3}{2}$ $[f'(x) = 2x(x-3)(2x-3)]$. Mit $f(-1) = 16$, $f(0) = 0$ und $f(1) = 4$ und der Tatsache, dass die Extremstellen x_2 und x_3 außerhalb des Intervalles $[-1, 1]$ liegen, ergibt sich die Aussage für $x_1 = 0$ analog zu a). Daneben gilt für Betrachtung des Intervalls $[2, 4]$ und $f(2) = 4$, $f(3) = 0$ und $f(4) = 16$ für $x_2 = 3$.

c) $x_e = 3$ ist die einzige mögliche Extremstelle von f $(f'(x) = 2x - 6)$.
Mit $f(2) = 5 = f(4)$, $f(3) = 4$ folgt die Aussage analog zu a).

d) Außer $x_1 = 1$ gibt es noch die mögliche Extremstelle $x_2 = -1$ $\left(f'(x) = 1 - \frac{1}{x^2}\right)$. Mit $f\left(\frac{1}{2}\right) = f(2) = \frac{5}{2}$ und $f(1) = 2$ sowie der Tatsache, dass x_2 kein Element von $\left[\frac{1}{2}; 2\right]$ ist, folgt die Aussage analog zu a).

e) Es ist $f(2) = 0$ und $f(x) \geq 0$ für alle $x \in \mathbb{R}$, also insbesondere für alle x aus einer (beliebigen) Umgebung von 2, also ist (2 | 0) ein Tiefpunkt von f.

f) Es ist $f(x) = 0$ für $x = 0$, $f(x) > 0$ für $x > 0$ und $f(x)$ für $x < 0$ nicht definiert (Eigenschaften der Wurzelfunktion).
Damit gilt $f(x_e = 0) \leq f(x)$ für alle $x \in D_f$. Also liegt an der Stelle $x_e = 0$ nach Def. 1 a) ein Tiefpunkt vor.

14. a) $x_e = 0$ ist einzige mögliche Extremstelle von f $\left(f'(x) = 3x^2\right)$.
Mit $f(-1) = -1$, $f(0) = 0$, $f(1) = 1$ folgt die Aussage zu 12 a).

b) Es ist $f'(0) = 3 \neq 0$, also kann $x = 0$ keine Extremstelle sein.

c) Es ist $f'(0) = 1 \neq 0$, siehe b).

d) Es ist $f'(0) = 1 \neq 0$, siehe b).

e) Es gilt $f(x) < 1$ für alle $x \in]-1, 0[$, $f(0) = 1$, $f(x) > 1$ für alle $x \in]0, \infty[$. Also gibt es keine Umgebung u von $x_e = 0$, in der $f(x_e) \leq f(x)$ oder $f(x_e) \geq f(x)$ gilt, d.h. $x_e - 0$ kann keine Extremstelle sein.

f) Es gilt $f(x) > 0$ für alle $x \in]-1, 0[$, $f(0) = 0$, $f(x) < 0$ für alle $x \in]0, 1[$. Die Argumentation verläuft dann analog zu e).

152

15. (1) Angenommen, die Funktion habe auf dem Intervall einen Hochpunkt im Innern des Intervalls, d.h. es gebe ein $x_e \in\ ]a, b[$ mit $f(x) \leq f(x_e)$ für alle x aus einer Umgebung U von x_e. Insbesondere gibt es dann ein $x_1 \in U$ und ein $x_2 \in U$ mit $x_1 < x_e < x_2$ und $f(x_1) \leq f(x_e)$, $f(x_2) \leq f(x_e)$. Dies führt jedoch wegen der strengen Monotonie von f zum Widerspruch.
    Analog verhält es sich im Falle eines Tiefpunktes; d.h. die Aussage ist wahr.
    (2) Für eine konstante Funktion gilt stets $f'(x) = 0$ für alle $x \in \mathbb{R}$. Ferner gilt $f(x_1) = f(x_2)$ für alle $x_1, x_2 \in \mathbb{R}$, also insbesondere $f(x_1) \leq f(x_2)$ für alle $x \in D_f$ bzw. $f(x_1) \geq f(x_2)$ für alle $x \in D_f$. Damit ist jedoch $x \in \mathbb{R}$ zugleich Maximum und Minimum von f, d. h. die Aussage ist falsch.
    (3) Die Aussage wird von jeder konstanten Funktion erfüllt (siehe (2)), ist also wahr.
    (4) Nach a) nimmt eine streng monotone Funktion kein Extremum im Innern eines Intervalls an, d. h. die Extremstellen befinden sich, wenn es sie gibt, am Rand des Intervalls. Angenommen, die Funktion sei auf dem abgeschlossenen Intervall [a, b] streng monoton steigend. Wegen $a \leq x$ für alle $x \in [a, b]$ und $b \geq x$ für alle $x \in [a, b]$ gilt auf Grund der Monotonie $f(a) \leq f(x)$ und $f(b) \geq f(x)$ für alle $x \in [a, b]$, d. h. a und b sind Randextrema. Analog folgert man im Falle einer streng monoton fallenden Funktion, d. h. die Aussage ist wahr.
    (5) Die Aussage ist wahr, z. B. hat $f(x) = \tan x$ auf $]-\frac{\pi}{2}; \frac{\pi}{2}[$ kein Randextremum, obwohl die Funktion auf diesem Intervall streng monoton steigend ist.
    (6) Die Aussage ist falsch. Gegenbeispiel: $f(x) = x$, $D_f = [0; 1]$
    (1 | 1) ist absoluter Hochpunkt von f auf D_f, aber es gibt keine Umgebung U von $x_e = 1$, in der $f(x_e) \geq f(x)$ für alle $x \in U$ gilt und die ganz in D_f liegt.

16. a) Wenn eine Zahl durch 10 teilbar ist, dann muss sie auch durch 5 teilbar sein.
    b) Damit eine Figur ein Rechteck ist, muss sie punktsymmetrisch sein.
    c) Wenn ein Viereck ein Quadrat ist, dann müssen alle 4 Seiten gleich lang sein.

17. a) Die Teilbarkeit einer Zahl durch 3 ist notwendig für ihre Teilbarkeit durch 9.
    b) Die Teilbarkeit einer Zahl durch 6 ist notwendig dafür, dass die Zahl durch 3 **und** durch 4 teilbar ist.
    c) Die Parallelität der Gegenseiten ist notwendig dafür, dass ein Viereck ein Quadrat ist.
    d) Damit ein Viereck eine Raute ist, ist es notwendig, dass sich die Diagonalen halbieren.

152

18. Beachte: s in m und t in $\frac{m}{s}$ für die Näherungsformel verwenden.

a) $s'(t) = -10 \cdot t + v_0$; $s'(t) = 0 \Rightarrow t = \frac{v_0}{10}$. Der höchste Punkt der Bahn liegt in einer Höhe von $\frac{v_0^2}{10\frac{m}{s^2}}$ und wird nach einer Zeit von $t = \frac{v_0}{10\frac{m}{s^2}}$ erreicht (Koordinatenschreibweise: $\left(\frac{v_0}{10} \middle| \frac{v_0^2}{10}\right)$).

b) Mit s' wird die Momentangeschwindigkeit des Körpers angegeben. $s'(t) = 0$ bedeutet, dass sich der Körper „momentan" im Ruhezustand befindet.

4.3 Hinreichende Kriterien für Extremstellen – Monotoniesatz

4.3.1 Vorzeichenwechsel der 1. Ableitung als hinreichendes Kriterium für Extremstellen

155

2. a) (1) Wenn eine Zahl durch 4 teilbar ist, dann ist sie auch durch 2 teilbar.
   (2) Wenn sich in einem Viereck die Diagonalen halbieren und senkrecht aufeinander stehen, dann ist das Viereck eine Raute.
   b) (1) Die Teilbarkeit einer Zahl durch 9 ist hinreichend für ihre Teilbarkeit durch 3.
   (2) Die gleiche Länge aller vier Seiten in einem Viereck ist hinreichend dafür, dass das Viereck ein Parallelogramm ist.

3. a) $f'(x) = x^2 + 1$; $f'(x) = 0$ ist nicht lösbar (für reelle x)
   $\Rightarrow$ kein Hochpunkt/Tiefpunkt

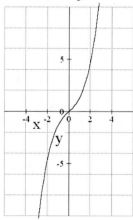

155 3. b) $f'(x) = \frac{1}{2}x^2 + 2$; $f'(x) = 0$ ist nicht lösbar (für reelle x)
$\Rightarrow$ kein Hochpunkt/Tiefpunkt

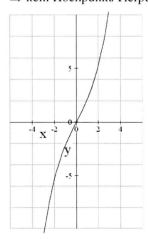

c) $f'(x) = 4x^3 - \frac{1}{2}$ $\Rightarrow$ mögliche Extremstelle: $x = \frac{1}{2}$;
wegen $(-|+)$ –Vorzeichenwechsel in der ersten Ableitung folgt
TP $\left(\frac{1}{2} \middle| -\frac{3}{16}\right)$

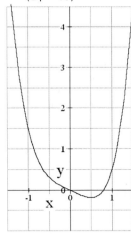

155   3. d) $f'(x) = 4x(x - \sqrt{2})(x + \sqrt{2}) \Rightarrow$ mögliche Extremstellen: $x = 0$, $x = \sqrt{2}$, $x = -\sqrt{2}$

$x = -\sqrt{2}$: (– | +) –Vorzeichenwechsel in der 1. Ableitung
$\Rightarrow$ TP $(-\sqrt{2}|\ 0)$

$x = 0$: (+ | –) –Vorzeichenwechsel in der 1. Ableitung $\Rightarrow$ HP (0 | 4)
$x = \sqrt{2}$: TP $(\sqrt{2}|\ 0)$ folgt aus Symmetrie

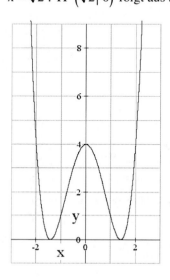

e) $f'(x) = 1 - \frac{1}{x^2}$ $\Rightarrow$ mögliche Extremstellen: $x = -1$ oder $x = 1$

$x = -1$: (+ | –) –Vorzeichenwechsel in der 1. Ableitung $\Rightarrow$ HP (–1 | –2)
$x = 1$: (– | +) –Vorzeichenwechsel in der 1. Ableitung $\Rightarrow$ TP (1 | 2)

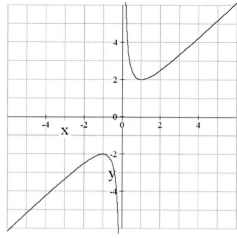

155 3. **f)** $f'(x) = \frac{1}{2}x - \frac{1}{2\sqrt{x}}$ $\Rightarrow$ mögliche Extremstelle: $x = 1$;
wegen $(-|+)$-Vorzeichenwechsel in der ersten Ableitung folgt
TP $\left(1 \mid -\frac{3}{4}\right)$

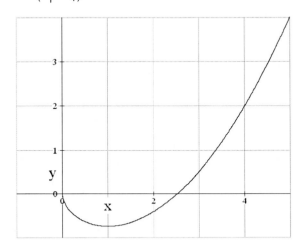

g) $f'(x) = 4 - \frac{1}{x^2}$ $\Rightarrow$ mögliche Extremstellen: $x = -\frac{1}{2}$; $x = \frac{1}{2}$

$x = -\frac{1}{2}$: $(+|-)$-Vorzeichenwechsel in der 1. Ableitung
$\Rightarrow$ HP $\left(-\frac{1}{2} \mid -4\right)$

$x = \frac{1}{2}$: $(-|+)$-Vorzeichenwechsel in der 1. Ableitung $\Rightarrow$ TP $\left(\frac{1}{2} \mid 4\right)$

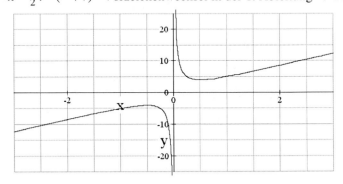

155

3. h) $f'(x) = (x+1)^2(4x+1) \Rightarrow$ mögliche Extremstellen: $x = -1$, $x = -\frac{1}{4}$

$x = -1$: kein Vorzeichenwechsel in der 1. Ableitung $\Rightarrow$ kein Hochpunkt/Tiefpunkt

$x = -\frac{1}{4}$: $(-|+)$ –Vorzeichenwechsel in der 1. Ableitung

$\Rightarrow$ TP $\left(-\frac{1}{4} \middle| -\frac{27}{256}\right)$

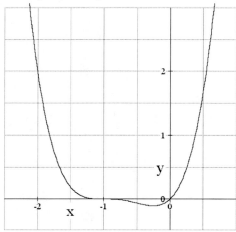

i) $f'(x) = 4x^3 - 12x^2 + 6x + 4 \Rightarrow$ mögliche Extremstellen: $x = \frac{1-\sqrt{3}}{2}$, $x = \frac{1+\sqrt{3}}{2}$, $x = 2$

$x = \frac{1-\sqrt{3}}{2}$: $(-|+)$ –Vorzeichenwechsel in der 1. Ableitung

$\Rightarrow$ TP $\left(\frac{1-\sqrt{3}}{2} \middle| -\frac{6\sqrt{3}+9}{4}\right)$

$x = \frac{1+\sqrt{3}}{2}$: $(+|-)$ –Vorzeichenwechsel in der 1. Ableitung

$\Rightarrow$ HP $\left(\frac{1+\sqrt{3}}{2} \middle| \frac{6\sqrt{3}-9}{4}\right)$

$x = 2$: $(-|+)$ –Vorzeichenwechsel in der 1. Ableitung $\Rightarrow$ TP $(2|0)$

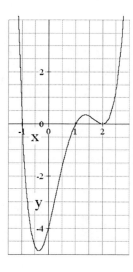

4. a) $(-|+)$ –Vorzeichenwechsel bei 0, kein Wechsel bei 2
   b) kein Vorzeichenwechsel bei 0 und -1
   c) kein Vorzeichenwechsel bei 0 und 1
   d) kein Vorzeichenwechsel bei 0 und π, $(+|-)$ –Wechsel bei $\frac{\pi}{2}$
   e) kein Vorzeichenwechsel bei 1 und -2
   f) $(-|+)$ –Vorzeichenwechsel bei 1, kein Vorzeichenwechsel bei 2

155

5. (1) Richtig: vgl. Satz 10 auf Seite 128.
   (2) Die Aussage ist wahr, denn $f'(x_e) = 0$ ist eine notwendige Bedingung für die Existenz einer Extremstelle x_e. Ist sie nicht erfüllt, kann in x_e kein Extremstelle vorliegen.

6. a) Wenn ein Viereck drei rechte Winkel hat, dann ist es ein Parallelogramm.
   b) Wenn ein Viereck ein Quadrat ist, dann sind die Diagonalen Symmetrieachsen.
   c) Wenn eine Zahl zwei Endnullen hat, dann ist sie durch 25 teilbar.

7. a) Das es regnet ist hinreichend dafür, dass die Straße nass wird.
   b) Die Teilbarkeit der Quersumme einer Zahl durch 9 ist hinreichend dafür, dass die Zahl durch 3 teilbar ist.
   c) Hinreichend dafür, dass ein Viereck ein Trapez ist, ist, dass das Viereck ein Rechteck ist.

4.3.2 Monotonie und Vorzeichen der Ableitung

158

2. **Satz:**
   Die Funktion f sei in einer Umgebung U der Stelle x_e differenzierbar, und es gelte $f'(x_e) = 0$. Wenn f' an der Stelle x_e einen $(-|+)$-Vorzeichenwechsel hat, dann liegt an der Stelle x_e ein relativer Tiefpunkt vor.
   Beweis:
   Die Funktion f sei in U differenzierbar, es gelte $f'(x_e) = 0$, und in x_e habe f' einen $(-|+)$-Vorzeichenwechsel, d.h. $f'(x) \leq 0$ in einem Intervall $[a, x_e]$ und $f'(x) \geq 0$ in einem Intervall $[x_e, b]$. a und b sind dabei so gewählt, dass in den Intervallen keine weiteren Vorzeichenwechsel von f' stattfinden.
   Wegen Aussage (3) des Monotoniesatzes ist f dann in $[a, x_e]$ monoton fallend und in $[x_e, b]$ monoton steigend. Also muss f in x_e einen relativen Tiefpunkt haben.

3. a) f ist im Intervall $[1; 4]$ streng monoton fallend.
   b) f ist im Intervall $[1; 5]$ streng monoton wachsend.
   c) f ist im Intervall $[1; 2[$ streng monoton fallend, im Intervall $[2; 3]$ konstant und im Intervall $]3; 4]$ streng monoton fallend.
   d) f ist im Intervall $[0; 1[$ streng monoton wachsend, im Intervall $[1; 3]$ monoton fallend und im Intervall $]3; 4]$ streng monoton wachsend.

4. a) streng monoton fallend für $]-\infty; 0]$,
      streng monoton wachsend in $[0; \infty[$
   b) Vorzeichenwechsel von f' bei $x = -1$; daher Monotonie in $]-\infty; -1]$ und $[-1; \infty[$ möglich
   c) kein Vorzeichenwechsel von f'; daher Monotonie auf ganz IR möglich

158

4. d) Vorzeichenwechsel für x = 1 und x = 2; daher Monotonie in]−∞;1], [1; 2] und [2; ∞ [möglich
 e) kein Vorzeichenwechsel von f′; daher Monotonie auf ganz IR möglich
 f) Vorzeichenwechsel für x = −2, x = 0 und x = 2; daher Monotonie in]−∞; −2], [−2; 0], [0; 2] und [2; ∞ [möglich

5. Zum Beispiel: $f(x) = \frac{1}{5}x^5 - \frac{8}{3}x^3 + 16x$

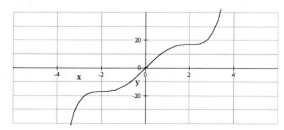

6. a) 1. Fall: n gerade   1) a < 0   f ist monoton wachsend auf]−∞; 0] und monoton fallend auf [0; ∞]
                         2) a > 0   f ist monoton fallend auf]−∞; 0] und monoton wachsend auf [0; ∞]
       2. Fall: n ungerade   1) a < 0   f ist monoton fallend auf ganz IR
                               2) a > 0   f ist monoton wachsend auf ganz IR

b) 1) a < 0   f ist monoton wachsend auf IR \ { 0 }
     2) a > 0   f ist monoton fallend auf IR \ { 0 }

c) 1) a < 0   f ist monoton fallend auf $\left[0, \frac{a^2}{4}\right]$ und monoton wachsend auf $\left[\frac{a^2}{4}; \infty\right[$
     2) a > 0   f ist monoton wachsend auf IR$^+$

d) 1) a < 0, b < 0   f ist monoton steigend auf $\left]0; \sqrt[3]{\frac{4b^2}{a}}\right]$ und monoton fallend auf $\left[\sqrt[3]{\frac{4b^2}{a^2}}; \infty\right[$
     2) a < 0, b > 0   f ist monoton fallend auf IR$^+$
     3) a > 0, b < 0   f ist monoton wachsend auf IR$^+$
     4) a > 0, b > 0   f ist monoton fallend auf $\left]0; \sqrt[3]{\frac{4b^2}{a^2}}\right]$ und monoton wachsend auf $\left[\sqrt[3]{\frac{4b^2}{a^2}}; \infty\right[$

158

6. e) 1) $a < 0, b < 0$ monoton fallend in $]-\infty; -\frac{2}{3} \cdot \frac{b}{a}]$ und $[0; \infty]$;

   monoton steigend in $[-\frac{2}{3} \cdot \frac{b}{a}; 0]$

   2) $a < 0, b > 0$ monoton fallend in $]-\infty; 0]$ und $[-\frac{2}{3} \cdot \frac{b}{a}; \infty[$;

   monoton steigend in $[0; -\frac{2}{3} \cdot \frac{b}{a}]$

   3) $a > 0, b < 0$ monoton steigend in $]-\infty; 0]$ und $[-\frac{2}{3} \cdot \frac{b}{a}; \infty[$;

   monoton fallend in $[0; -\frac{2}{3} \cdot \frac{b}{a}]$

   4) $a > 0, b > 0$ monoton steigend in $]-\infty; -\frac{2}{3} \cdot \frac{b}{a}]$ und $[0; \infty[$;

   monoton fallend in $[-\frac{2}{3} \cdot \frac{b}{a}; 0]$

   f) 1) $a < 0, b < 0$ monoton wachsend in $]-\infty; -\frac{b}{2a}]$;

   monoton fallend in $[-\frac{b}{2a}; \infty[$

   2) $a < 0, b > 0$ monoton wachsend in $]-\infty; -\frac{b}{2a}]$;

   monoton fallend in $[-\frac{b}{2a}; \infty[$

   3) $a > 0, b < 0$ monoton fallend in $]-\infty; -\frac{b}{2a}]$;

   monoton wachsend in $[-\frac{b}{2a}; \infty[$

   4) $a > 0, b > 0$ monoton fallend in $]-\infty; -\frac{b}{2a}]$;

   monoton wachsend in $[-\frac{b}{2a}; \infty[$

   g) $f'(x) = 0 \Rightarrow x = \frac{a}{3} \pm \sqrt{\frac{a^2 - 3b}{9}}$

   1) $a^2 \leq 3b$ f ist auf ganz IR monoton wachsend

   2) $a^2 > 3b$ f ist monoton wachsend in $]-\infty; \frac{a}{3} - \sqrt{\frac{a^2 - 3b}{9}}]$ und

   $[\frac{a}{3} + \sqrt{\frac{a^2 - 3b}{9}}; \infty[$

   und monoton fallend in $[\frac{a}{3} - \sqrt{\frac{a^2 - 3b}{9}}; \frac{a}{3} + \sqrt{\frac{a^2 - 3b}{9}}]$

6. h) 1) $a < 0, b < 0$ f ist monoton wachsend in $\left]-\infty; -\frac{3}{4} \cdot \frac{b}{a}\right]$ und

monoton fallend in $\left[-\frac{3}{4} \cdot \frac{b}{a}; \infty\right[$

2) $a < 0, b > 0$ f ist monoton wachsend in $\left]-\infty; -\frac{3}{4} \cdot \frac{b}{a}\right]$ und

monoton fallend in $\left[-\frac{3}{4} \cdot \frac{b}{a}; \infty\right[$

3) $a > 0, b < 0$ f ist monoton fallend in $\left]-\infty; -\frac{3}{4} \cdot \frac{b}{a}\right]$ und

monoton wachsend in $\left[-\frac{3}{4} \cdot \frac{b}{a}; \infty\right[$

4) $a > 0, b > 0$ f ist monoton fallend in $\left]-\infty; -\frac{3}{4} \cdot \frac{b}{a}\right]$ und

monoton wachsend in $\left[-\frac{3}{4} \cdot \frac{b}{a}; \infty\right[$

i) $f'(x) = 0 \Rightarrow x = \arctan\frac{b}{a}$

1) $a < 0$ und $b < 0$: f ist monoton wachsend in
$\left[\arctan\frac{b}{a} + 2k\pi; \arctan\frac{b}{a} + 2(k-1)\pi\right], k \in \mathbb{Z}$
und monoton fallend in
$\left[\arctan\frac{b}{a} + 2(k-1)\pi; \arctan\frac{b}{a} + 2k\pi\right], k \in \mathbb{Z}$

2) $a < 0$ und $b > 0$: f ist monoton fallend in
$\left[\arctan\frac{b}{a} + 2k\pi; \arctan\frac{b}{a} + 2(k-1)\pi\right], k \in \mathbb{Z}$
und monoton wachsend in
$\left[\arctan\frac{b}{a} + 2(k-1)\pi; \arctan\frac{b}{a} + 2k\pi\right], k \in \mathbb{Z}$

3) $a > 0$ und $b < 0$: f ist monoton wachsend in
$\left[\arctan\frac{b}{a} + 2k\pi; \arctan\frac{b}{a} + 2(k-1)\pi\right], k \in \mathbb{Z}$
und monoton fallend in
$\left[\arctan\frac{b}{a} + 2(k-1)\pi; \arctan\frac{b}{a} + 2k\pi\right], k \in \mathbb{Z}$

4) $a > 0$ und $b > 0$: f ist monoton fallend in
$\left[\arctan\frac{b}{a} + 2k\pi; \arctan\frac{b}{a} + 2(k-1)\pi\right], k \in \mathbb{Z}$
und monoton wachsend in
$\left[\arctan\frac{b}{a} + 2(k-1)\pi; \arctan\frac{b}{a} + 2k\pi\right], k \in \mathbb{Z}$

7. (1) Gegenbeispiel: $f(x) = 3x$; $f'(x) = 3 > 0$ auf ganz $\mathbb{R}$ und f ist streng monoton wachsend

(2) Gegenbeispiel: $f(x) = x^3$ wächst streng monoton auf ganz $\mathbb{R}$, aber $f'(0) = 0$

(3) Gegenbeispiel: $f(x) = \frac{1}{3}x^3$ wächst streng monoton auf ganz $\mathbb{R}$, aber es gibt $f'(x) = x^2 \geq 0$ auf ganz $\mathbb{R}$ und $f'(x) = 0$ nur an einer Stelle $x \in \mathbb{R}$.

158

8. Wir führen den Beweis in 2 Richtungen:
(I) Ist f streng monoton wachsend in I, so gilt wegen des Monotoniesatzes (1) für alle $x \in I$: $f'(x) \geq 0$. Bedingung (1) ist also erfüllt.
Bedingung (2) ist ebenfalls erfüllt, denn gäbe es ein Teilintervall $[p; q]$ in dem überall $f'(x) = 0$ ist, so wäre f auf Grund des Monotoniesatzes (4) in diesem Teilintervall konstant und somit nicht streng monoton wachsend.
(II) Wir führen zunächst einen Beweis nur für das offene Intervall $]a; b[$ durch, dann für das abgeschlossene Intervall $[a; b]$.
Es seien die Bedingungen (1) und (2) erfüllt.
Aus der Bedingung (1) folgt (Monotoniesatz (2)): f ist im Intervall $]a; b[$ monoton wachsend.
Ist f nicht streng monoton wachsend, so gibt es zwei Stellen $x_1, x_2 \in I$ mit $f(x_1) = f(x_2)$. Da f in I monoton wächst, ist f im Intervall $[x_1, x_2]$ konstant, und es gilt $f'(x) = 0$ für alle $x \in [x_1, x_2]$. Also gibt es ein Teilintervall, in dem überall $f'(x) = 0$ ist, Bedingung (2) ist nicht erfüllt. Dieser Fall kann nicht vorkommen, also ist f streng monoton wachsend im offenen Intervall $]a; b[$.
Wäre nun f nicht streng monoton wachsend im abgeschlossenen Intervall $[a; b]$, so gibt es mindestens ein $x_0 \in]a; b[$ mit $f(a) \geq f(x_0)$ oder $f(x_0) \geq f(b)$.
Es sei $f(a) \geq f(x_0)$. Dann gibt es zwei Fälle:

a) $f(a) = f(x_0)$: f ist im Intervall $[a; x_0]$ konstant, dort ist $f'(x) = 0$ im Widerspruch zu Bedingung (2).

b) $f(a) > f(x_0)$: Wir zeigen, dass dann f an der Stelle a nicht differenzierbar sein kann. Für die Sekantensteigungen m_s gilt wegen der strengen Monotonie von f im Intervall $]a; x_0[$ (siehe vorher):
$$m_s = \frac{f(x)-f(a)}{x-a} > \frac{f(x_0)-f(a)}{x-a}$$
Nähert sich nun x immer mehr a, so wächst $\frac{f(x_0)-f(a)}{x-a}$ über alle Grenzen (der Zähler ist konstant, der Nenner nähert sich immer mehr Null) und damit ebenfalls das stets größere m_s. Dann kann $\lim\limits_{x \to a} \frac{f(x)-f(a)}{x-a}$ nicht existieren; f ist an der Stelle a nicht differenzierbar.
Entsprechend folgert man im Fall $f(x_0) \geq f(b)$.

4.3.3 Hinreichendes Kriterium für relative Extremstellen mittels der 2. Ableitung

160

2. Das hinreichende Kriterium mittels der 2. Ableitung ist hier nicht anwendbar, weil hier mögliche Extremstellen von f (Vorzeichenwechsel von f') mit möglichen Extremstellen von f' zusammenfallen; d.h. es gilt $f''(x_e) = 0$, obwohl in x_e ein Hochpunkt oder Tiefpunkt von f vorliegt.

160 3. $f(x) = x^4$, $f'(x) = 4x^3$, $f''(x) = 12x^2$. Es ist $f'(0) = f''(0) = 0$; d.h. nach Satz 3 liegt bei $x = 0$ kein Hochpunkt oder Tiefpunkt vor. f hat jedoch bei $x = 0$ einen Tiefpunkt, da f' dort einen $(-|+)$–Vorzeichenwechsel hat. Satz 3 ist also keine notwendige Bedingung für die Existenz eines Extremums.

161 4. **a)** $f'(x) = \frac{1}{2}x^2 + 24x$, $f''(x) = x + 24$
$f'(x) = 0 \Rightarrow x = 0 \lor x = -48$
$f''(0) = 24 > 0 \Rightarrow$ TP $(0 | 0)$ $f''(-48) = -24 < 0 \Rightarrow$ HP $(-48 | 9\,216)$

b) $f'(x) = 12x^2 - 12x + 9$; $f'(x) = 0$ hat keine Lösung in $\mathbb{R}$; daher keine Extrempunkte

c) $f'(x) = 0{,}2x^4 - 4{,}8x^2$, $f''(x) = 0{,}8x^3 - 9{,}6x$
$f'(x) = 0 \Rightarrow x = 0 \lor x = -\sqrt{24} \lor x = \sqrt{24}$
$f''(0) = 0 \Rightarrow$ kein Extrempunkt; $f''(\sqrt{24}) > 0 \Rightarrow$ TP$(\sqrt{24} | -75{,}248)$
$f''(-\sqrt{24}) < 0 \Rightarrow$ HP$(-\sqrt{24} | 75{,}248)$

d) $f'(x) = 6x^5 + 4x^3$, $f''(x) = 30x^4 + 12x^2$
$f'(x) = 0 \Rightarrow x = 0$, $f''(0) = 0 \Rightarrow$ keine Extremstelle nach dem hinreichenden Kriterium der 2. Ableitung, aber $(-|+)$–Vorzeichenwechsel von f', also TP $(0 | 0)$

e) $f'(x) = 4(x-1)^3$, $f''(x) = 12(x-1)^2$
$f'(x) = 0 \Rightarrow x = 1$, $f''(1) = 0 \Rightarrow$ TP $(1 | 0)$ wegen Vorzeichenwechsel

f) $f'(x) = \frac{1}{2} - \cos x$, $f''(x) = \sin x$
$f'(x) = 0 \Rightarrow x = \arccos\frac{1}{2} + 2k\pi \lor x = -\arccos\frac{1}{2} + 2k\pi$, $k \in \mathbb{Z}$
$f''(\arccos\frac{1}{2} + 2k\pi) > 0 \Rightarrow$
TP$(\arccos\frac{1}{2} + 2k\pi | (\arccos\frac{1}{2} + 2k\pi) \cdot \frac{1}{2} - \sin(\arccos\frac{1}{2} + 2k\pi))$
$f''(-\arccos\frac{1}{2} + 2k\pi) < 0 \Rightarrow$
HP$(-\arccos\frac{1}{2} + 2k\pi | (-\arccos\frac{1}{2} + 2k\pi) \cdot \frac{1}{2} - \sin(-\arccos\frac{1}{2} + 2k\pi))$

g) $f'(x) = 5x^4 - 15x^2 + 10$, $f''(x) = 20x^3 - 30x$
$f'(x) = 0 \Rightarrow x = 1 \lor x = -1 \lor x = \sqrt{2} \lor x = -\sqrt{2}$
$f''(1) < 0 \Rightarrow$ HP $(1 | 4)$, $f''(-1) > 0 \Rightarrow$ TP $(-1 | -8)$
$f''(\sqrt{2}) > 0 \Rightarrow$ TP$(\sqrt{2} | 4\sqrt{2} - 2)$
$f''(-\sqrt{2}) < 0 \Rightarrow$ HP$(-\sqrt{2} | -4\sqrt{2} - 2)$

161

4. h) $f'(x) = 4x^3 - 6x^2 + 6x - 4$, $f''(x) = 12x^2 - 12x + 6$
$f'(x) = 0 \Rightarrow x = 1$, $f''(1) > 0 \Rightarrow$ TP (1 | 2)

i) Das Kriterium mithilfe der 2. Ableitung als auch das Vorzeichenkriterium führen hier nicht weiter, denn mit
1) $x \geq 0$ $f(x) = x^3 + 3x$, $f'(x) = 3x^2 + 3$ und
2) $x \leq 0$ $f(x) = -(x^3 + 3x)$, $f'(x) = -3x^2 - 3$
erhält man keine möglichen Extremstelle von f ($f'(x) \neq 0$ für alle $x \in \mathbb{R}$).
Mit $f(0) = 0$ und $\lim_{n \to \infty} \left(f\left(\frac{1}{n}\right)\right) = \frac{1}{n^3} + \frac{3}{n} > 0$ und $\lim_{n \to \infty} \left(f\left(-\frac{1}{n}\right)\right) = \frac{1}{n^3} + \frac{3}{n} > 0$
gibt es jedoch eine Umgebung U von $x_e = 0$, in der $f(x) > f(x_e)$ gilt, d. h. (0 | 0) ist Tiefpunkt von f.

5. a) $f_1'(x) = 0 \Rightarrow x = -1 \vee x = 2$; $f_1''(x) = 2x - 1$; $f_1''(-1) < 0$; $f_1''(2) > 0$
d.h. f_1 hat bei $x = -1$ einen HP und bei $x = 2$ einen TP.

$f_2'(x) = 0 \Rightarrow x = -1 \vee x = 2$; $f_2''(x) = -2x + 1$; $f_2''(-1) > 0$; $f_2''(2) < 0$
d.h. f_2 hat bei $x = -1$ einen TP und bei $x = 2$ einen HP.

$f_3'(x) = 0 \Rightarrow x = 0 \vee x = -1 \vee x = 2$;
$f_3''(x) = 3x^2 - 2x - 2$; $f_3''(0) < 0$; $f_3''(-1) > 0$, $f_3''(2) > 0$,
d.h. f_3 hat bei $x = -1$ und $x = 2$ Tiefpunkte und bei $x = 0$ einen Hochpunkt.

b)

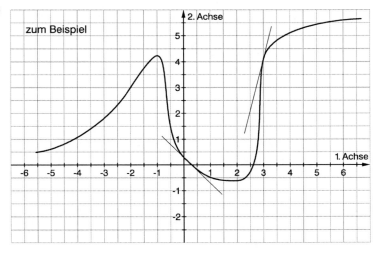

161

6. (1) Die Aussage ist wahr, denn sie entspricht der Aussage von Satz 3. Der formale Beweis läuft analog zum Fall des Hochpunktes (S. 197 unten).
(2) Gegenbeispiel: $f(x) = x^3$. Es gilt $f'(0) = 0$, aber bei $x_e = 0$ liegt kein relativer Extrempunkt vor.
(3) Gegenbeispiel: $f(x) = -x^4$. Es gilt $f''(x) = -12x^2$, also $f''(0) = 0$. Trotzdem hat f bei $x_e = 0$ einen relativen Hochpunkt.
(4) Die Aussage ist falsch: $f'(x_e) = 0$ ist notwendig (Satz 1, S. 185), aber nicht hinreichend (Bsp. $f(x) = x^3$, $x_e = 0$) für das Vorhandensein eines relativen Extrempunktes des Graphen von f an der Stelle x_e.

4.4 Linkskurve, Rechtskurve – Wendepunkte

165

2. a) notwendiges Kriterium für einen Sattelpunkt an der Stelle x_w: $f'(x_w) = 0$
b) hinreichendes Kriterium für einen Sattelpunkt an der Stelle x_w: x_w ist Wendestelle und $f'(x_w) = 0$
c) $f(x) = x^3$, $f'(x) = 3x^2$, $f''(x) = 6x$
(1) Es ist $f'(0) = 0$; also hat f bei $x_w = 0$ eine waagerechte Tangente.
(2) Es ist $f''(0) = 0$, und f'' hat einen $(-|+)$-Vorzeichenwechsel bei $x_w = 0$, d. h. $x_w = 0$ ist Wendestelle.
Aus (1) und (2) folgt: in $x_w = 0$ liegt ein Sattelpunkt von $f(x) = x^3$ vor.

3. a) Gegenbeispiel: $f(x) = x^4$, $x_w = 0$. Es gilt $f''(0) = 0$, aber bei $x_w = 0$ liegt ein Tiefpunkt vor, also keine Wendestelle.
b) Gegenbeispiel: $f(x) = x^5$, $x_w = 0$. Es gilt $f''(0) = f'''(0) = 0$, aber $x_w = 0$ ist eine Wendestelle von f.

4. $f(x) = x^4 - 4x$
$f'(x) = 4x^3 - 4$ $\quad f'(x) = 0 \Leftrightarrow 4x^3 - 4 = 0 \Rightarrow x^3 = 1 \Rightarrow x = 1$
$f''(x) = 12x^2$ $\quad f''(x) = 0 \Leftrightarrow 12x^2 = 0 \Rightarrow x = 0$
Untersuchung der Extremstelle $x = 1$: Es ist $f''(1) = 12 > 0 \Rightarrow$ TP $(1 | -3)$
Untersuchung der möglichen Extremstelle/Wendestelle $x = 0$:
Die Ableitungsfunktion f' hat bei $x = 0$ einen Sattelpunkt (wg. $f''(0) = 0$ und $f'''(0) = 0$, $f''(x) < 0$ für $x < 0$, $f''(x) > 0$ für $x > 0$), d.h. es findet bei $x = 0$ kein Monotoniewechsel von f' statt, und damit kann dort keine Wendestelle sein (vgl. Def. 3, S. 199). Aus dem gleichen Grund kann bei $x = 0$ auch keine Extremstelle sein.

5. Die Ableitungsfunktion f' einer Geraden ist konstant auf ganz $\mathbb{R}$, sie fällt oder steigt also nirgendwo streng monoton. Daher ist eine Gerade nach Definition 3 (S. 199) weder links- noch rechtsgekrümmt.

165

6. a) $f'(x) = x^2 - 1$, $f''(x) = 2x$
$f''(x) = 0 \Rightarrow x = 0$
$(-|+)$–Vorzeichenwechsel von f'' bei $x = 0 \Rightarrow$ Rechtskrümmung auf $]-\infty; 0]$, Linkskrümmung auf $[0; \infty[$

b) $f'(x) = x^3 - x$, $f''(x) = 3x^2 - 1$
$f''(x) = 0 \Rightarrow x = \frac{1}{\sqrt{3}}$, $x = -\frac{1}{\sqrt{3}}$
$(-|+)$–Vorzeichenwechsel von f'' bei $x = \frac{1}{\sqrt{3}}$; $(+|-)$–Vorzeichenwechsel bei $x = -\frac{1}{\sqrt{3}} \Rightarrow$ Linkskrümmung auf $\left]-\infty; -\frac{1}{\sqrt{3}}\right]$ und $\left[\frac{1}{\sqrt{3}}; \infty\right[$, Rechtskrümmung auf $\left[-\frac{1}{\sqrt{3}}; \frac{1}{\sqrt{3}}\right]$

c) $f'(x) = x - 1$, $f''(x) = 1$
$f''(x) > 0$ auf ganz $\mathbb{R} \Rightarrow$ Linkskrümmung auf ganz $\mathbb{R}$

d) $f'(x) = (x-2)^3$, $f''(x) = 3(x-2)^2$
$f''(2) = 0$ und $f''(x) > 0$ auf $\mathbb{R} \setminus \{2\}$, d.h. Linkskrümmung auf ganz $\mathbb{R}$

e) $f'(x) = x + \cos x$, $f''(x) = 1 - \sin x$
$f''(x) = 0 \Leftrightarrow \sin x = 1 \Rightarrow x = \frac{\pi}{2} + 2k\pi$, $k \in \mathbb{Z}$
$f''(x) > 0$ für alle $x \in \mathbb{R} \setminus \{\frac{\pi}{2} + 2k\pi, k \in \mathbb{Z}\}$, d.h. Linkskrümmung auf ganz $\mathbb{R}$.

f) $f'(x) = 3 + \frac{1}{2}\sin x$; $f''(x) = \frac{1}{2}\cos x$
$f''(x) = 0 \Leftrightarrow \frac{1}{2}\cos x = 0 \Rightarrow x = \frac{\pi}{2} + 2k\pi$, $k \in \mathbb{Z}$
$(-|+)$–Vorzeichenwechsel von f'' bei $x = \frac{\pi}{2} + (2k+1)\pi$,
$(+|-)$–Vorzeichenwechsel bei $x = \frac{\pi}{2} + 2k\pi$, $k \in \mathbb{Z}$
$\Rightarrow$ Linkskrümmung auf $\left[\frac{\pi}{2} + (2k+1)\pi; \frac{\pi}{2} + 2k\pi\right]$, Rechtskrümmung auf $\left[\frac{\pi}{2} + 2k\pi; \frac{\pi}{2} + (2k+1)\pi\right]$

g) $f'(x) = 5x^4 - 12x^2$, $f''(x) = 20x^3 - 24x$
$f''(x) = 0 \Leftrightarrow 20x^3 - 24x = 0 \Leftrightarrow x = 0$, $x = \sqrt{\frac{6}{5}}$, $x = -\sqrt{\frac{6}{5}}$
$(-|+)$–Vorzeichenwechsel von f'' bei $x = -\sqrt{\frac{6}{5}}$ und $x = \sqrt{\frac{6}{5}}$,
$(+|-)$–Vorzeichenwechsel bei $x = 0$
$\Rightarrow$ Linkskrümmung auf $\left[-\sqrt{\frac{6}{5}}; 0\right]$ und $\left[\sqrt{\frac{6}{5}}; \infty\right[$;
Rechtskrümmung auf $\left]-\infty; -\sqrt{\frac{6}{5}}\right]$ und $\left[0; \sqrt{\frac{6}{5}}\right]$

165

6. **h)** $f'(x) = 5x^4$, $f''(x) = 20x^3$
$f''(x) = 0 \Rightarrow x = 0$
$(-|+)$–Vorzeichenwechsel von f'' bei $x = 0$
$\Rightarrow$ Rechtskrümmung auf $]-\infty; 0]$, Linkskrümmung auf $[0; \infty]$

i) $f'(x) = 5(x-1)^4$, $f''(x) = 20(x-1)^3$
$f''(x) = 0 \Rightarrow x = 1$
$(-|+)$–Vorzeichenwechsel bei $x = 1$
$\Rightarrow$ Rechtskrümmung auf $]-\infty; 1]$, Linkskrümmung auf $[1; \infty[$

j) $f'(x) = 5x^4 - 3x^2 + 2$, $f''(x) = 20x^3 - 6x$
$f''(x) = 0 \Leftrightarrow 20x^3 - 6x = 0 \Rightarrow x = 0$, $x = \sqrt{\frac{3}{10}}$, $x = -\sqrt{\frac{3}{10}}$
$(-|+)$–Vorzeichenwechsel von f'' bei $x = -\sqrt{\frac{3}{10}}$ und $x = \sqrt{\frac{3}{10}}$;
$(+|-)$–Vorzeichenwechsel bei $x = 0$
$\Rightarrow$ Rechtskrümmung auf $\left]-\infty; -\sqrt{\frac{3}{10}}\right]$ und $\left[0; \sqrt{\frac{3}{10}}\right]$;
Linkskrümmung auf $\left[-\sqrt{\frac{3}{10}}; 0\right]$ und $\left[\sqrt{\frac{3}{10}}; \infty\right[$

k) $f'(x) = x^3 - 27x^2 + 96x + 3$, $f''(x) = 3x^2 - 54x + 96$
$f''(x) = 0 \Leftrightarrow 3x^2 - 54x + 96 = 0 \Leftrightarrow x^2 - 18x + 32 = 0$
$\Rightarrow x = 2$, $x = 16$
$(+|-)$–Vorzeichenwechsel von f'' bei $x = 2$,
$(-|+)$–Vorzeichenwechsel bei $x = 16$
$\Rightarrow$ Linkskrümmung auf $]-\infty; 2]$ und $[16; \infty[$,
Rechtskrümmung auf $[2; 16]$

l) $f'(x) = 4x^3 + 9x^2 + \frac{15}{4}x - 2$, $f''(x) = 12x^2 + 18x + \frac{15}{4}$
$f''(x) = 0 \Leftrightarrow 12x^2 + 18x + \frac{15}{4} = 0 \Leftrightarrow x^2 + \frac{3}{2}x + \frac{5}{16} = 0$
$\Rightarrow x = -\frac{5}{4}$, $x = -\frac{1}{4}$
$(+|-)$–Vorzeichenwechsel bei $x = -\frac{5}{4}$,
$(-|+)$–Wechsel bei $x = -\frac{1}{4}$
$\Rightarrow$ Linkskrümmung auf $\left]-\infty; -\frac{5}{4}\right]$ und $\left[-\frac{1}{4}; \infty\right[$,
Rechtskrümmung auf $\left[-\frac{5}{4}; -\frac{1}{4}\right]$

166 7. a) $f''(x) = \begin{cases} 2 & \text{für } x < 0 \\ 6x & \text{für } x \geq 0 \end{cases} \Rightarrow f''(0) = 0$

Der Graph von f hat an der Stelle $x = 0$ einen Tiefpunkt. Der Graph ist linksgekrümmt im gesamten Definitionsbereich von f.

b) Es ist $f(x) = \begin{cases} \frac{1}{4}x^4 - \frac{1}{2}x^2, & x < -\sqrt{2} \\ -\frac{1}{4}x^4 + \frac{1}{2}x^2, & -\sqrt{2} \leq x \leq \sqrt{2} \\ \frac{1}{4}x^4 - \frac{1}{2}x^2, & x > \sqrt{2} \end{cases}$;

$f''(x) = \begin{cases} 3x^2 - 1, & x < -\sqrt{2} \\ -3x^2 + 1, & -\sqrt{2} \leq x \leq \sqrt{2} \\ 3x^2 - 1, & x > \sqrt{2} \end{cases}$

1. $x < -\sqrt{2}$ Es ist $f'' > 0$ auf $]-\infty, \sqrt{2}[$
$\Rightarrow$ Linkskrümmung auf $]-\infty, \sqrt{2}[$.

2. $-\sqrt{2} \leq x \leq \sqrt{2}$ $f''(x) = 0$ $f''(x) = 0 \Leftrightarrow -3x^2 + 1 = 0$
$\Rightarrow x = -\sqrt{\frac{1}{3}},\ x = \sqrt{\frac{1}{3}}$

$(-|+)$–Vorzeichenwechsel von f'' bei $x = -\sqrt{\frac{1}{3}}$,

$(+|-)$–Wechsel bei $x = \sqrt{\frac{1}{3}}\ \Rightarrow$

Rechtskrümmung auf $]-\sqrt{2}; -\sqrt{\frac{1}{3}}]$ und $[\sqrt{\frac{1}{3}}; \sqrt{2}[$,

Linkskrümmung auf $[-\sqrt{\frac{1}{3}}; \sqrt{\frac{1}{3}}]$

3. $x > \sqrt{2}$ Es ist $f'' > 0$ auf $]\sqrt{2}; \infty[\ \Rightarrow$

Linkskrümmung auf $]\sqrt{2}; \infty[$.

c) $f''(x) = \begin{cases} 2 & \text{für } x > 0 \\ 6x & \text{für } x \leq 0 \end{cases} \Rightarrow f''(0) = 0$

$]-\infty; 0]$ Rechtskrümmung $[0; +\infty[$ Linkskrümmung

d) Es ist $f(x) = \begin{cases} -\frac{1}{3}x^3 + 2x & x < 0 \\ \frac{1}{3}x^3 - 2x & x \geq 0 \end{cases}$; $f''(x) = \begin{cases} -2x, & x < 0 \\ 2x, & x \geq 0 \end{cases}$

1. $x < 0$ Es ist $f''(x) > 0$ auf $\mathbb{R}^- \Rightarrow$ Linkskrümmung auf $\mathbb{R}^-$
2. $x \geq 0$ $f''(x) = 0 \Rightarrow x = 0$
Es ist $f''(x) > 0$ auf $\mathbb{R}^+ \Rightarrow$ Linkskrümmung auf $\mathbb{R}^+$
$\Rightarrow$ Linkskrümmung auf $\mathbb{R} \setminus \{0\}$

166

8. An der Stelle x_e ist ein Tiefpunkt [Hochpunkt], denn es gilt $f'(x_e) = 0$ und $f''(x_e) > 0$ [$f''(x_e) < 0$].

9. **a)** $f'(x) = 2x + 3$, $f''(x) = 2$
$f'' \neq 0$ auf ganz $\mathbb{R}$ $\Rightarrow$ keine Wendepunkte

b) $f(x) = 2x + 1$ ist als lineare Funktion weder links- noch rechtsgekrümmt, besitzt also auch keine Wendestellen (vgl. S. 202, A. 5)

c) $f'(x) = 5x^4 - 9x^2 - 2$, $f''(x) = 20x^3 - 18x$, $f'''(x) = 60x^2 - 18$
Wendepunkte: $(0 \mid 0)$, $(\sqrt{0{,}9} \mid -3{,}69)$, $(-\sqrt{0{,}9} \mid 3{,}69)$
Es gibt keine Sattelpunkte.

d) $f'(x) = 4x^3 + 3$, $f''(x) = 12x^2$
$f''(x) = 0$ für $x = 0$ und $f''(x) > 0$ für $\mathbb{R} \setminus \{0\}$ $\Rightarrow$
Linkskrümmung auf ganz $\mathbb{R}$

e) $f'(x) = 4x^3 + 9x^2 + 6x + 1$, $f''(x) = 12x^2 + 18x + 6$
$f''(x) = 0 \Leftrightarrow 12x^2 + 18x + 6 = 0 \Rightarrow x = -1$, $x = -\frac{1}{2}$
$(+\mid-)$-Vorzeichenwechsel von f'' bei $x = -1$,
$(-\mid+)$-Vorzeichenwechsel bei $x = -\frac{1}{2}$
$\Rightarrow (-1 \mid 0)$ und $\left(-\frac{1}{2} \mid -\frac{1}{16}\right)$ sind Wendepunkte.
Wegen $f'(-1) = 0$ ist $(-1 \mid 0)$ zugleich Sattelpunkt.
Bei $x = -1$ besitzt f' ein relatives Maximum,
bei $x = -\frac{1}{2}$ ein relatives Minimum.

f) $f'(x) = 3x^2 - 4x - 4$, $f''(x) = 6x - 4$
$f''(x) = 0 \Rightarrow x = \frac{2}{3}$
Es findet ein $(-\mid+)$-Vorzeichenwechsel bei $x = \frac{2}{3}$ statt $\Rightarrow \left(\frac{2}{3} \mid \frac{128}{27}\right)$
ist Wendepunkt. Wegen $f'\left(\frac{2}{3}\right) \neq 0$ liegt kein Sattelpunkt vor, f' besitzt
bei $x = \frac{2}{3}$ ein relatives Minimum.

g) $f'(x) = 4x^3 + 6x^2 + 8x + 8$, $f''(x) = 12x^2 + 12x + 8$
$f''(x) = 0 \Leftrightarrow 12x^2 + 12x + 8 = 0$ nicht lösbar $\Rightarrow$ keine Wendestellen

h) $f'(x) = 6x^5 + 4x^3 + 2$, $f''(x) = 30x^4 + 12x^2$
$f''(x) = 0 \Leftrightarrow 30x^4 + 12x^2 = 0 \Rightarrow x = 0$
Es ist $f''(x) > 0$ für alle $x \in \mathbb{R} \setminus \{0\} \Rightarrow$ keine Wendestelle bei $x = 0$

i) $f'(x) = 4x + \sin x$, $f''(x) = 4 + \cos x$
Es ist $f''(x) > 0$ auf ganz $\mathbb{R} \Rightarrow$ keine Wendestellen von f.

166

9. **j)** $f'(x) = 2\cos x - \frac{1}{2}\sin x$; $f''(x) = -2\sin x - \frac{1}{2}\cos x$

$f''(x) = 0 \Rightarrow x = \arctan\left(-\frac{1}{4}\right) + k\pi$, $k \in \mathbb{Z}$

Es finden $(+|-)$ - und $(-|+)$ -Vorzeichenwechsel an den Stellen $x = \arctan\left(-\frac{1}{4}\right) + k\pi$ statt $\Rightarrow$ die Punkte $\left(\arctan\left(-\frac{1}{4}\right) + k\pi \mid 0\right)$ sind Wendepunkte von f bei $x = \arctan\left(-\frac{1}{4}\right) + 2k\pi$ liegen relative Maxima von f', bei $x = \arctan\left(-\frac{1}{4}\right) + (2k+1)\pi$ relative Minima vor.

k) $f'(x) = -\frac{1}{2}x + 1 + \cos x$, $f''(x) = -\frac{1}{2} - \sin x$, $f'''(x) = -\cos x$

$f''(x) = 0 \Leftrightarrow -\frac{1}{2} - \sin x = 0 \Rightarrow x = -\frac{\pi}{6} + 2k\pi$,

$x = -\frac{5}{6}\pi + 2k\pi$, $k \in \mathbb{Z}$

Es ist $f'''\left(-\frac{\pi}{6} + 2k\pi\right) \neq 0$ und $f'''\left(-\frac{5}{6}\pi + 2k\pi\right) \neq 0$, also liegen Wendestellen vor.

l) $f(x) = \begin{cases} -\frac{1}{4}x^3 + 2x^2; & x < 8 \\ \frac{1}{4}x^3 - 2x^2; & x \geq 8 \end{cases}$; $f''(x) = \begin{cases} -\frac{3}{2}x + 4, & x < 8 \\ \frac{3}{2}x - 4, & x \geq 8 \end{cases}$

einzig möglicher Wendepunkt bei $x = \frac{8}{3}$.

Es findet ein $(+|-)$ -Vorzeichenwechsel bei $x = \frac{8}{3}$ statt $\Rightarrow \left(\frac{8}{3} \mid \frac{256}{27}\right)$ ist Wendepunkt, bei $\frac{8}{3}$ liegt ein relatives Maximum von f'.

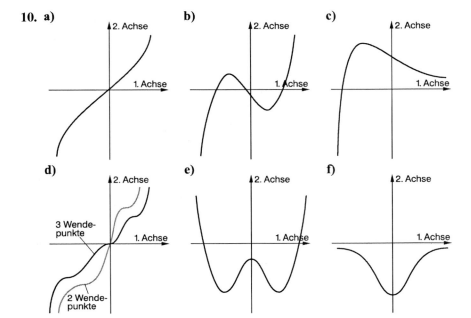

10. a) b) c) d) 3 Wendepunkte / 2 Wendepunkte e) f)

11. a) $f'(x) = 3x^2 + 3$, $f''(x) = 6x$, $f'''(x) = 6$

1. Extrempunkte: $f'(x) = 0$ nicht lösbar
$\Rightarrow$ keine Extrempunkte

2. Wendepunkte: $f''(x) = 0 \Rightarrow x = 0$;
$f'''(0) \neq 0 \Rightarrow$ WP (0 | 4)

3. Wendetangente: $t(x) = 3x + 4$

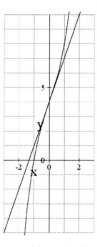

b) $f'(x) = \frac{1}{3}x^3 + 4x$, $f''(x) = x^2 + 4$

1. Extrempunkte: $f'(x) = 0 \Leftrightarrow \frac{1}{3}x^3 + 4x = 0$
$\Rightarrow x = 0$
$f''(0) > 0 \Rightarrow$ TP (0 | 5)

2. keine Wendepunkte, da $f''(x) > 0$ auf ganz $\mathbb{R}$

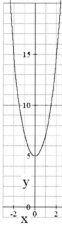

c) $f'(x) = x^2 - 4x$, $f''(x) = 2x - 4$, $f'''(x) = 2$

1. Extrempunkte: $f'(x) = 0 \Rightarrow x = 0 \lor x = 4$
$f''(0) < 0 \Rightarrow$ HP (0 | 5)
$f''(4) > 0 \Rightarrow$ TP$\left(4 \mid -\frac{17}{3}\right)$

2. Wendestelle: $f''(x) = 0 \Rightarrow x = 2$;
$f'''(2) = 2 > 0 \Rightarrow$ WP$\left(2 \mid -\frac{1}{3}\right)$

3. Wendetangente: $t(x) = -4x + \frac{23}{3}$

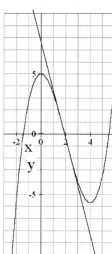

166 **11. d)** $f'(x) = 5x^4 - 10x^2$, $f''(x) = 20x^3 - 20x$,
$f'''(x) = 60x^2 - 20$

1. Extremstellen: $f'(x) = 0 \Rightarrow x = 0$,
$x = \sqrt{2}$, $x = -\sqrt{2}$
$f''(0) = 0 \Rightarrow$ SP (0 | −1) (da $f'''(0) \neq 0$
und daher $x = 0$ Wendestelle ist)
$f''(\sqrt{2}) > 0 \Rightarrow$ TP$\left(\sqrt{2} \Big| -\frac{8}{3}\sqrt{2} - 1\right)$
$f''(-\sqrt{2}) < 0 \Rightarrow$ HP$\left(-\sqrt{2} \Big| \frac{8}{3}\sqrt{2} - 1\right)$

2. Wendestellen: $f''(x) = x = 0, x = 1$,
$x = -1$
SP (0 | −1) s.o.;
$f'''(1) \neq 0 \Rightarrow$ WP$\left(1 \Big| -\frac{10}{3}\right)$,
$f'''(-1) \neq 0 \Rightarrow$ WP$\left(-1 \Big| \frac{4}{3}\right)$

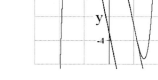

3. Wendetangenten: $t_1(x) = -1$, $t_2(x) = -5x + \frac{5}{3}$, $t_3(x) = -5x - \frac{11}{3}$

e) $f(x) = \begin{cases} \frac{1}{6}x^3 + x^2 - 1, & x < 0 \\ -\frac{1}{6}x^3 + x^2 - 1, & x \geq 0 \end{cases}$ $f'(x) = \begin{cases} \frac{1}{2}x^2 + 2x, & x < 0 \\ -\frac{1}{2}x^2 + 2x, & x \geq 0 \end{cases}$

$f''(x) = \begin{cases} x + 2, & x < 0 \\ -x + 2, & x \geq 0 \end{cases}$

1. Extremstellen: $f'(x) = 0 \Rightarrow x = 0, x = -4, x = 4$
$f''(0) > 0 \Rightarrow$ ZP (0 | 0), $f''(-4) < 0 \Rightarrow$ HP$\left(-4 \Big| \frac{26}{6}\right)$,
$f''(4) < 0 \Rightarrow$ HP$\left(4 \Big| \frac{26}{6}\right)$,

2. Wendestellen: $f''(x) = 0 \Rightarrow x = -2, x = 2$
$f'''(2) \neq 0$ und $f'''(-2) \neq 0 \Rightarrow$ WP$\left(-2 \Big| \frac{5}{3}\right)$, WP$\left(2 \Big| \frac{5}{3}\right)$

3. Wendetangenten: $t_1(x) = -2x - \frac{7}{3}$, $t_2(x) = 2x - \frac{7}{3}$

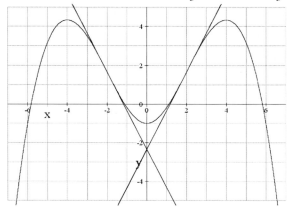

166

11. **f)** $f'(x) = 3x^2 - 2$,
$f''(x) = 6x$, $f'''(x) = 6$

1. Extremstellen:
$f'(x) = 0 \Rightarrow x = -\sqrt{\frac{2}{3}}$, $x = \sqrt{\frac{2}{3}}$

$f''\left(-\sqrt{\frac{2}{3}}\right) < 0 \Rightarrow$

$HP\left(-\sqrt{\frac{2}{3}} \mid \frac{4}{3}\sqrt{\frac{2}{3}} + 3\right)$;

$f''\left(\sqrt{\frac{2}{3}}\right) > 0 \Rightarrow$

$TP\left(\sqrt{\frac{2}{3}} \mid -\frac{4}{3}\sqrt{\frac{2}{3}} + 3\right)$

2. Wendestellen:
$f''(x) = 0 \Rightarrow x = 0$
Wegen $f'''(0) > 0$ ist
WP (0 | 3) ein Wendepunkt von f.

3. Wendetangente: $t(x) = -2x + 3$

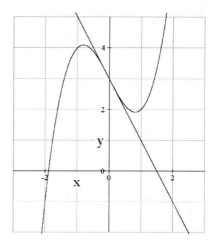

12. **a)** „Die Zuwachsraten sinken"
Das Gesamtvolumen wächst langsamer als zuvor. Grafisch entspricht dies dem Wendepunkt von einer Links- in eine Rechtskrümmung einer monoton wachsenden Funktion.
b) „Der Aufschwung erlahmt"
Hier gilt gleiches wie in a).
c) „Die Talfahrt ist gebremst"
Der Abfall wurde mit der Zeit mäßiger, bis schließlich ein konstantes Niveau erreicht worden ist. Grafisch entspricht dies dem Übergang von einer Rechts- in eine Linkskrümmung (Wendepunkt) bis hin zu einem ralativen Tiefpunkt oder einem Sattelpunkt.

4.5 Ausführliche Untersuchung ganzrationaler Funktionen

171

2. (1) $f'(x) = 0{,}06x^2 - 0{,}18x + 0{,}12$; $f''(x) = 0{,}12x - 0{,}18$; $f'''(x) = 0{,}12$
$f'(x) = 0 \Leftrightarrow 0{,}06x^2 - 0{,}18x + 0{,}12 = 0 \Leftrightarrow x^2 - 3x + 2 = 0 \Leftrightarrow$
$(x - 1)(x - 2) = 0 \Rightarrow x = 1, x = 2$
$f''(1) < 0 \Rightarrow HP(1 \mid 5)$; $f''(2) > 0 \Rightarrow TP(2 \mid 4{,}99)$
$f''(x) = 0 \Leftrightarrow 0{,}12x - 0{,}18 = 0 \Rightarrow x = \frac{3}{2}$
$f'''\left(\frac{3}{2}\right) \neq 0 \Rightarrow WP\left(\frac{3}{2} \mid 4{,}995\right)$

HP-Hochpunkt
TP-Tiefpunkt
WP-Wendepunkt

171   2. (2)

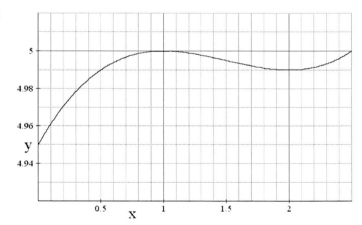

(3) -

3. Gesucht ist nach dem Maximum für die Entnahme bei konstantem Ertrag, also nach einem Maximum der Funktion

$E(x) = f(x) - x = 0{,}03x^3 - 0{,}67x^2 + 3{,}4x$

$E'(x) = 0{,}09x^2 - 1{,}34x + 3{,}4$

$E'(x) = 0 \Leftrightarrow x^2 - \frac{134}{9}x + \frac{340}{9} = 0$

11,645 entfällt, da $x \in [0; 10]$

$\Leftrightarrow \left(x - \frac{67}{9}\right)^2 = -\frac{340}{9} + \left(\frac{67}{9}\right)^2 = \frac{1429}{81}$

$\Rightarrow x = \frac{67}{9} \pm \sqrt{\frac{1429}{81}}$; d.h. $x = 3{,}244$ oder $x = 11{,}645$

$E''(x) = 0{,}18x - 1{,}34$

Es ist $E''(3{,}244) < 0 \Rightarrow$ HP $(3{,}244 \mid 5{,}003)$.

Der maximale Ertrag liegt also etwa bei 5 t.

Wenn die Population eine Größe von ca. 8,2 t hat, kann der Züchter ca. 5 t entnehmen. Im nächsten Jahr hat die Population dann wieder eine Größe von ca. 8,2 t.

4. a) $f(x) = \frac{1}{4}x^4 - 2x^2 + 2$

$f'(x) = x^3 - 4x$; $f'(x) = 0$ für $x = 0$, $x = 2$ und $x = -2$

$f'(-3) = -15$, $f'(-1) = 3$, $f'(1) = -3$, $f'(3) = 15$

$\Rightarrow (-\mid+)$-Vorzeichenwechsel von f' bei $x = -2$ und $x = 2$

$ (+\mid-)$-Vorzeichenwechsel f' bei $x = 0$

$\Rightarrow$ TP $(-2 \mid -2)$, HP $(0 \mid 2)$, TP $(2 \mid -2)$

$f''(x) = 3x^2 - 4$; $f''(x) = 0$ für $x = \sqrt{\frac{4}{3}}$ und $x = -\sqrt{\frac{4}{3}}$

$f''(-2) = 8$; $f''(0) = -4$; $f''(2) = 8$

$\Rightarrow$ Vorzeichenwechsel von f'' bei $x = \sqrt{\frac{4}{3}}$ und $x = -\sqrt{\frac{4}{3}}$

$\Rightarrow$ WP$\left(\sqrt{\frac{4}{3}} \mid -\frac{2}{9}\right)$, WP$\left(-\sqrt{\frac{4}{3}} \mid -\frac{2}{9}\right)$

171

4. b) $f'(x) > 0$ auf $[-2; 0]$ und $[2; \infty[$, d.h. f ist streng monoton wachsend auf diesen Intervallen.
$f'(x) < 0$ auf $]-\infty; -2]$ und $[0; 2[$, d.h. f ist streng monoton fallend auf diesen Intervallen.
$f''(x) > 0$ auf $\left]-\infty; -\sqrt{\frac{4}{3}}\right]$ und $\left[\sqrt{\frac{4}{3}}; \infty\right[$; d.h. der Graph von f ist linksgekrümmt auf diesen Intervallen.
$f''(x) < 0$ auf $\left[-\sqrt{\frac{4}{3}}; \sqrt{\frac{4}{3}}\right]$, d.h. der Graph von f ist rechtsgekrümmt auf diesem Intervall.

5. a) Es gilt in jedem Fall $\lim\limits_{x \to \infty} f(x) = \infty$ und $\lim\limits_{x \to \infty} f(x) = -\infty$ (für $a > 0$) bzw. umgekehrt für $a < 0$. Ferner gibt es wegen $f'(x) = 3ax^2 + b$ und $x = \pm\sqrt{-\frac{b}{3a}}$ als mögliche Lösung von $f'(x) = 0$ entweder keine Extremstelle (falls $-\frac{b}{3a} < 0$), zwei Extremstellen $\left(-\frac{b}{3a} > 0\right)$ oder den Sattelpunkt $x = 0$ (falls $-\frac{b}{3a} = 0$). Weil $f(0) = 0$ unabhängig von a und b ist, ist der Graph von f stets punktsymmetrisch zum Ursprung. Man unterscheidet demnach die folgenden Fälle:

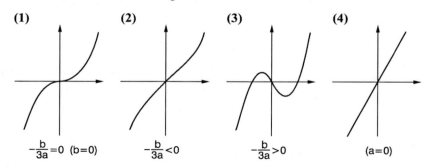

Dazu kommen die jeweils an der 2. Achse gespiegelten Graphen und der Fall $f(x) = 0$. Es gibt also neun mögliche verschiedene Verlaufstypen für den Graph von f.

b) Die allgemeine ganzrationale Funktion 3. Grades hat den Funktionsterm $f(x) = ax^3 + bx^2 + cx + d$. Die möglichen Grundformen der Graphen sind dieselben wie in a). Hinzu kommt, dass sich jetzt der Symmetriepunkt des Graphen von f, der in a) auf den Ursprung festgelegt war, je nach Wahl von a, b, c und d frei in der Ebene verschieben lässt. Damit ergeben sich folgende mögliche Verlaufsformen des Graphen:
(A) für die Graphen 1) bis 3) aus a) und die jeweils an der 2. Achse gespiegelten Graphentypen gibt es vier mögliche Verlaufstypen: nicht verschoben, entlang der 1. Achse verschoben, entlang der 2. Achse verschoben, entlang beider Achsen verschoben; also insgesamt $6 \cdot 4 = 24$ mögliche Verlaufsformen

171 5. b) (B) für die drei linearen Graphentypen (Typ (4) und der dazu an der 2. Achse gespiegelte Graph sowie f(x) = 0) gibt es jeweils 2 mögliche Verlaufstypen: nicht verschoben sowie Verschiebung des y-Achsenabschnitts; also insgesamt 3 x 2 = 6 mögliche Verlaufstypen.
Aus (A) und (B) folgt: Es gibt insgesamt 30 mögliche Verläufe für eine ganzrationale Funktion 3. Grades.

172 6. a) $f(x) = \frac{1}{3}x^3 - x^2$, $f'(x) = x^2 - 2x$, $f''(x) = 2x - 2$, $f'''(x) = 2$

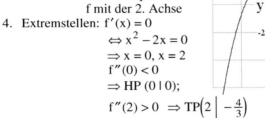

1. weder Achsensymmetrie zur 2. Achse noch Punktsymmetrie zum Ursprung
2. $\lim_{x \to \infty} f(x) = \infty$, $\lim_{x \to -\infty} f(x) = -\infty$
3. Nullstellen: $f(x) = 0 \Rightarrow x = 0$ (doppelt), $x = 3$
   $f(0) = 0 \Rightarrow (0 \mid 0)$ ist Schnittpunkt von f mit der 2. Achse
4. Extremstellen: $f'(x) = 0$
   $\Leftrightarrow x^2 - 2x = 0$
   $\Rightarrow x = 0, x = 2$
   $f''(0) < 0$
   $\Rightarrow$ HP $(0 \mid 0)$;
   $f''(2) > 0 \Rightarrow$ TP$\left(2 \mid -\frac{4}{3}\right)$
5. Wendestellen: $f''(x) = 0 \Leftrightarrow 2x - 2 = 0 \Rightarrow x = 1$
   $f'''(x) \neq 0 \Rightarrow$ WP$\left(1 \mid -\frac{2}{3}\right)$
6. Wertebereich: $W = \mathbb{R}$

b) $f(x) = \frac{1}{3}x^3 - 3x$, $f'(x) = x^2 - 3$, $f''(x) = 2x$, $f'''(x) = 2$
1. $f(-x) = -f(x) \Rightarrow$ Punktsymmetrie zum Ursprung
2. $\lim_{x \to \infty} f(x) = \infty$, $\lim_{x \to -\infty} f(x) = -\infty$
3. Nullstellen: $\frac{1}{3}x^3 - 3x = 0 \Rightarrow x = 0, x = 3, x = -3$
   $f(0) = 0 \Rightarrow (0 \mid 0)$ ist Schnittpunkt von f mit der 2. Achse
4. Extremstellen: $x^2 - 3 = 0 \Rightarrow x = \sqrt{3}, x = -\sqrt{3}$
   $f''(\sqrt{3}) > 0 \Rightarrow$ TP$\left(\sqrt{3} \mid -2\sqrt{3}\right)$;
   $f''(-\sqrt{3}) < 0 \Rightarrow$ HP$\left(-\sqrt{3} \mid 2\sqrt{3}\right)$

172 **6. b)** 5. Wendestellen: $2x = 0 \Rightarrow x = 0$
$f'''(x) \neq 0 \Rightarrow WP(0|0)$
6. Wertebereich: $W = \mathbb{R}$

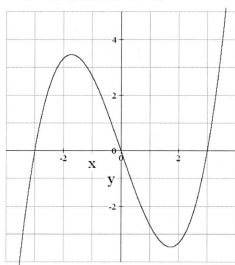

c) $f(x) = \frac{1}{3}x^3 + 3x$, $f'(x) = x^2 + 3$, $f''(x) = 2x$, $f'''(x) = 2$
1. $f(-x) = -f(x) \Rightarrow$ Punktsymmetrie zum Ursprung
2. $\lim_{x \to \infty} f(x) = \infty$, $\lim_{x \to -\infty} f(x) = -\infty$
3. Nullstellen: $\frac{1}{3}x^3 + 3x = 0 \Rightarrow x = 0$
$f(0) = 0 \Rightarrow (0|0)$ ist Schnittpunkt von f mit der 2. Achse
4. Extremstellen: $x^2 + 3 = 0$ nicht lösbar
$\Rightarrow$ keine Extremstellen
5. Wendestellen: $2x = 0 \Rightarrow x = 0$
$f'''(x) \neq 0 \Rightarrow WP(0|0)$
6. Wertebereich: $W = \mathbb{R}$

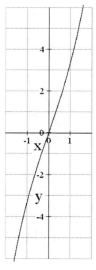

172

6. d) $f(x) = x^3 - 2x^2 - 15x$, $f'(x) = 3x^2 - 4x - 15$, $f''(x) = 6x - 4$, $f'''(x) = 6$
   1. keine Achsensymmetrie zur 2. Achse, keine Punktsymmetrie zum Ursprung
   2. $\lim\limits_{x \to \infty} f(x) = \infty$, $\lim\limits_{x \to -\infty} f(x) = -\infty$
   3. Nullstellen: $x^3 - 2x^2 - 15x = 0 \Rightarrow x = 0, x = -3, x = 5$
      $f(0) = 0 \Rightarrow (0 \mid 0)$ ist Schnittpunkt von f mit der 2. Achse
   4. Extremstellen: $3x^2 - 4x - 15 = 0 \Rightarrow x = 3, x = -\frac{5}{3}$
      $f''(3) > 0 \Rightarrow TP(3 \mid -36)$;
      $f''\left(-\frac{5}{3}\right) < 0 \Rightarrow HP\left(-\frac{5}{3} \mid 14,\overline{814}\right)$
   5. Wendestellen: $6x - 4 = 0 \Rightarrow x = \frac{2}{3}$
      $f'''(x) \neq 0 \Rightarrow WP\left(\frac{2}{3} \mid -10,\overline{592}\right)$
   6. Wertebereich: $W = \mathbb{R}$

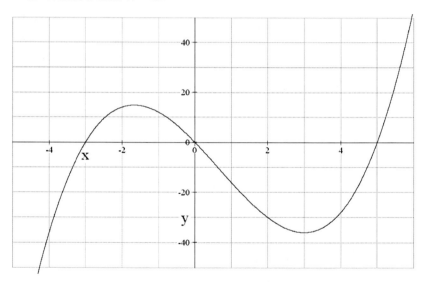

172

6. e) $f(x) = x^4 - 9x^2$, $f'(x) = 4x^3 - 18x$, $f''(x) = 12x^2 - 18$, $f'''(x) = 24x$

1. $f(-x) = f(x) \Rightarrow$ Achsensymmetrie zur 2. Achse
2. $\lim\limits_{x \to \infty} f(x) = \lim\limits_{x \to -\infty} f(x) = \infty$
3. Nullstellen: $x^4 - 9x^2 = 0 \Rightarrow x = 0$ (doppelt), $x = -3$, $x = 3$
   $f(0) = 0 \Rightarrow (0 \mid 0)$ ist Schnittpunkt von f mit der 2. Achse
4. Extremstellen: $4x^3 - 18x = 0 \Rightarrow x = 0$, $x = -\frac{3}{2}\sqrt{2}$, $x = \frac{3}{2}\sqrt{2}$
   $f''(0) < 0 \Rightarrow$ HP $(0 \mid 0)$,
   $f''\left(-\frac{3}{2}\sqrt{2}\right) = f''\left(\frac{3}{2}\sqrt{2}\right) > 0$
   $\Rightarrow$ TP$\left(-\frac{3}{2}\sqrt{2} \mid -20{,}25\right)$, TP$\left(\frac{3}{2}\sqrt{2} \mid -20{,}25\right)$
5. Wendestellen: $12x^2 - 18 = 0 \Rightarrow x = -\sqrt{\frac{3}{2}}$, $x = \sqrt{\frac{3}{2}}$
   $f'''\left(-\sqrt{\frac{3}{2}}\right) \neq 0$, $f'''\left(\sqrt{\frac{3}{2}}\right) \neq 0$
   $\Rightarrow$ WP$\left(-\sqrt{\frac{3}{2}} \mid -11{,}25\right)$, WP$\left(\sqrt{\frac{3}{2}} \mid -11{,}25\right)$
6. Wertebereich: $W = [-20{,}25; \infty[$

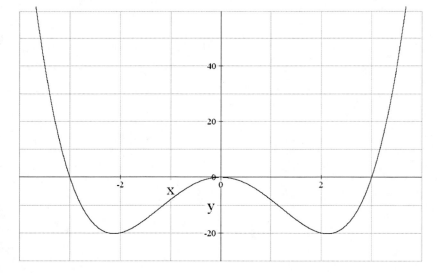

172 6. f) $f(x) = \frac{1}{8}x^4 - \frac{1}{2}x^3$, $f'(x) = \frac{1}{2}x^3 - \frac{3}{2}x^2$, $f''(x) = \frac{3}{2}x^2 - 3x$, $f'''(x) = 3x - 3$

1. keine Achsensymmetrie zur 2. Achse oder Punktsymmetrie zum Ursprung
2. $\lim\limits_{x \to \infty} f(x) = \infty$, $\lim\limits_{x \to -\infty} f(x) = \infty$
3. Nullstellen: $\frac{1}{8}x^4 - \frac{1}{2}x^3 = 0 \Rightarrow x = 0$ (dreifach), $x = 4$
   $f(0) = 0 \Rightarrow (0 \mid 0)$ ist Schnittpunkt mit der 2. Achse
4. Extremstellen: $\frac{1}{2}x^3 - \frac{3}{2}x^2 = 0 \Rightarrow x = 0$ (doppelt), $x = 3$
   $f''(0) = 0$, $f'''(0) \neq 0 \Rightarrow$ keine Extremstelle bei $x = 0$
   $f''(3) > 0 \Rightarrow$ TP $(3 \mid -3{,}375)$
5. Wendestellen: $\frac{3}{2}x^2 - 3x = 0 \Rightarrow x = 0$, $x = 3$
   $f'''(0) \neq 0$ d.h. Wendestelle bei $x = 0$; wegen $f'(0) = 0$ ist $(0 \mid 0)$ Sattelpunkt
   $f'''(2) \neq 0 \Rightarrow$ WP $(2 \mid -2)$
6. Wertebereich: $W = [-3{,}375; \infty[$

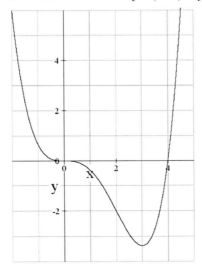

172   6. g) $f(x) = \frac{1}{3}x^3 - 3$, $f'(x) = x^2$, $f''(x) = 2x$, $f'''(x) = 2$

1. keine Achsensymmetrie zur 2. Achse oder Punktsymmetrie zum Ursprung
2. $\lim\limits_{x \to \infty} f(x) = \infty$, $\lim\limits_{x \to -\infty} f(x) = -\infty$
3. Nullstellen: $\frac{1}{3}x^3 - 3 = 0 \Rightarrow x = \sqrt[3]{9}$
   $f(0) = -3 \Rightarrow (0 \mid -3)$ ist Schnittpunkt von f mit der 2. Achse
4. Extremstellen: $x^2 = 0 \Rightarrow x = 0$ (doppelt); $f''(0) = 0$
   $\Rightarrow$ keine Extremstelle bei $x = 0$
5. Wendestellen: $2x = 0 \Rightarrow x = 0$
   $f'''(x) \neq 0 \Rightarrow$ Wendestelle bei $x = 0$; wegen $f'(0) = 0$ ist $(0 \mid -3)$ Sattelpunkt
6. Wertebereich: $W = \mathbb{R}$

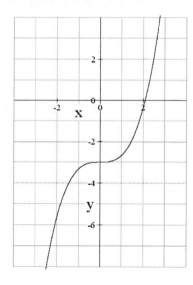

172

6. h) $f(x) = x^4 + 4x^2$, $f'(x) = 4x^3 + 8x$, $f''(x) = 12x^2 + 8$, $f'''(x) = 24x$

1. $f(-x) = f(x) \Rightarrow$ Achsensymmetrie zur 2. Achse
2. $\lim\limits_{x \to \infty} f(x) = \infty$, $\lim\limits_{x \to -\infty} f(x) = \infty$
3. Nullstellen: $x^4 + 4x^2 = 0 \Rightarrow x = 0$ (doppelt)
   $f(0) = 0 \Rightarrow (0 \mid 0)$ ist Schnittpunkt mit der 2. Achse
4. Extremstellen: $4x^3 + 8x = 0 \Rightarrow x = 0$
   $f''(0) > 0 \Rightarrow$ TP $(0 \mid 0)$
5. Wendestellen: $12x^2 + 8x = 0$ nicht lösbar $\Rightarrow$ keine Wendestellen
6. Wertebereich: $W = [0, \infty[$

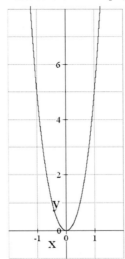

i) $f(x) = \frac{1}{20}x^5 - x^3$, $f'(x) = \frac{1}{4}x^4 - 3x^2$, $f''(x) = x^3 - 6x$, $f'''(x) = 3x^2$

1. $f(-x) = -f(x) \Rightarrow$ Punktsymmetrie zum Ursprung
2. $\lim\limits_{x \to \infty} f(x) = \infty$, $\lim\limits_{x \to -\infty} f(x) = -\infty$
3. Nullstellen: $\frac{1}{20}x^5 - x^3 = 0 \Rightarrow x = 0$ (dreifach), $x = \sqrt{20}$, $x = -\sqrt{20}$
4. Extremstellen: $\frac{1}{4}x^4 - 3x^2 = 0 \Rightarrow x = 0$ (doppelt), $x = \sqrt{12}$, $x = -\sqrt{12}$
   $f''(0) = f'''(0) = f^{(4)}(0) = 0$, $f^{(5)}(0) \neq 0$
   $\Rightarrow$ Sattelpunkt bei $x = 0$
   $f''(\sqrt{12}) > 0 \Rightarrow$ TP$(\sqrt{12} \mid -\frac{24}{5}\sqrt{12})$
   $f''(-\sqrt{12}) < 0 \Rightarrow$ HP$(-\sqrt{12} \mid \frac{24}{5}\sqrt{12})$

172

6. i) 5. Wendestellen: $f''(x) = 0 \Rightarrow x = 0$, $x = -\sqrt{6}$, $x = \sqrt{6}$
$f'''(0) = f^{(4)}(0) = 0$, $f^{(5)}(0) \neq 0$
$\Rightarrow$ Wendestelle bei $x = 0$
wegen $f'(0) = 0$ ist $(0 \mid 0)$ Sattelpunkt
$f'''(-\sqrt{6}) = f'''(\sqrt{6}) \neq 0 \Rightarrow$ WP$\left(-\sqrt{6} \mid \frac{21}{5}\sqrt{6}\right)$,
WP$\left(\sqrt{6} \mid -\frac{21}{5}\sqrt{6}\right)$

6. Wertebereich: $W = \mathbb{R}$

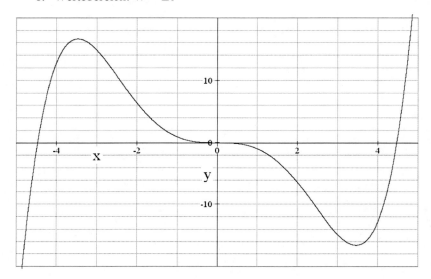

7. a) $f(x) = x^4 + 8x$, $f'(x) = 4x^3 + 8$, $f''(x) = 12x^2$, $f'''(x) = 24x$
   1. keine Achsensymmetrie zur 2. Achse oder Punktsymmetrie zum Ursprung
   2. $\lim_{x \to \infty} f(x) = \infty$, $\lim_{x \to -\infty} f(x) = \infty$
   3. Nullstellen: $x^4 + 8x = 0 \Rightarrow x = 0$, $x = -2$
      $f(0) = 0 \Rightarrow (0 \mid 0)$ ist Schnittpunkt mit der 2. Achse
   4. Extremstellen: $4x^3 + 8 = 0 \Rightarrow x = -\sqrt[3]{2}$
      $f''(-\sqrt[3]{2}) > 0 \Rightarrow$ TP $\left(-\sqrt[3]{2} \mid -6\sqrt[3]{2}\right)$
   5. Wendestellen: $f''(x) = 0 \Rightarrow x = 0$
      Es ist $f'''(0) = 0$ und Grad $f = 4$ gerade
      $\Rightarrow$ keine Wendestelle bei $x = 0$
   6. Wertebereich: $W = \left[-6\sqrt[3]{2}; \infty\right[$

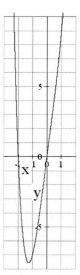

172

7. b) $f(x) = 6x^4 - 16x^3 + 12x^2$,
$f'(x) = 24x^3 - 48x^2 + 24x$,
$f''(x) = 72x^2 - 96x + 24$, $f'''(x) = 144x - 96$

1. keine Symmetrie
2. $\lim_{x \to \infty} f(x) = \lim_{x \to -\infty} f(x) = \infty$
3. Nullstellen: $6x^4 - 16x^3 + 12x^2$
   $\Rightarrow x = 0$ (doppelt)
   $f(0) = 0 \Rightarrow (0 \mid 0)$ ist Schnittpunkt mit der 2. Achse
4. Extremstellen: $24x^3 - 48x^2 + 24x = 0$
   $\Rightarrow x = 0, x = 1$ (doppelt)
   $f''(0) > 0 \Rightarrow$ TP $(0 \mid 0)$,
   $f''(1) = 0$
5. Wendestellen: $f''(x) = 0 \Rightarrow x = \frac{1}{3}, x = 1$
   $f'''\left(\frac{1}{3}\right) \neq 0$, $f'''(1) \neq 0$
   $\Rightarrow$ WP$\left(\frac{1}{3} \mid \frac{22}{27}\right)$;
   wegen $f'(1) = 0$ ist $(1 \mid 2)$ Sattelpunkt
6. Wertebereich: $W = [\,0;\infty\,[$

c) $f(x) = \frac{1}{4}x^4 + 2x^2$, $f'(x) = x^3 + 4x$,
$f''(x) = 3x^2 + 4$, $f'''(x) = 6x$

1. $f(-x) = f(x) \Rightarrow$ Achsensymmetrie zur 2. Achse
2. $\lim_{x \to \infty} f(x) = \lim_{x \to -\infty} f(x) = \infty$
3. Nullstellen: $\frac{1}{4}x^4 + 2x^2 = 0$
   $\Rightarrow x = 0$ (doppelt)
   $f(0) = 0 \Rightarrow (0 \mid 0)$ ist Schnittpunkt mit der 2. Achse
4. Extremstellen: $x^3 + 4x = 0 \Rightarrow x = 0$
   $f''(0) > 0 \Rightarrow$ TP $(0 \mid 0)$
5. Wendestellen: $3x^2 + 4 = 0$ nicht lösbar
   $\Rightarrow$ keine Wendestellen
6. Wertebereich: $W = [\,0;\infty\,[$

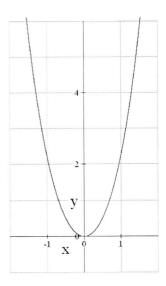

172

7. d) $f(x) = x^5 - 4x^3$, $f'(x) = 5x^4 - 12x^2$,
   $f''(x) = 20x^3 - 24x$, $f'''(x) = 60x^2 - 24$
   1. $f(-x) = -f(x) \Rightarrow$ Punktsymmetrie zum Ursprung
   2. $\lim\limits_{x \to \infty} f(x) = \infty$, $\lim\limits_{x \to -\infty} f(x) = -\infty$
   3. Nullstellen: $x^5 - 4x^3 = 0 \Rightarrow x = 0$ (dreifach), $x = 2$, $x = -2$
      $f(0) = 0 \Rightarrow (0 \mid 0)$ ist Schnittpunkt mit der 2. Achse
   4. Extremstellen: $5x^4 - 12x^2 = 0$
      $\Rightarrow x = 0$ (doppelt), $x = \sqrt{\frac{12}{5}}$, $x = -\sqrt{\frac{12}{5}}$
      $f''(0) = 0$, siehe unter 5

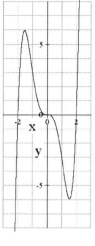

   $f''\left(\sqrt{\frac{12}{5}}\right) > 0 \Rightarrow TP\left(\sqrt{\frac{12}{5}} \mid -\frac{96}{25}\sqrt{\frac{12}{5}}\right)$
   $f''\left(-\sqrt{\frac{12}{5}}\right) < 0 \Rightarrow HP\left(-\sqrt{\frac{12}{5}} \mid \frac{96}{25}\sqrt{\frac{12}{5}}\right)$

   5. Wendestellen: $20x^3 - 24x = 0 \Rightarrow x = 0$, $x = \sqrt{\frac{6}{5}}$, $x = -\sqrt{\frac{6}{5}}$
      $f'''(0) \neq 0 \Rightarrow x = 0$ ist Wendestelle;
      wegen $f'(0) = 0$ ist $(0 \mid 0)$ Sattelpunkt
      $f'''\left(\sqrt{\frac{6}{5}}\right) = f'''\left(-\sqrt{\frac{6}{5}}\right) \neq 0 \Rightarrow WP\left(\sqrt{\frac{6}{5}} \mid -\frac{84}{25}\sqrt{\frac{6}{5}}\right)$,
      $WP\left(-\sqrt{\frac{6}{5}} \mid \frac{84}{25}\sqrt{\frac{6}{5}}\right)$
   6. Wertebereich: $W = \mathbb{R}$

e) $f(x) = \frac{1}{4}x^4 - \frac{4}{3}x^3 + 2x^2$, $f'(x) = x^3 - 4x^2 + 4x$, $f''(x) = 3x^2 - 8x + 4$,
   $f'''(x) = 6x - 8$
   1. keine Symmetrie
   2. $\lim\limits_{x \to \infty} f(x) = \lim\limits_{x \to -\infty} f(x) = \infty$
   3. Nullstellen: $\frac{1}{4}x^4 - \frac{4}{3}x^3 + 2x^2 = 0 \Rightarrow x = 0$ (doppelt),
      $f(0) = 0 \Rightarrow (0 \mid 0)$ ist Sattelpunkt mit der 2. Achse
   4. Extremstellen: $x^3 - 4x^2 + 4x = 0 \Rightarrow x = 0$, $x = 2$ (doppelt),
      $f''(0) > 0 \Rightarrow TP(0 \mid 0)$
      $f''(2) = 0$, siehe 5.

172

7. e) 5. Wendestellen: $3x^2 - 8x + 4 = 0 \Rightarrow x = 2, x = \frac{2}{3}$

$f'''(2) \neq 0 \Rightarrow x = 2$ ist Wendestelle von f,
wegen $f'(2) = 0$ ist $\left(2 \mid \frac{4}{3}\right)$ Sattelpunkt

$f'''\left(\frac{2}{3}\right) \neq 0 \Rightarrow WP\left(\frac{2}{3} \mid \frac{44}{81}\right)$,

6. Wertebereich: $W = [\,0; \infty\,[$

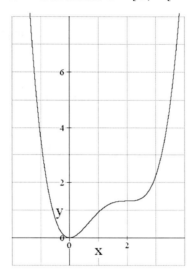

f) $f(x) = x^5 - 3x^3 - 2x^2$, $f'(x) = 5x^4 - 9x^2 - 4x$,
$f''(x) = 20x^3 - 18x - 4$, $f'''(x) = 60x^2 - 18$

1. keine Symmetrie
2. $\lim\limits_{x \to \infty} f(x) = \infty$, $\lim\limits_{x \to -\infty} f(x) = -\infty$
3. Nullstellen: $x^5 - 3x^3 - 2x^2 = 0$
   $\Rightarrow x = 0$ (doppelt),
   $x = -1$ (doppelt), $x = 2$
   $f(0) = 0 \Rightarrow (0 \mid 0)$ ist Schnittpunkt mit der 2. Achse
4. Extremstellen: $5x^4 - 9x^2 - 4x = 0$
   $\Rightarrow x = 0, x = -1$,
   $x = \frac{1}{2} - \sqrt{\frac{21}{20}}, x = \frac{1}{2} + \sqrt{\frac{21}{20}}$
   $f''(0) < 0 \Rightarrow HP\,(0 \mid 0)$
   $f''(-1) < 0 \Rightarrow HP(-1 \mid 0)$
   $f''\left(\frac{1}{2} - \sqrt{\frac{21}{20}}\right) > 0 \Rightarrow TP\left(\frac{1}{2} - \sqrt{\frac{21}{20}} \mid -0{,}157\right)$,
   $f''\left(\frac{1}{2} + \sqrt{\frac{21}{20}}\right) > 0 \Rightarrow TP\left(\frac{1}{2} + \sqrt{\frac{21}{20}} \mid -7{,}043\right)$

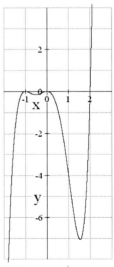

172

7. f) 5. Wendestellen: $20x^3 - 18x - 4 = 0$ für $x \approx -0{,}237$, $x \approx -0{,}8077$,
$x \approx 1{,}0447$
$f'''(-0{,}237) \neq 0$, $f'''(-0{,}8077) \neq 0$, $f'''(1{,}0447) \neq 0$
$\Rightarrow$ WP $(-0{,}237 \mid -0{,}7315)$, WP $(-0{,}8077 \mid -0{,}0677)$,
WP $(1{,}0447 \mid -4{,}359)$
6. Wertebereich: $W = \mathbb{R}$

8. a) $f(x) = \frac{1}{9}(x-3)(x+3) = \frac{1}{9}x^2 - 1$, $f'(x) = \frac{2}{9}x$, $f''(x) = \frac{2}{9}$
1. $f(-x) = f(x) \Rightarrow$ Achsensymmetrie zur 2. Achse
2. $\lim_{x \to \infty} f(x) = \lim_{x \to -\infty} f(x) = \infty$
3. Nullstellen: $\frac{1}{9}(x-3)(x+3) = 0 \Rightarrow x = 3$, $x = -3$
$f(0) = -1 \Rightarrow (0 \mid -1)$ ist Schnittpunkt mit der 2. Achse
4. Extremstellen: $\frac{2}{9}x = 0 \Rightarrow x = 0$
$f''(0) > 0 \Rightarrow$ TP $(0 \mid -1)$
5. Wendestellen: $f''(x) > 0$ für alle $x \in \mathbb{R} \Rightarrow$ keine Wendestellen
6. Wertebereich: $W = [-1, \infty[$

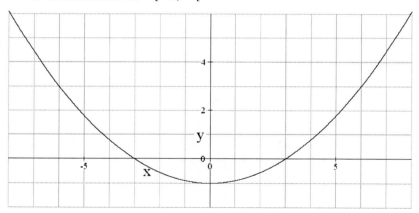

b) $f(x) = \frac{1}{16}(x-6)(x^2 - 9) = \frac{1}{16}(x^3 - 6x^2 - 9x + 54)$,
$f'(x) = \frac{1}{16}(3x^2 - 12x - 9)$, $f''(x) = \frac{1}{16}(6x - 12)$, $f'''(x) = \frac{3}{8}x$
1. keine Achsensymmetrie zur 2. Achse oder Punktsymmetrie zum Ursprung
2. $\lim_{x \to \infty} f(x) = \infty$, $\lim_{x \to -\infty} f(x) = -\infty$
3. Nullstellen: $\frac{1}{16}(x-6)(x^2 - 9) = 0 \Rightarrow x = 6$, $x = 3$, $x = -3$
$f(0) = \frac{27}{8} \Rightarrow \left(0 \mid \frac{27}{8}\right)$ ist Schnittpunkt mit der 2. Achse

172   8. b)   4. Extremstellen: $\frac{1}{16}(3x^2 - 12x - 9) = 0 \Rightarrow x = 2 + \sqrt{7}, x = 2 - \sqrt{7}$

$f''(2 + \sqrt{7}) > 0 \Rightarrow \text{TP}(2 + \sqrt{7} \mid -1{,}065)$

$f''(2 - \sqrt{7}) < 0 \Rightarrow \text{HP}(2 - \sqrt{7} \mid 3{,}565)$

5. Wendestellen: $\frac{1}{6}(6x - 12) = 0 \Rightarrow x = 2$

$f'''(2) \neq 0 \Rightarrow \text{WP}(2 \mid \frac{5}{4})$

6. Wertebereich: $W = \mathbb{R}$

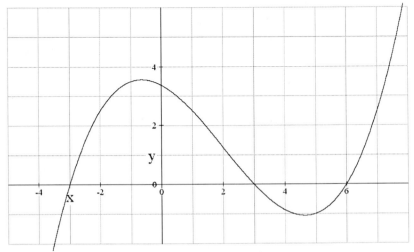

c) $f(x) = \frac{1}{4}(x - 1)^3(x + 2) = \frac{1}{4}(x^4 - x^3 - 3x^2 + 5x - 2)$,

$f'(x) = \frac{1}{4}(4x^3 - 3x^2 - 6x + 5)$, $f''(x) = \frac{1}{4}(12x^2 - 6x - 6)$;

$f'''(x) = \frac{1}{4}(24x - 6)$

1. keine Symmetrie
2. $\lim\limits_{x \to \infty} f(x) = \lim\limits_{x \to -\infty} f(x) = \infty$
3. Nullstellen: $\frac{1}{4}(x - 1)^3(x + 2) = 0 \Rightarrow x = 1$ (dreifach); $x = -2$

$f(0) = -\frac{1}{2} \Rightarrow (0 \mid -\frac{1}{2})$ ist Schnittpunkt mit der 2. Achse

4. Extremstellen: $\frac{1}{4}(4x^3 - 3x^2 - 6x + 5) = 0 \Rightarrow x = 1$ (doppelt)

$x = -\frac{5}{4}$

$f''(1) = 0 \Rightarrow$ siehe 5.

$f''(-\frac{5}{4}) > 0 \Rightarrow \text{TP}(-\frac{5}{4} \mid -\frac{2187}{1024})$

8. c) 5. Wendestellen: $f''(x) = 0 \Rightarrow x = 1, x = -\frac{1}{2}$
$f'''(1) \neq 0 \Rightarrow x = 1$ ist Wendestelle;
wegen $f'(1) = 0$ ist $(1 \mid 0)$ Sattelpunkt
$f'''\left(-\frac{1}{2}\right) \neq 0 \Rightarrow WP\left(-\frac{1}{2}\mid -\frac{81}{64}\right)$

6. Wertebereich: $W = \left[-\frac{2187}{1024} \mid \infty\right[$

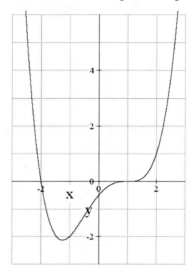

d) $f(x) = \frac{1}{25}(x-5)^2(x+3)^2 = \frac{1}{25}\left(x^4 - 4x^3 - 26x^2 + 60x + 225\right)$,
$f'(x) = \frac{1}{25}\left(4x^3 - 12x^2 - 52x + 60\right)$, $f''(x) = \frac{1}{25}\left(12x^2 - 24x - 52\right)$;
$f'''(x) = \frac{1}{25}(24x - 24)$

1. keine Symmetrie zum Ursprung oder Achsensymmetrie zur 2. Achse
2. $\lim_{x \to \infty} f(x) = \lim_{x \to -\infty} f(x) = \infty$
3. Nullstellen: $f(x) = 0 \Rightarrow x = 5$ (doppelt), $x = -3$ (doppelt)
   $f(0) = 9 \Rightarrow (0 \mid 9)$ ist Schnittpunkt mit der 2. Achse
4. Extremstellen: $f'(x) = 0 \Rightarrow x = 5, x = -3, x = 1$
   $f''(5) > 0 \Rightarrow TP(5\mid 0), f''(-3) > 0 \Rightarrow TP(-3\mid 0)$;
   $f''(1) < 0 \Rightarrow HP\left(1\mid \frac{256}{25}\right)$
5. Wendestellen: $f''(x) = 0 \Rightarrow x = -\frac{4}{3}\sqrt{3}+1, x = \frac{4}{3}\sqrt{3}+1$
   $f'''\left(-\frac{4}{3}\sqrt{3}+1\right) \neq 0 \Rightarrow WP\left(-\frac{4}{3}\sqrt{3}+1\mid 4{,}5511\right)$
   $f'''\left(\frac{4}{3}\sqrt{3}+1\right) \neq 0 \Rightarrow WP\left(\frac{4}{3}\sqrt{3}+1\mid 4{,}5511\right)$
6. Wertebereich: $W = [0; \infty[$

172 8. d)

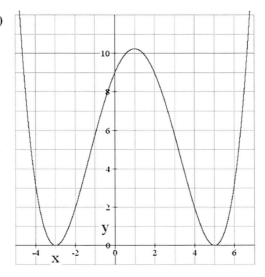

e) $f(x) = \frac{1}{8}(x-2)^3(x+1) = \frac{1}{8}(x^4 - 5x^3 + 6x^2 + 4x - 8)$,
$f'(x) = \frac{1}{8}(4x^3 - 15x^2 + 12x + 4)$, $f''(x) = \frac{1}{8}(12x^2 - 30x + 12)$;
$f'''(x) = \frac{1}{8}(24x - 30)$

1. keine Symmetrie
2. $\lim_{x \to \infty} f(x) = \lim_{x \to -\infty} f(x) = \infty$
3. Nullstellen: $f(x) = 0 \Rightarrow x = 2$ (dreifach), $x = -1$
   $f(0) = -1 \Rightarrow (0 \mid -1)$ ist Schnittpunkt mit der 2. Achse
4. Extremstellen: $f'(x) = 0 \Rightarrow x = 2$ (zweifach), $x = -\frac{1}{4}$
   $f''(2) = 0 \Rightarrow$ siehe unter 5.
   $f''\left(-\frac{1}{4}\right) > 0 \Rightarrow$ TP $\left(-\frac{1}{4} \mid -\frac{2187}{2048}\right)$
5. Wendestellen: $f''(x) = 0 \Rightarrow x = 2, x = \frac{1}{2}$;
   $f'''(2) \neq 0 \Rightarrow x = 2$ ist Wendestelle;
   wegen $f'(2)$ ist $(2 \mid 0)$ Sattelpunkt
   $f'''\left(\frac{1}{2}\right) \neq 0 \Rightarrow$ WP$\left(\frac{1}{2} \mid -\frac{81}{128}\right)$
6. Wertebereich: $W = \left[-\frac{218}{2048}; \infty\right[$

172   8. e)

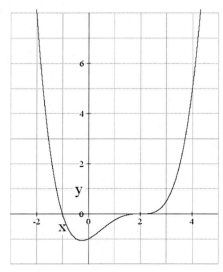

f) $f(x) = \frac{1}{4}(x-2)^2(x+1) = \frac{1}{4}(x^3 - 3x^2 + 4)$,
$f'(x) = \frac{1}{4}(3x^2 - 6x)$, $f''(x) = \frac{1}{4}(6x - 6)$; $f'''(x) = \frac{3}{2}$

1. keine Achsensymmetrie zur 2. Achse oder Punktsymmetrie zum Ursprung
2. $\lim_{x\to\infty} f(x) = \infty$, $\lim_{x\to-\infty} f(x) = -\infty$
3. Nullstellen: $f(x) = 0 \Rightarrow x = 2$ (doppelt); $x = -1$
   $f(0) = 1 \Rightarrow (0\,|\,1)$ ist Schnittpunkt mit der 2. Achse
4. Extremstellen: $f'(x) = 0 \Rightarrow x = 0, x = 2$
   $f''(0) < 0 \Rightarrow$ HP $(0\,|\,1)$, $f''(2) > 0 \Rightarrow$ TP $(2\,|\,0)$;
5. Wendestellen: $f''(x) = 0 \Rightarrow x = 1$
   $f'''(1) \neq 0 \Rightarrow$ WP$\left(1\,\big|\,\frac{1}{2}\right)$
6. Wertebereich: $W = \mathbb{R}$

8. f)

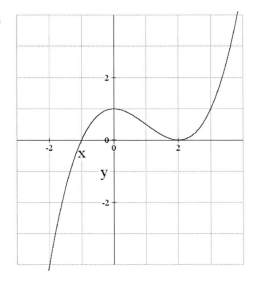

9. a) $f(x) = \frac{1}{16}x^3 + \frac{1}{4}x^2 - 1$, $f'(x) = \frac{3}{16}x^2 + \frac{1}{4}$, $f''(x) = \frac{3}{8}x$; $f'''(x) = \frac{3}{8}$

1. keine Punktsymmetrie zum Ursprung oder Achsensymmetrie zur 2. Achse
2. $\lim\limits_{x \to \infty} f(x) = \infty$, $\lim\limits_{x \to -\infty} f(x) = -\infty$
3. Nullstellen: $f(x) = 0 \Rightarrow x = 2$
   $f(0) = -1 \Rightarrow (0 \mid -1)$ ist Schnittpunkt mit der 2. Achse
4. Extremstellen: $f'(x) = 0$ nicht lösbar $\Rightarrow$ keine Extremstellen
5. Wendestellen: $f''(x) = 0 \Rightarrow x = 0$; $f'''(0) \neq 0 \Rightarrow$ WP $(0 \mid -1)$
6. Wertebereich: $W = \mathbb{R}$

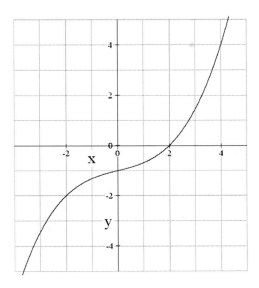

172

9. **b)** $f(x) = \frac{1}{8}x^4 - 3x^2 + 10$, $f'(x) = \frac{1}{2}x^3 - 6x$, $f''(x) = \frac{3}{2}x^2 - 6$; $f'''(x) = 3x$

   1. Achsensymmetrie zur 2. Achse (wegen $f(-x) = f(x)$)
   2. $\lim\limits_{x \to \infty} f(x) = \lim\limits_{x \to -\infty} f(x) = \infty$
   3. Nullstellen: $f(x) = 0 \Rightarrow x = 2, x = -2, x = \sqrt{20}, x = -\sqrt{20}$
      $f(0) = 10 \Rightarrow (0 \mid 10)$ ist Schnittpunkt mit der 2. Achse
   4. Extremstellen: $f'(x) = 0 \Rightarrow x = 0, x = \sqrt{12}, x = -\sqrt{12}$
      $f''(0) < 0 \Rightarrow$ HP $(0 \mid 10)$,
      $f''(\sqrt{12}) = f''(-\sqrt{12}) > 0$
      $\Rightarrow$ TP$(-\sqrt{12} \mid -8)$, TP$(\sqrt{12} \mid -8)$
   5. Wendestellen: $f''(x) = 0 \Rightarrow x = 2, x = -2$,
      $f'''(-2) \neq 0$, $f'''(2) \neq 0 \Rightarrow$ WP $(2 \mid 0)$ und WP $(-2 \mid 0)$
   6. Wertebereich: $W = [-8; \infty[$

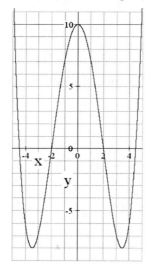

c) $f(x) = x^4 - 4x^3 + 3x^2 + 4x - 4$, $f'(x) = 4x^3 - 12x^2 + 6x + 4$,
$f''(x) = 12x^2 - 24x + 6$; $f'''(x) = 24x - 24$

   1. keine Symmetrie
   2. $\lim\limits_{x \to \infty} f(x) = \lim\limits_{x \to -\infty} f(x) = \infty$
   3. Nullstellen: $f(x) = 0 \Rightarrow x = 2$ (doppelt), $x = 1, x = -1$,
      $f(0) = -4 \Rightarrow (0 \mid -4)$ ist Schnittpunkt mit der 2. Achse
   4. Extremstellen: $f'(x) = 0 \Rightarrow x = 2, x = -\frac{1}{2}\sqrt{3} + \frac{1}{2}, x = \frac{1}{2}\sqrt{3} + \frac{1}{2}$
      $f''(2) > 0 \Rightarrow$ TP $(2 \mid 0)$,
      $f''\left(-\frac{1}{2}\sqrt{3} + \frac{1}{2}\right) > 0 \Rightarrow$ TP$\left(-\frac{1}{2}\sqrt{3} + \frac{1}{2} \mid -4{,}848\right)$
      $f''\left(\frac{1}{2}\sqrt{3} + \frac{1}{2}\right) < 0 \Rightarrow$ HP$\left(\frac{1}{2}\sqrt{3} + \frac{1}{2} \mid 0{,}3481\right)$

172

9. c) 5. Wendestellen: $f''(x) = 0 \Rightarrow x = 1 + \frac{1}{2}\sqrt{2}, x = 1 - \frac{1}{2}\sqrt{2}$
$f'''\left(1 + \frac{1}{2}\sqrt{2}\right) \neq 0, f'''\left(1 - \frac{1}{2}\sqrt{2}\right) \neq 0$
$\Rightarrow \text{WP}\left(1 + \frac{1}{2}\sqrt{2}\mid 0{,}1642\right), \text{WP}\left(1 - \frac{1}{2}\sqrt{2}\mid -2{,}6642\right)$

6. Wertebereich: $W = [-4{,}848; \infty[$

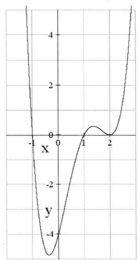

d) $f(x) = x^3 - 8x^2 + x + 42$, $f'(x) = 3x^2 - 16x + 1$,
$f''(x) = 6x - 16$; $f'''(x) = 6$

1. keine Symmetrie
2. $\lim\limits_{x \to \infty} f(x) = \infty$, $\lim\limits_{x \to -\infty} f(x) = -\infty$
3. Nullstellen: $f(x) = 0 \Rightarrow x = 7, x = 3, x = -2$,
$f(0) = 42 \Rightarrow (0 \mid 42)$ ist Schnittpunkt mit der 2. Achse
4. Extremstellen: $f'(x) = 0 \Rightarrow x = \frac{1}{3}(8 - \sqrt{61}), x = \frac{1}{3}(8 + \sqrt{61})$
$f''\left(\frac{1}{3}(8 - \sqrt{61})\right) < 0 \Rightarrow \text{HP}\left(\frac{1}{3}(8 - \sqrt{61})\mid 42{,}0315\right)$
$f''\left(\frac{1}{3}(8 + \sqrt{61})\right) > 0 \Rightarrow \text{TP}\left(\frac{1}{3}(8 + \sqrt{61})\mid -28{,}0083\right)$
5. Wendestellen: $f''(x) = 0 \Rightarrow x = \frac{8}{3}$
$f'''\left(\frac{8}{3}\right) \neq 0 \Rightarrow \text{WP}\left(\frac{8}{3}\mid 6{,}\overline{740}\right)$
6. Wertebereich: $W = \mathbb{R}$

172 9. d)

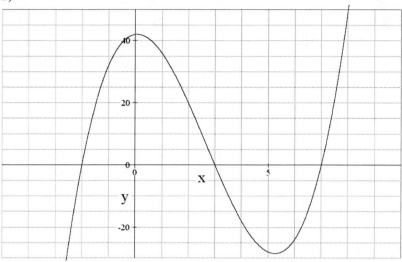

e) $f(x) = x^4 - 2x^2 + 1$, $f'(x) = 4x^3 - 4x$,
$f''(x) = 12x^2 - 4$, $f'''(x) = 24x$
1. Achsensymmetrie zur 2. Achse
2. $\lim\limits_{x \to \infty} f(x) = \lim\limits_{x \to -\infty} f(x) = \infty$
3. Nullstellen: $f(x) = 0 \Rightarrow x = 1$ (doppelt) und $x = -1$ (doppelt)
   $f(0) = 1 \Rightarrow (0 \mid 1)$ ist Schnittpunkt mit der 2. Achse
4. Extremstellen: $f'(x) = 0 \Rightarrow x = 0, x = 1, x = -1$
   $f''(0) < 0 \Rightarrow$ HP $(0 \mid 1)$, $f''(1) = f''(-1) > 0$
   $\Rightarrow$ TP $(1 \mid 0)$, TP $(-1 \mid 0)$
5. Wendestellen: $f''(x) = 0 \Rightarrow x = \sqrt{\tfrac{1}{3}}, x = -\sqrt{\tfrac{1}{3}}$
   $f'''\!\left(\sqrt{\tfrac{1}{3}}\right) \neq 0$, $f'''\!\left(-\sqrt{\tfrac{1}{3}}\right) \neq 0 \Rightarrow$
   WP$\left(\sqrt{\tfrac{1}{3}} \mid \tfrac{4}{9}\right)$, WP$\left(-\sqrt{\tfrac{1}{3}} \mid \tfrac{4}{9}\right)$
6. Wertebereich: $W = [\,0; \infty\,[$

172

9. e)

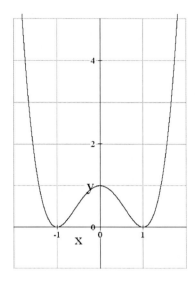

f) $f(x) = x^3 - x^2 - 5x - 3$,
$f'(x) = 3x^2 - 2x - 5$, $f''(x) = 6x - 2$, $f'''(x) = 6$
1. keine Symmetrie zur 2. Achse,
   keine Punktsymmetrie zum Ursprung
2. $\lim_{x \to \infty} f(x) = \infty$, $\lim_{x \to -\infty} f(x) = -\infty$
3. Nullstellen: $f(x) = 0 \Rightarrow x = -1$ (doppelt) und $x = 3$
4. Extremstellen: $f'(x) = 0 \Rightarrow x = -1$, $x = \frac{5}{3}$
   $f''(-1) < 0 \Rightarrow$ HP $(-1 \mid 0)$,
   $f''\left(\frac{5}{3}\right) > 0 \Rightarrow$ TP$\left(\frac{5}{3} \mid -\frac{256}{27}\right)$
5. Wendestellen: $f''(x) = 0 \Rightarrow x = \frac{1}{3}$
   $f'''\left(\frac{1}{3}\right) \neq 0 \Rightarrow$ WP$\left(\frac{1}{3} \mid -\frac{128}{27}\right)$

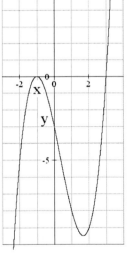

10. a) $f(x) = x^3 - 6x^2 + 9x - 4$, $f'(x) = 3x^2 - 12x + 9$,
    $f''(x) = 6x - 12$; $f'''(x) = 6$
    1. keine Achsensymmetrie zur 2. Achse oder Punktsymmetrie zum Ursprung
    2. $\lim_{x \to \infty} f(x) = \infty$, $\lim_{x \to -\infty} f(x) = -\infty$
    3. Nullstellen: $f(x) = 0 \Rightarrow x = 1$ (doppelt) und $x = 4$
       $f(0) = -4 \Rightarrow (0 \mid -4)$ ist Schnittpunkt mit der 2. Achse

172   **10. a)** 4. Extremstellen: $f'(x) = 0 \Rightarrow x = 1, x = 3$
$f''(1) < 0 \Rightarrow \text{HP}(1 \mid 0)$,
$f''(3) > 0 \Rightarrow \text{TP}(3 \mid -4)$
5. Wendestellen: $f''(x) = 0 \Rightarrow x = 2$
$f'''(x) \neq 0 \Rightarrow \text{WP}(2 \mid -2)$
6. Wertebereich: $W = \mathbb{R}$

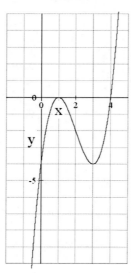

b) $f(x) = x^3 - 2x - 1$, $f'(x) = 3x^2 - 2$, $f''(x) = 6x$, $f'''(x) = 6$
1. keine Achsensymmetrie zur 2. Achse oder Punktsymmetrie zum Ursprung
2. $\lim_{x \to \infty} f(x) = \infty$, $\lim_{x \to -\infty} f(x) = -\infty$
3. Nullstellen: $f(x) = 0 \Rightarrow x = -1$, $x = \frac{1}{2}(1 + \sqrt{5})$, $x = \frac{1}{2}(1 - \sqrt{5})$
$f(0) = -1 \Rightarrow (0 \mid -1)$ ist Schnittpunkt mit der 2. Achse
4. Extremstellen: $f'(x) = 0 \Rightarrow x = \sqrt{\frac{2}{3}}$, $x = -\sqrt{\frac{2}{3}}$
$f''\left(\sqrt{\frac{2}{3}}\right) > 0 \Rightarrow \text{TP}\left(\sqrt{\frac{2}{3}} \mid -\frac{4}{3}\sqrt{\frac{2}{3}} - 1\right)$;
$f''\left(-\sqrt{\frac{2}{3}}\right) < 0 \Rightarrow \text{HP}\left(-\sqrt{\frac{2}{3}} \mid \frac{4}{3}\sqrt{\frac{2}{3}} - 1\right)$
5. Wendestellen: $f''(x) = 0 \Rightarrow x = 0$
$f'''(0) \neq 0 \Rightarrow \text{WP}(0 \mid -1)$
6. Wertebereich: $W = \mathbb{R}$

172   10. b)

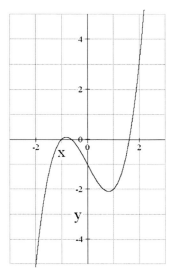

c) $f(x) = \frac{1}{4}x^4 - x^2 - x$, $f'(x) = x^3 - 2x - 1$, $f''(x) = 3x^2 - 2$, $f'''(x) = 6x$

1. keine Symmetrie
2. $\lim\limits_{x \to \infty} f(x) = \lim\limits_{x \to -\infty} f(x) = \infty$
3. Nullstellen: $f(x) = 0 \Rightarrow x = 0$, $x = 2{,}383$ (n. Rekursionsformel)
   $f(0) = 0 \Rightarrow (0 \mid 0)$ ist Schnittpunkt mit der 2. Achse
4. Extremstellen: $f'(x) = 0 \Rightarrow x = -1$, $x = \frac{1}{2}(1+\sqrt{5})$, $x = \frac{1}{2}(1-\sqrt{5})$
   $f''(-1) > 0 \Rightarrow TP\left(-1 \mid \frac{1}{4}\right)$, $f''\left((1+\sqrt{5}) \cdot \frac{1}{2}\right) > 0$
   $\Rightarrow TP\left(\frac{1}{2}(1+\sqrt{5}) \mid -2{,}523\right)$
   $f''\left(\frac{1}{2}(1-\sqrt{5})\right) < 0 \Rightarrow HP\left(\frac{1}{2}(1-\sqrt{5}) \mid 0{,}2725\right)$
5. Wendestellen: $f''(x) = 0 \Rightarrow x = \sqrt{\frac{2}{3}}$, $x = -\sqrt{\frac{2}{3}}$
   $f'''\left(\sqrt{\frac{2}{3}}\right) \neq 0$, $f'''\left(-\sqrt{\frac{2}{3}}\right) \neq 0$
   $\Rightarrow WP\left(\sqrt{\frac{2}{3}} \mid -1{,}372\right)$, $WP\left(-\sqrt{\frac{2}{3}} \mid 0{,}261\right)$
6. Wertebereich: $W = [-2{,}533; \infty[$

172 10. c)

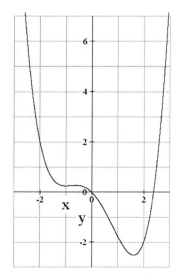

d) $f(x) = x^3 + 2x^2 - 16$, $f'(x) = 3x^2 + 4x$, $f''(x) = 6x + 4$, $f'''(x) = 6$
   1. keine Achsensymmetrie zur 2. Achse oder Punktsymmetrie zum Ursprung
   2. $\lim_{x \to \infty} f(x) = \infty$, $\lim_{x \to -\infty} f(x) = -\infty$
   3. Nullstellen: $f(x) = 0 \Rightarrow x = 2$
      $f(0) = -16 \Rightarrow (0\,|\,-16)$ ist Schnittpunkt mit der 2. Achse
   4. Extremstellen: $f'(x) = 0 \Rightarrow x = 0, x = -\frac{4}{3}$
      $f''(0) > 0 \Rightarrow TP(0\,|\,-16)$, $f''\left(-\frac{4}{3}\right) < 0$
      $\Rightarrow HP\left(-\frac{4}{3}\,\middle|\,-\frac{400}{27}\right)$
   5. Wendestellen: $f''(x) = 0 \Rightarrow x = -\frac{2}{3}$;
      $f'''\left(-\frac{2}{3}\right) \neq 0$, $\Rightarrow WP\left(-\frac{2}{3}\,\middle|\,-\frac{416}{27}\right)$
   6. Wertebereich: $W = \mathbb{R}$

172 10. d)

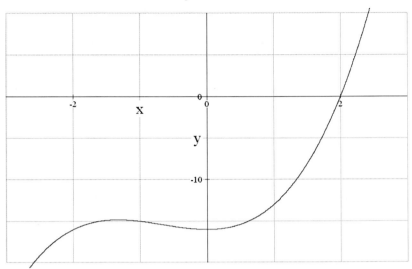

e) $f(x) = \frac{1}{64}x^4 + \frac{1}{24}x^3 - x$, $f'(x) = \frac{1}{16}x^3 + \frac{1}{8}x^2 - 1$, $f''(x) = \frac{3}{16}x^2 + \frac{1}{4}x$, $f'''(x) = \frac{3}{8}x + \frac{1}{4}$

1. keine Symmetrie
2. $\lim\limits_{x \to \infty} f(x) = \lim\limits_{x \to -\infty} f(x) = \infty$
3. Nullstellen: $f(x) = 0 \Rightarrow x = 0$, $x = 3{,}2805$ (mit Rekursionsformel)
   $f(0) = 0 \Rightarrow (0 \mid 0)$ ist Schnittpunkt mit der 2. Achse
4. Extremstellen: $f'(x) = 0 \Rightarrow x = 2$,
   $f''(2) > 0 \Rightarrow TP\left(2 \mid -\frac{17}{12}\right)$,
5. Wendestellen: $f''(x) = 0 \Rightarrow x = 0$, $x = -\frac{4}{3}$
   $f'''(0) \neq 0 \Rightarrow WP(0 \mid 0)$;
   $f'''\left(-\frac{4}{3}\right) \neq 0 \Rightarrow WP\left(-\frac{4}{3} \mid 1{,}28\right)$
6. Wertebereich: $W = \left[-\frac{17}{12}; \infty\right[$

10. e)

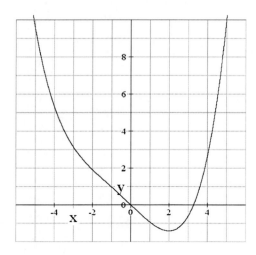

f) $f(x) = \frac{1}{6}x^3 + \frac{2}{3}x^2 - \frac{11}{6}x - 5$, $f'(x) = \frac{1}{2}x^2 + \frac{4}{3}x - \frac{11}{6}$, $f''(x) = x + \frac{4}{3}$, $f'''(x) = 1$

1. keine Achsensymmetrie zur 2. Achse oder Punktsymmetrie zum Ursprung
2. $\lim\limits_{x \to \infty} f(x) = \infty$, $\lim\limits_{x \to -\infty} f(x) = -\infty$
3. Nullstellen: $f(x) = 0 \Rightarrow x = -5, x = 3, x = -2$
   $f(0) = -5 \Rightarrow (0\,|\,-5)$ ist Schnittpunkt mit der 2. Achse
4. Extremstellen: $f'(x) = 0 \Rightarrow x = 1, x = -\frac{11}{3}$
   $f''(1) > 0 \Rightarrow TP(1\,|\,-6)$,
   $f''\left(-\frac{11}{3}\right) < 0 \Rightarrow HP\left(-\frac{11}{3}\,|\,2{,}4691\right)$
5. Wendestellen: $f''(x) = 0 \Rightarrow x = -\frac{4}{3}$;
   $f'''\left(-\frac{4}{3}\right) \neq 0 \Rightarrow WP\left(-\frac{4}{3}\,|\,-1{,}7654\right)$
6. Wertebereich: $W = \mathbb{R}$

10. f)

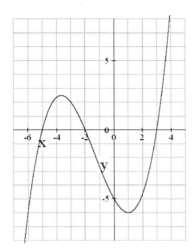

11. a) $f(x) = \left(\frac{x}{2} - 2\right)^4 = \frac{1}{16}x^4 - x^3 + 6x + 16$, $f'(x) = 2\left(\frac{x}{2} - 2\right)^3$,

$f''(x) = 3\left(\frac{x}{2} - 2\right)^2$, $f'''(x) = 3\left(\frac{x}{2} - 2\right)$, $f^{(4)}(x) = \frac{3}{2}$

1. keine Symmetrie zur 2. Achse oder zum Ursprung
2. $\lim_{x \to \infty} f(x) = \lim_{x \to -\infty} f(x) = \infty$
3. Nullstellen: $f(x) = 0 \Rightarrow x = 4$ (vierfach)
   $f(0) = 16 \Rightarrow (0 \mid 16)$ ist Schnittpunkt mit der 2. Achse
4. Extremstellen: $f'(x) = 0 \Rightarrow x = 4$ (dreifach)
   Es ist $f''(4) = f'''(4) = 0$ und $f^{(4)}(4) > 0$,
   Grad f = 4 gerade, damit ist $(0 \mid 4)$ nach Satz 4
   (S. 198) Tiefpunkt.
5. Wendestellen: $f''(x) = 0 \Rightarrow x = 4$ (doppelt). Wegen 4. kann $x = 4$ keine Wendestelle sein
6. Wertebereich: $W = [\, 0; \infty\, [$

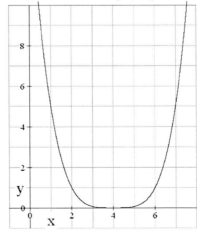

172 11. b) $f(x) = \frac{1}{6}(x-3)(x+4)\left(x-\frac{1}{2}\right) = \frac{1}{6}x^3 + \frac{1}{12}x^2 - \frac{25}{12}x + 1$,
$f'(x) = \frac{1}{2}x^2 + \frac{1}{6}x - \frac{25}{12}$, $f''(x) = x + \frac{1}{6}$, $f'''(x) = 1$

1. keine Symmetrie zur 2. Achse oder zum Ursprung
2. $\lim_{x \to \infty} f(x) = \infty$, $\lim_{x \to -\infty} f(x) = -\infty$
3. Nullstellen: $f(x) = 0 \Rightarrow x = 3, x = -4, x = \frac{1}{2}$
   $f(0) = 1 \Rightarrow (0 | 1)$ ist Schnittpunkt mit der 2. Achse
4. Extremstellen: $f'(x) = 0 \Rightarrow x = \frac{1}{6}(\sqrt{151}-1)$, $x = \frac{1}{6}(-\sqrt{151}-1)$
   $f''\left(\frac{1}{6}(\sqrt{151}-1)\right) > 0 \Rightarrow \text{TP}\left(\frac{1}{6}(\sqrt{151}-1) \big| 1{,}5147\right)$
   $f''\left(\frac{1}{6}(-\sqrt{151}-1)\right) < 0 \Rightarrow \text{HP}\left(\frac{1}{6}(-\sqrt{151}-1) \big| 4{,}2122\right)$
5. Wendestellen: $f''(x) = 0 \Rightarrow x = -\frac{1}{6}$
   $f'''\left(-\frac{1}{6}\right) \neq 0 \Rightarrow \text{WP}\left(-\frac{1}{6} \big| 1{,}3488\right)$
6. Wertebereich: $W = \mathbb{R}$

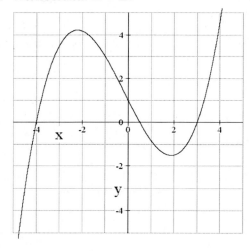

172 11. c) $f(x) = \frac{1}{100}(x^3 + 2x^2 - 104x + 192)$, $f'(x) = \frac{1}{100}(3x^2 + 4x - 104)$,
$f''(x) = \frac{1}{100}(6x + 4)$, $f'''(x) = \frac{3}{50}$

1. keine Symmetrie zur 2. Achse oder zum Ursprung
2. $\lim\limits_{x \to \infty} f(x) = \infty$, $\lim\limits_{x \to -\infty} f(x) = -\infty$
3. Nullstellen: $f(x) = 0 \Rightarrow x = -12, x = 2, x = 8$
   $f(0) = 1{,}92 \Rightarrow (0 \mid 1{,}92)$ ist Schnittpunkt mit der 2. Achse
4. Extremstellen: $f'(x) = 0 \Rightarrow x = -\frac{2}{3}(1 + \sqrt{79})$, $x = -\frac{2}{3}(1 - \sqrt{79})$
   $f''\left(-\frac{2}{3}(1 + \sqrt{79})\right) < 0 \Rightarrow \text{HP}\left(-\frac{2}{3}(1 + \sqrt{79}) \mid 6{,}7803\right)$
   $f''\left(-\frac{2}{3}(1 - \sqrt{79})\right) > 0 \Rightarrow \text{TP}\left(-\frac{2}{3}(1 - \sqrt{79}) \mid -1{,}5417\right)$
5. Wendestellen: $f''(x) = 0 \Rightarrow x = -\frac{2}{3}$
   $f'''\left(-\frac{2}{3}\right) \neq 0 \Rightarrow \text{WP}\left(-\frac{2}{3} \mid 2{,}6193\right)$
6. Wertebereich: $W = \mathbb{R}$

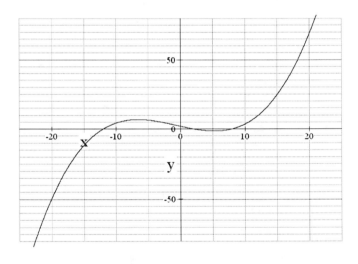

172 11. d) $f(x) = x^4 + 4x^3 + 6x^2 = x^2(x^2 + 4x + 6)$,
$f'(x) = 4x^3 + 12x^2 + 12x = 4x(x^2 + 3x + 3)$,
$f''(x) = 12x^2 + 24x + 12 = 12(x+1)^2$, $f'''(x) = 24x + 24$

1. keine Symmetrie
2. $\lim_{x \to \infty} f(x) = \lim_{x \to -\infty} f(x) = \infty$
3. Nullstellen: $f(x) = 0 \Rightarrow x = 0$ (doppelt)
   $f(0) = 0 \Rightarrow (0 \mid 0)$ ist Schnittpunkt mit der 2. Achse
4. Extremstellen: $f'(x) = 0 \Rightarrow x = 0$, $f''(0) \Rightarrow$ TP $(0 \mid 0)$
5. Wendestellen: $f''(x) = 0 \Rightarrow x = -1$
   $f'''(-1) = 0 \Rightarrow$ keine Wendestelle bei $x = -1$
6. Wertebereich: $W = [\,0;\,\infty\,[$

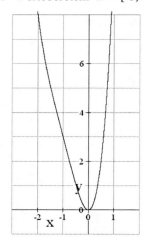

12. a) $f(x) = x^4 + 8x^2 + 16$, $f'(x) = 4x^3 + 16x$, $f''(x) = 6x^2 + 16$,
$f'''(x) = 12x$;
$g(x) = x^2 + 4$, $g'(x) = 2x$, $g''(x) = 2$
Es gilt $(g(x))^2 = (x^2 + 4)^2 = x^4 + 8x^2 + 16 = f(x)$

1. f und g sind achsensymmetrisch zur 2. Achse
2. $\lim_{x \to \pm\infty} f(x) = \lim_{x \to \pm\infty} g(x) = \infty$
3. Nullstellen: Es gilt $g(x) > 0$ auf ganz $\mathbb{R} \Rightarrow$ weder f noch g haben Nullstellen
   $f(0) = 16$, $g(0) = 4$
4. Extremstellen: $g'(x) = 0 \Rightarrow x = 0$. Damit gilt auch $f'(0) = 0$
   $g''(0) > 0 \Rightarrow$ TP $(0 \mid 4)$ von g. Wegen $g(x) > 0$
   auf ganz $\mathbb{R}$ muss $x = 0$ auch Extremstelle (genauer Tiefpunkt) von f sein $\Rightarrow$ TP $(0 \mid 16)$ von f

172   12. a) 5. Wendestellen: $f''(x) = 0$ nicht lösbar, $g''(x) = 0$ nicht lösbar
$\Rightarrow$ keine Wendestellen von f und g
6. Wertebereich: $W_g = [\,4;\,\infty\,[$, $W_f = [\,16;\,\infty\,[$

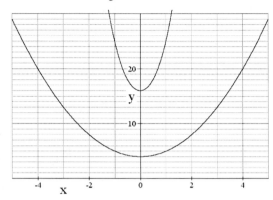

b) $f(x) = x^4 - 4x^3 + 4x^2$, $f'(x) = 4x^3 - 12x^2 + 8x$, $f''(x) = 12x^2 - 24x + 8$,
$f'''(x) = 24x - 24$;
$g(x) = x^2 - 2x$, $g'(x) = 2x - 2$, $g''(x) = 2$
$(g(x))^2 = (x^2 - 2x)^2 = x^4 - 4x^3 + 4x^2 = f(x)$

1. keine Achsensymmetrie zur 2. Achse oder Punktsymmetrie zum Ursprung
2. $\lim_{x \to \pm\infty} f(x) = \lim_{x \to \pm\infty} g(x) = \infty$
3. Nullstellen: $g(x) = 0 \Rightarrow x = 0$, $x = 2$. Damit gilt auch
$f(x) = 0$ für $x = 0$ und $x = 2$ (jeweils doppelt)
4. Extremstellen: $g'(x) = 0 \Rightarrow x = 1$,
$g''(1) > 0 \Rightarrow$ TP $(1\,|\,-1)$
Für f folgt mit den Vorüberlegungen: TP $(0\,|\,0)$, HP $(1\,|\,1)$, TP $(2\,|\,0)$
5. Wendestellen: $g''(x) = 0$ nicht lösbar $\Rightarrow$ keine Wendestelle von g
$f''(x) = 0 \Rightarrow x = 1 + \frac{1}{\sqrt{3}}$, $x = 1 - \frac{1}{\sqrt{3}}$
$f'''\!\left(1 + \frac{1}{\sqrt{3}}\right) \neq 0 \Rightarrow$ WP$\left(1 + \frac{1}{\sqrt{3}}\,|\,0{,}444\right)$
$f'''\!\left(1 - \frac{1}{\sqrt{3}}\right) \neq 0 \Rightarrow$ WP$\left(1 - \frac{1}{\sqrt{3}}\,|\,0{,}444\right)$
6. Wertebereich: $W_g = [\,-1;\,\infty\,[$, $W_f = [\,0;\,\infty\,[$

172 12. b)

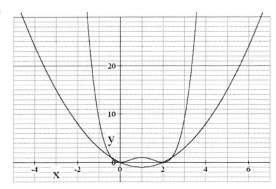

13. a) (1) Man wählt im GTR-Fenster einen kleineren Bildausschnitt, in dem man den Verlauf des Graphen im Intervall $[0;2]$ besser erkennen kann.

(2) Man ermittelt rechnerisch die Stellen x mit $f'(x)=0$ sowie die Stellen mit $f''(x)=0$ und prüft, ob diese übereinstimmen.

b) $f'(x) = \frac{1}{4}x^3 - \frac{3}{2}x^2 + \frac{51}{20}x - \frac{13}{10}$,

Nullstellen von $f'(x)$ auf $[0;2]$ bei $x=1$ und $x \approx 1,475$

$f''(x) = \frac{3}{4}x^2 - 3x + \frac{51}{20}$

Nullstellen von $f''(x)$ auf $[0;2]$ bei $x \approx 1,225$

f hat also auf $[0;2]$ Extremstellen bei $x=1$ und $x \approx 1,475$ sowie eine Wendestelle bei $x \approx 1,225$, aber keinen Sattelpunkt.

4.6 Vermischte Übungen

173 1. a)

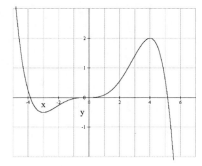

$f(x) = -\frac{457}{148176}x^5 + \frac{26}{9261}x^4 + \frac{9347}{148176}x^3 + \frac{69}{2744}x^2$

b) $-f(x)$

Um drei Extremstellen zu haben, muss f(x) mindestens Polynom 4. Grades sein.

173

2. a)

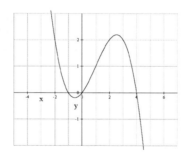

$f(x) = -\frac{1}{6}x^3 + \frac{1}{2}x^2 + \frac{3}{2}x$

b)

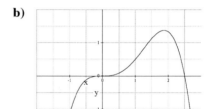

$f(x) = -\frac{1}{3}x^4 + \frac{5}{6}x^3$

c)

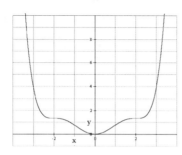

$f(x) = \frac{1}{48}x^6 - \frac{1}{4}x^4 + x^2$

3. a) (1) $f(x) = 2x^3 - 9x^2 - 24x + 5$

$f'(x) = 6x^2 - 18x - 24$

$f''(x) = 12x - 18$

$f'''(x) = 12$

HP $(-1 \mid f(-1))$, TP $(4 \mid f(4))$

$f(x)$: streng monoton steigend, rechtsgekrümmt für $x \in\ ]-\infty; -1\ [$

$f(x)$: streng monoton fallend, rechtsgekrümmt für $x \in\ ]-1; 4\ [$

$f(x)$: streng monoton steigend, linksgekrümmt für $x \in\ ]4; \infty\ [$

(2) $f(x) = -\frac{3}{4}x^3 + \frac{7}{2}x^2 + 3x - 8$

$f'(x) = -\frac{9}{4}x^2 + 7x + 3$

$f''(x) = -\frac{9}{2}x + 7$

$f'''(x) = -\frac{9}{2}$

TP $(-0{,}382 \mid f(-0{,}382))$, HP $(3{,}493 \mid f(3{,}493))$

$f(x)$: streng monoton fallend, linksgekrümmt für $x \in\ ]-\infty; -0{,}382\ [$

$f(x)$: streng monoton steigend, linksgekrümmt
für $x \in\ ]-0{,}382; 3{,}493\ [$

$f(x)$: streng monoton fallen, rechtsgekrümmt für $x \in\ ]3{,}493; \infty\ [$

173

3. **b)** TP $(-3 \mid f(-3))$; HP $(1 \mid f(1))$
   $f''(x) = -(x+3)(x-1) = -x^2 - 2x + 3 \Rightarrow f(x) = -\frac{1}{3}x^3 - x^2 + 3x$

4. **a)** $f(x) = x^3 + ax$
   $f'(x) = 3x^2 + a$
   $f''(x) = 6x$
   $f'''(x) = 6$
   Es gibt eine Wendestelle im Punkt $(0 \mid 0)$.
   Extremwerte: $f'(x) = 0 \Rightarrow x = \frac{1}{3}\sqrt{-3a}$, $x = -\frac{1}{3}\sqrt{-3a}$
   Für $a \geq 0$ gibt es keine Extremstellen: $f(x)$ streng monoton steigend.
   Für $a < 0$ $f(x)$ streng monoton steigend für $x < -\frac{1}{3}\sqrt{-3a}$ und $x > \frac{1}{3}\sqrt{-3a}$
   $f(x)$ streng monoton fallend für $-\frac{1}{3}\sqrt{-3a} < x < \frac{1}{3}\sqrt{-3a}$.

   b) $f(x) = 2x^3 - 3ax^2$
   $f'(x) = 6x^2 - 6ax$
   $f''(x) = 12x - 6a$
   $f'''(x) = 12$
   Extremwerte: $f'(x) = 0 \Rightarrow x = 0$, $x = a$
   Für $a > 0$ $f(x)$ streng monoton steigend für $x < 0$, $x > a$
   $\qquad\qquad$ $f(x)$ streng monoton fallend für $0 < x < a$
   Für $a < 0$ $f(x)$ streng monoton steigend für $x < a$, $x > 0$
   $\qquad\qquad$ $f(x)$ streng monoton fallend für $a < x < 0$
   Für $a = 0$ $f(x)$ streng monoton steigend

   c) $f(x) = x^4 - 2a^2x^2 + a$
   $f'(x) = x^3 - 4a^2x$
   $f''(x) = 3x^2 - 4a^2$
   $f'''(x) = 3x$
   Extremwerte: $f'(x) = 0 \Rightarrow x = 0$, $x = -a$, $x = a$
   Für $a = 0$ $f(x)$ streng monoton fallend für $x \in \,]-\infty; 0\,[$
   $\qquad\qquad$ $f(x)$ streng monoton steigend für $x \in \,]\,0; \infty\,[$
   Für $a \neq 0$ $f(x)$ streng monoton fallend für $x \in \,]-\infty; -|a|\,[$, $x \in \,]\,0; |a|\,[$
   $\qquad\qquad$ $f(x)$ streng monoton steigend für $x \in \,]-|a|; 0\,[$, $x \in \,]\,|a|; \infty\,[$

5. **a)** $f(x) = 6x^5 - 15x^4 + 20x^3 - 12$
   $f'(x) = 30x^2\left(x^2 - 2x + 2\right) = 30 \cdot x^2 \cdot \left[(x-1)^2 + 1\right]$
   $f''(x) = 60x\left(2x^2 - 3x + 2\right)$
   $f'(x) = 0$ für $x = 0$, $f''(0) = 0$ und f' hat an der Stelle 0 keinen Vorzeichenwechsel, also ist $(0 \mid -12)$ ein Sattelpunkt.

173   5. b) $f(x) = -3x^5 - 20x^3 - 45x + 15$
$f'(x) = -15(x^2 + 3x^2 + 3)$
$f'(x) \neq 0$ für alle x, also hat f(x) keine Extremstellen.
   c) $f(x) = 2x^5 + \frac{10}{3}x^3 - 4$
$f'(x) = 10x^2(x^2 + 1)$
$f''(x) = 20x(2x^2 + 1)$
$f'(x) = 0$ für $x = 0$, $f''(0) = 0$, f' hat an der Stelle 0 keinen Vorzeichenwechsel, also ist (0 | –4) ein Sattelpunkt.

6. a) $f'(x) = (x-2)^7$
$f'(2) = f''(2) = f'''(2) = 0$; da f' an der Stelle $x = 2$ einen $(- | +)$ Vorzeichenwechsel hat, liegt dort ein relativer Tiefpunkt vor.
   b) $f'(x) \neq 0$ für $x \neq 2$, also gibt es keine weiteren Extremstellen.
   c) n gerade; die Steigung von f hat immer positives Vorzeichen, damit gibt es keine Extrempunkte. x = 2 ist also stets Wendestelle, für n ≥ 4 Sattelstelle. n ungerade: siehe 6 a)

7. a) HP (–4 | 213); TP (3 | –130)
   b) $TP\left(-\sqrt{3} \mid \frac{37}{20}\right)$, $HP\left(0 \mid \frac{2}{5}\right)$, $TP\left(\sqrt{3} \mid -\frac{37}{20}\right)$
   c) TP (1 | –15)
   d) $TP\left(-1 \mid -\frac{27}{2}\right)$
   e) keine
   f) TP (–1,618 | –11,590), HP (0,5 | –0,406), TP (0,618 | –0,410)

174   8. a) Die Punkte P (0 | 2) und Q (40 | 0) liegen auf dem Graphen von f(x). f(0) = 2 und f(40) = 0 für alle k. Mögliche Flugbahnen kann man mit nach unten geöffneten Parabeln beschreiben (k < 0). Unterschiedliche k-Werte stehen für unterschiedliche Abwurfwinkel.
   b) $f'(x) = 0 \Rightarrow x = 20 + \frac{1}{40k}$
$f''\left(20 + \frac{1}{40k}\right) < 0$, für $k < 0$
$f\left(20 + \frac{1}{40k}\right) = -400k + 1 - \frac{1}{1600k}$
$HP\left(20 + \frac{1}{40k} \mid -400k + 1 - \frac{1}{1600k}\right)$, für $k < 0$.

174

9. **a)** $f(x) = x^3 - 4x^2 + 5x - 7$
$f'(x) = 3x^2 - 8x + 5$
$f''(x) = 6x - 8$
$f'''(x) = 6$
$f'(x) = 0 \Rightarrow x = 1,\ x = \frac{5}{3}$
$f''(x) = 0 \Rightarrow x = \frac{4}{3}$
$f'''\left(\frac{4}{3}\right) \neq 0$
$WP\left(\frac{4}{3}\ \big|\ -\frac{137}{27}\right)$

b) $f(x) = x^4 - 4x^3 + 8$
$f'(x) = 4x^3 - 12x^2$
$f''(x) = 12x^2 - 24x$
$f'''(x) = 24x$
$f'(x) = 0 \Rightarrow x = 0,\ x = 3$
$f''(x) = 0 \Rightarrow x = 0,\ x = 2$
$f'''(x) = 0 \Rightarrow x = 0$
WP (2 | −8). SP (0 | 8)

c) $f(x) = x^4 + 2x^3 - 12x^2 + 24x + 24$
$f'(x) = 4x^3 + 6x^2 - 24x + 24$
$f''(x) = 12x^2 + 12x - 24$
$f'''(x) = 24x + 12$
$f''(x) = 0 \Rightarrow x = -2,\ x = 1$; $f'(-2) \neq 0$ und $f'(1) \neq 0$ (kein Sattelpunkt)
$f'''(x) = 0 \Rightarrow x = -\frac{1}{2}$
WP (−2 | −72), WP (1 | 39).

d) $f(x) = 4\sin(x - 0{,}5)$
$f'(x) = 4\cos(x - 0{,}5)$
$f''(x) = -4\sin(x - 0{,}5)$
$f'''(x) = -4\cos(x - 0{,}5)$
$f''(x) = 0 \Rightarrow x = 0{,}5 + n \cdot \pi,\ n \in \mathbb{Z}$
$f'''(x) \neq 0$
$WP\left(\frac{1}{2} + n\pi\ \big|\ 0\right),\ n \in \mathbb{Z}$

174

9. e) $f(x) = 3x^5 - 10x^4 + 60x - 12$
$f'(x) = 15x^4 - 40x^3 + 60$
$f''(x) = 60x^3 - 120x^2$
$f'''(x) = 180x^2 - 240x$
$f''(x) = 0 \Rightarrow x = 0,\ x = 2$
$f'(x) = 0 \Rightarrow x'(0) \neq 0,\ f'(2) \neq 2 \Rightarrow$ kein Sattelpunkt.
An der Stelle $x = 0$ hat f'' keinen Vorzeichenwechsel.

f) $f(x) = x^2 - \frac{2}{x}$
$f'(x) = 2x + \frac{2}{x^2}$
$f''(x) = 2 - \frac{4}{x^3}$
$f'''(x) = \frac{12}{x^4}$
$f''(x) = 0 \Rightarrow x = \sqrt[3]{2}$
$f'''(x) \neq 0$
$f'(\sqrt[3]{2}) \neq 0$
WP$(\sqrt[3]{2} \mid 0)$

10. a) Die Extremstellen dieser Funktion f sind die einfachen Nullstellen der Funktion f' (die nicht Extremstelle von f' sind).
Extrempunkte: $(-1 \mid f(-1));\ (2 \mid f(2))$
Die Wendestellen $f(x)$ entsprechen den Extremstellen von $f'(x)$.
Wendepunkte: $(-0{,}7 \mid f(-0{,}7));\ (0 \mid f(0));\ (1{,}5 \mid f(1{,}5))$
Der Punkt $(0 \mid f(0))$ ist ein Sattelpunkt, da er gleichzeitig eine Nullstelle und ein Maximum der Funktion f' ist.

b)

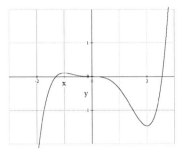

$f(x) = \frac{1}{10}x^5 - \frac{1}{8}x^4 - \frac{1}{3}x^3$

174

11. a) $f(x) = 2x^3 + 9x^2 - 24x - 4$
$f'(x) = 6x^2 + 18x - 24;\quad f''(x) = 12x + 18$
(1) Nullstellen $\quad x_1 \approx -6{,}342,\ x_2 \approx -0{,}158,\ x_3 = 2{,}000$
(2) Extrempunkte $\quad$ HP $(-4\mid 108)$, TP $(1\mid -17)$
(3) Sattelpunkt $\quad$ SP $(-1{,}5\mid 45{,}5)$

b) $f(x) = -x^4 + x^3 - 27$
$f'(x) = -4x^3 + 12x^2$
$f''(x) = -12x^2 + 24x$
(1) Nullstelle $\quad x_1 = 3$ (ist auch Extremstelle)
(2) Extrempunkte $\quad$ HP $(3\mid 0)$
(3) Sattelpunkt $\quad$ SP $(0\mid -27)$
(4) Wendepunkt $\quad$ WP $(2\mid -11)$

c) $f(x) = \tfrac{1}{4}x^4 + x^3 + \tfrac{1}{2}x^2 - x + \tfrac{1}{4}$
$f'(x) = x^3 + 3x^2 + x - 1$
$f''(x) = 3x + 6x + 1$
(1) Nullstellen: $x_{1,2} = -1 \pm \sqrt{2},\ x_{3,4} = -1 \pm \sqrt{2}$
(2) Extrempunkte: $x_{e_1} = -1;\ x_{e_{2,3}} = -1 \pm \sqrt{2}$
$\quad$ HP $(-1\mid 1)$; TP $\left(-1-\sqrt{2}\mid 0\right)$; TP $\left(-1+\sqrt{2}\mid 0\right)$
(3) Wendepunkte: $x_{e_{1,2}} = -1 \pm \tfrac{\sqrt{6}}{3}$
$\quad$ WP$_1\left(-1-\tfrac{\sqrt{6}}{3}\mid \tfrac{4}{9}\right)$; WP$_2\left(-1+\tfrac{\sqrt{6}}{3}\mid \tfrac{4}{9}\right)$

12. a) $f(x) = 2x^4 + 4x^3 - 9x^2 + 6x - 12$
$f'(x) = 8x^3 + 12x^2 - 18x + 6$
$f''(x) = 24x^2 + 24 - 18$
(1) Nullstellen: $x_1 = -3{,}606,\ x_2 = 1{,}488$
(2) Extrempunkte: $x_e = -2{,}514$
$\quad$ TP $(-2{,}514\mid -67{,}632)$
(3) Wendepunkte: WP$_1\left(-\tfrac{3}{2}\mid -\tfrac{357}{8}\right)$; WP$_2\left(\tfrac{1}{2}\mid -\tfrac{85}{8}\right)$

174

12. **b)** $f(x) = 0{,}6x^5 - 3{,}5x^4 + 4x^3 + 12x^2 - 22x$
$f'(x) = 3x^4 - 14x^3 + 12x^2 + 24x - 22$
$f''(x) = 12x^3 - 42x^2 + 24x + 24$
(1) Nullstellen: $x_1 = -1{,}874$, $x_2 = 0$, $x_3 = 2{,}080$
(2) Extrempunkte: HP $(-1{,}235 \mid 28{,}072)$; TP $(0{,}848 \mid -9{,}134)$
(3) Wendepunkte: $WP_1(-0{,}5 \mid 13{,}263)$; $f''(2) = 0$ und f'' hat an der Stelle 2 keinen Vorzeichenwechsel, so ist $x = 2$ keine Wendestelle der Funktion f.

c) $f(x) = x^5 - 4x^3 + 3x = x \cdot (x^2 - 1) \cdot (x^2 - 3)$
$f'(x) = 5x^4 - 12x^2 + 3$
$f''(x) = 20x^3 - 24x$
(1) Nullstellen $\quad x_1 = -\sqrt{3}$, $x_2 = -1$, $x_3 = 0$, $x_4 = 1$, $x_5 = \sqrt{3}$
(2) Extrempunkte $\quad x_{e_{1-n}} = \pm\sqrt{\frac{6 \pm \sqrt{21}}{5}} \Rightarrow$
HP $(-1{,}455 \mid 1{,}435)$, TP $(-0{,}532 \mid -1{,}036)$,
HP $(0{,}532 \mid 1{,}036)$, TP $(1{,}455 \mid -1{,}435)$
(3) Wendepunkte:
$x_{W_1} = -\sqrt{1{,}2} \quad WP_1 (-1{,}095 \mid 0{,}394)$
$x_{W_2} = 0 \quad WP_2 (0 \mid 0)$
$x_{W_3} = \sqrt{1{,}2} \quad WP_3 (1{,}095 \mid -0{,}394)$
Der Graph ist punktsymmetrisch zum Ursprung.

d) $f(x) = (x^2 + 1)(x - 4)^3(x^2 - 2x - 1)$
$f'(x) = 7x^6 - 84x^5 + 360x^4 - 648x^3 + 453x^2 - 168x + 80$
$f''(x) = 42x^5 - 420x^4 + 1440x^3 - 1944x^2 + 906x - 168$
(1) Nullstellen: $x_1 = x_2 = x_3 = 4$, $x_{4,5} = 1 \pm \sqrt{2}$
(2) Extrempunkte: HP $(1 \mid 108)$; TP $(2{,}937 \mid -20{,}257)$
(3) Wendepunkte: $WP_1 (1{,}964 \mid 43{,}926)$; $WP_2 (3{,}383 \mid -10{,}741)$
Sattelpunkt: SP $(4 \mid 0)$

13. **a)** $f(x)$: ist streng monoton wachsend für $x < 5$
$f(x)$: ist streng monoton fallend für $x > 5$
b) $f'(x) = -4x^3 + 19{,}2x^2 + 4x$
$f'(x) = 0 \Rightarrow x_1 = -0{,}2$; $x_2 = 0$; $x_3 = 5$
$f'(x) > 0$ für $x < 0{,}2$ und $0 < x < 5$;
$f'(x) < 0$ für $-0{,}2 < x < 0$ und $x > 5$
Daraus folgt: $f(x)$ ist streng monoton wachsend für $x < -0{,}2$ und $0 < x < 5$ und $f(x)$ ist streng monoton fallend für $-0{,}2 < x < 0$ und $x > 5$.

174

14. a) (1) Man wählt im GTR-Fenster einen kleineren Bildausschnitt, in dem man den Verlauf des Graphen im Intervall $[0;2]$ besser erkennen kann.

(2) Man ermittelt rechnerisch die Stellen x mit $f'(x) = 0$ sowie die Stellen mit $f''(x) = 0$ und prüft, ob diese übereinstimmen.

b) $f'(x) = \frac{1}{4}x^3 - \frac{3}{2}x^2 + \frac{51}{20}x - \frac{13}{10}$,

Nullstellen von $f'(x)$ auf $[0;2]$ bei $x = 1$ und $x \approx 1,475$

$f''(x) = \frac{3}{4}x^2 - 3x + \frac{51}{20}$

Nullstellen von $f''(x)$ auf $[0;2]$ bei $x \approx 1,225$

f hat also auf $[0;2]$ Extremstellen bei $x = 1$ und $x \approx 1,475$
sowie eine Wendestelle bei $x \approx 1,225$, aber keinen Sattelpunkt.

175

15. $f(x) = -\frac{2}{9}x^3 + x^2 + x - 3$

a) $f(0) = -3$ $f(3) = 3$ Vorzeichenwechsel im Intervall $[0;3]$

b) $x_{n+1} = x_n - \dfrac{-\frac{2}{9}x_n^3 + x_n^2 + x_n - 3}{-\frac{2}{3}x_n^2 + 2x_n + 1}$

Man erhält die Folge (3; 0; 3; 0; ...). Wegen $f(3) = 3$ und $f'(3) = 1$ verläuft die Tangente in (3 | 3) durch den Punkt (0 | 0). Wegen $f(0) = -3$ und $f'(0) = 1$ verläuft die Tangente in (0 | -3) durch den Punkt (3 | 0). Somit findet ein Wechsel zwischen $x_1 = 3$ und $x_2 = 0$ wiederholt statt.

c) a – geeignet: Näherungsfolge für b
b – geeignet: konstante Folge
c – nicht geeignet: kein x_2
d – geeignet: konstante Folge
e – nicht geeignet: kein x_2
f – geeignet: konstante Folge
g – geeignet: Näherungsfolge für f

16. a) Für f mit $f(r) = -\frac{1}{50\,000}r^3 + \frac{3}{1000}r^2 + \frac{1}{5}r + 45$ gilt folgende Wertetabelle:

r = Düngermenge in kg pro ha	f(r)	Ernteertrag dt (Dezitonne) pro ha
0	45	45,0
25	51,5625	51,6
50	60	60,0
75	68,4375	68,4
100	75	75,0
125	77,8125	77,8
150	75	75,0

175

16. b) T($\approx -25{,}38 \mid \approx 42{,}18$) ist Tiefpunkt,
H($\approx 126{,}38 \mid \approx 77{,}82$) ist Hochpunkt,
W(50 | 60) ist Wendepunkt

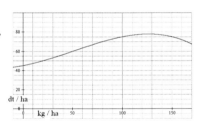

c) Ohne Düngung (r = 0) erzielt der Betrieb einen Ernteertrag von 45 dt. Wird nun dem Feld Dünger zugeführt, so wächst der Gesamtertrag pro ha zunächst überproportional (Linkskrümmung des Graphen) und später unterproportional (Rechtskrümmung des Graphen). Übersteigt die Düngermenge 126,38 kg pro ha, so nimmt der Ernteertrag sogar wieder ab.

Mögliche Erklärung: Auch das ungedüngte Feld (r = 0) bringt einen Ertrag. Wird nun gedüngt, bewirkt der Dünger zunächst einen immer stärker wachsenden Ernteertrag pro ha bis ab 50 kg Dünger pro der Zuwachs des Gesamtertrages abnimmt und schließlich ab 126,38 kg pro ha sogar der Gesamtertrag zurück geht (Überdüngung).

17. a) (1) und (2) Die Kosten nehmen mit der Produktionsmenge zu, streng monoton.

(3) Die Grenzkosten haben ein Minimum (Grenzkosten = 1. Ableitung der Kostenfunktion).

(4) Produktionsmenge x = 0 kann kosten K(0) > 0 zur Folge haben.

b) Es ist keine der Bedingungen (1) – (4) schon in den anderen enthalten.
(1) und (2) kann man zusammenfassen zu: K ist für $x \geq 0$ *streng* monoton steigend.

c) (1) K mit $K(x) = 0{,}2x^3 - 8x^2 + 150x + 30$ erfüllt die Bedingungen, ist also eine ertragsgesetzliche Kostenfunktion.

(2) K mit $K(x) = 0{,}2x^3 - 8x^2 + 100x + 30$ erfüllt die Bedingung *nicht* wegen der Extrempunkte H(10 | 430), T$\left(16\tfrac{2}{3} \mid 400\tfrac{10}{27}\right)$.

(3) K mit $K(x) = 0{,}2x^3 + 2x^2 + 150x + 30$ erfüllt die Bedingungen *nicht* wegen der *negativen* Wendestelle $x_w = -\tfrac{10}{3}$.

(4) K mit $K(x) = -0{,}2x^3 + 8x^2 + 150x + 30$ erfüllt die Bedingung nicht, da der Graph von Links- in Rechtskrümmung wechselt.

Blickpunkt: Verkehrsfluss in Abhängigkeit von der Geschwindigkeit

176

1. Beiden Regeln liegt als Modellannahme Unabhängigkeit vom Fahrer, vom Fahrzeug, von der Straße und den Witterungsverhältnissen zugrunde. Die Reaktionsweg-Regel geht aus von einer Proportionalität zwischen Geschwindigkeit und während der Reaktionszeit zurückgelegtem Weg (Schrecksekunde, siehe 2.). Die Bremsweg-Regel lässt sich nur in Zusammenhang mit physikalischen Kenntnissen analysieren: sie geht aus von einer konstanten Bremsbeschleunigung. Die Tacho-halbe-Regel basiert wiederum auf einer Proportionalität zwischen Geschwindigkeit und zurückgelegtem Weg bis zum Stillstand.

2. Die Gleichung $\frac{1}{3} v = t_R v$ beinhaltet nur die Maßzahlen des Reaktionsweges und der Geschwindigkeit. Verwendet man bei beiden die Maßeinheiten m, so erhält man für die Reaktionszeit in Stunden: $t_R = \frac{1}{3000}$ h, also 1,2 s. Entsprechend erhält man, dass die Tacho-halbe-Regel von einer Reaktionszeit von 1,8 s ausgeht.

   Berechnungsbeispiel für $50 \frac{km}{h}$:

   $$\underbrace{\tfrac{1}{3} \cdot 50}_{\substack{\text{Faustformel für} \\ \text{den Reaktionsweg} \\ \left(v \text{ in } \tfrac{km}{h}\right)}} = \underbrace{t_R \cdot 50\,000}_{\substack{\text{Berechnung des} \\ \text{Reaktionsweges} \\ \left(v \text{ in } \tfrac{m}{h}\right)}}$$

   Man erhält $t_R = \frac{1}{3000}$ h unabhängig von der Geschwindigkeit.

   Der Abstand nach der Anhalte-Regel ist der sichere, da er auch berücksichtigt, dass man noch dann zum Stillstand kommt, wenn das vorherfahrende Fahrzeug durch Aufprall o.ä. ohne Bremsweg augenblicklich zum Stillstand kommt. Dieses Ereignis berücksichtigt die Tacho-halbe-Regel nicht, sie geht davon aus, dass auch das vorhergehende Fahrzeug einen bestimmten Bremsweg hat, verwendet aber zum Ausgleich eine etwas längere Reaktionszeit.

177 3.

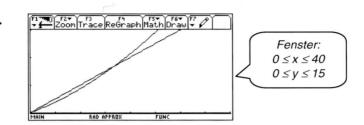

Fenster:
$0 \leq x \leq 40$
$0 \leq y \leq 15$

Schnittproblem zwischen Gerade und Parabel: $\frac{1}{2}v = \frac{1}{3}v + \left(\frac{v}{10}\right)^2$
liefert $v = 0$ oder $v = \frac{50}{3}$.

Bei Geschwindigkeiten kleiner als $16\frac{2}{3}$ $\frac{km}{h}$ ist der Sicherheitsabstand größer als der Anhalteweg. Dies ist so, da die Tacho-halbe-Regel von einer längeren Reaktionszeit ausgeht als die Anhalteweg-Regel, was sich bei kleineren Geschwindigkeiten (mit kurzem Bremsweg) stärker auswirkt.

4. Die Taktzeit ist der Kehrwert des Verkehrsdurchsatzes.

5. Es gilt Taktzeit = $\frac{\text{Fahrzeuglänge + Abstand}}{\text{Geschwindigkeit}}$, also:

$$t_A(v) = \frac{4{,}5 + \frac{1}{3}v + \left(\frac{v}{10}\right)^2}{v} = \frac{4{,}5}{v} + \frac{1}{3} + \frac{v}{100}.$$

Der Graph entsteht durch Überlagerung einer Hyperbel mit einer linearen Funktion.
$t'_A(v) = -\frac{4{,}5}{v^2} + \frac{1}{100}$ wird null für $v = \sqrt{450} \approx 21$. Also ist bei einer Geschwindigkeit von ca. 21 $\frac{km}{h}$ der Verkehrsdurchsatz durch den Tunnel optimal. Sowohl größere als auch kleinere Geschwindigkeiten ergeben niedrigere Verkehrsdurchsätze.

6. Analog erhält man die Taktzeit $t_T(v) = \frac{4{,}5 + \frac{v}{2}}{v} = \frac{4{,}5}{v} + \frac{1}{2}$. Das heißt mit wachsender Geschwindigkeit v wird diese Taktzeit immer kleiner, also mit steigender Geschwindigkeit wird der Verkehrsdurchsatz durch den Tunnel immer größer. Die Entscheidung zwischen den beiden vorgelegten Positionen ist als stark abhängig von den Annahmen, die man für den Abstand zwischen den einzelnen Fahrzeugen macht. Bei der Annahme der Anhalteweg-Regel würden sich bei noch kleineren Geschwindigkeiten als 50 $\frac{km}{h}$ größere Verkehrsdurchsätze ergeben, bei der Annahme der Tacho-halbe-Regel sind hohe Geschwindigkeiten sinnvoll.

5. EXTREMWERTPROBLEME – BESTIMMEN VON FUNKTIONEN

5.1 Extremwertprobleme

2. $A(x) = x \cdot f(x)$, $f(x) = (x-3)^2 + 2{,}5 = x^2 - 6x + 9 + 2{,}5 = x^2 - 6x + 11{,}5$
$A(x) = x^3 - 6x^2 + 11{,}5x$
$A'(x) = 3x^2 - 12x + 11{,}5$, $A''(x) = 6x - 12$
$A'(x) = 0$ für $x_1 = 2 - \frac{1}{6}\sqrt{6} \approx 1{,}59$ und $x_2 = 2 + \frac{1}{6}\sqrt{6} \approx 2{,}41$
$A''(x_1) < 0$ und $A''(x_2) > 0$. Also hat A an der Stelle x_1 ein relatives Maximum. Es gilt $A(x_1) \approx 7{,}1361$.

Überprüfung der Ränder: $A(0) = 0 \ < A(x_1)$
$A(3) = 7{,}5 > A(x_1)$

Ergebnis:
Für $x = 3$ wird der Flächeninhalt des Rechtecks maximal.

3. (1) Sei P ein Punkt auf der Parabel mit $y = 4 - x^2$. Es gilt $P(x \mid 4 - x^2)$.
Der Abstand des Punktes P vom Ursprung ist die Zielfunktion f und es gilt: $f(x) = \sqrt{(x-0)^2 + (4-x^2-0)^2}$
$f(x) = \sqrt{x^2 + (4-x^2)^2}$

(2) $g(x) = (f(x))^2$ Je kleiner der Wert von f (x), um so kleiner ist auch der Wert von g (x). Es gilt immer f (x) > 0.

(3) $g(x) = x^4 - 7x^2 + 16$
$g'(x) = 4x^3 - 14x$
$g''(x) = 12x^2 - 14$
$g'(x) = 0$ für $x_1 = -\frac{1}{2}\sqrt{14}$, $x_2 = \frac{1}{2}\sqrt{14}$, $x_3 = 0$
$g''(x_1) > 0$, $g''(x_2) > 0$, $g''(x_3) < 0$
Minimalen Abstand haben $P_1\left(-\frac{1}{2}\sqrt{14} \mid \frac{1}{2}\right)$ und $P_2\left(\frac{1}{2}\sqrt{14} \mid \frac{1}{2}\right)$.

183

3. (4) (1) Sei x_e __relatives Minimum__ | __relatives Maximum__
von f im Intervall [a, b].
Dann gibt es eine Umgebung U von x_e die ganz in [a, b] liegt,
sodass gilt: $\underline{f(x) \geq f(x_e) \text{ für alle } x \in U}$ | $\underline{f(x) \leq f(x_e) \text{ für alle } x \in U}$.
Wegen f(x) > 0 für x ∈ [a, b] gilt dann auch
$\underline{(f(x))^2 \geq (f(x_e))^2 \text{ für alle } x \in U}$ | $\underline{(f(x))^2 \leq (f(x_e))^2 \text{ für alle } x \in U}$

also $\underline{g(x) \geq g(x_e) \text{ für alle } x \in U}$ | $\underline{g(x) \leq g(x_e) \text{ für alle } x \in U}$.

Somit ist x_e auch __relatives Minimum__ | __relatives Maximum__ von g.

(2) Sei x_e __relatives Minimum__ | __relatives Maximum__
von g im Intervall [a, b].
Dann gibt es eine Umgebung U von x_e die ganz in [a, b] liegt,
sodass gilt: $\underline{g(x) \geq g(x_e) \text{ für alle } x \in U}$ | $\underline{g(x) \leq g(x_e) \text{ für alle } x \in U}$.

Wegen g(x) > 0 für x ∈ [a, b] gilt dann auch
$\underline{\sqrt{g(x)} \geq \sqrt{g(x_e)} \text{ für alle } x \in U}$ | $\underline{\sqrt{g(x)} \leq \sqrt{g(x_e)} \text{ für alle } x \in U}$.
also $\underline{f(x) \geq f(x_e) \text{ für alle } x \in U}$ | $\underline{f(x) \leq f(x_e) \text{ für alle } x \in U}$.

Somit ist x_e auch __relatives Minimum__ | __relatives Maximum__ von f.

4. Extremalbedingung: u = 2a + 2b minimieren
Nebenbedingung: A = a · b, also $a = \frac{A}{b}$
Zielfunktion: $u(b) = \frac{2A}{b} + 2b$
Extrema: $u'(b) = -2\frac{A}{b^2} + 2 = 0$ $u''(b) = 4\frac{A}{x^3}$
für $b^2 = A$, also $b = \sqrt{A}$
Ergebnis: Ein Quadrat hat bei vorgegebenen Flächeninhalt den kleinsten Umfang.

5. Extremalbedingung: A = x · y maximieren
Nebenbedingung: 2x + 2y = 20, also x + y = 10
Zielfunktion: $A(x) = x(10 - x) = 10x - x^2$
Extrema: $A'(x) = 10 - 2x = 0$ für x = 5 absolutes Maximum
Ergebnis: Maximaler Flächeninhalt für x = y = 5 cm mit A = 25 cm².

184

6. Vergleiche Aufgabe 4.
Der Umfang wird minimal, wenn das Rechteck ein Quadrat mit der Seitenlänge $a = \sqrt{10}$ cm ist.

184

7. Extremalbedingung: $A = \frac{1}{2}\pi r^2 + 2rb$ maximieren
   Nebenbedingung: $u = \pi r + 2r + 2b$
   also $2b = u - \pi r - 2r$
   Zielfunktion: $A(r) = \frac{1}{2}\pi r^2 - \pi r^2 - 2r^2 + ur$
   $A(r) = ur - \left(2 + \frac{1}{2}\pi\right)r^2$

   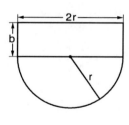

   Extrema: $A'(r) = u - (4 + \pi)r$, $A''(r) = -4 - \pi$
   $A'(r) = 0$ für $r = \frac{u}{4+\pi}$ (relatives Maximum)
   $2b = u - (\pi + 2)r = u - \frac{u(\pi+2)}{(\pi+4)} = \frac{2}{\pi+4}u$, also $b = \frac{u}{\pi+4}$ und $r = \frac{u}{4+\pi}$.
   Ergebnis: Maximales Volumen wird erreicht für $r = b = \frac{u}{\pi+4}$.

8. Extremalbedingung: $A = a \cdot b$ maximieren
   Nebenbedingung: $2a + b = 49$, also $b = 49 - 2a$
   Zielfunktion: $A(a) = 49a - 2a^2$
   Extrema: $A'(a) = 49 - 4a$, $A''(a) = -4 < 0$
   $A'(a) = 0$ für $a = \frac{49}{4}$ (relatives Maximum)
   Ergebnis: Der Querschnitt wird maximal für $a = \frac{49}{4}$ cm und $b = \frac{49}{2}$ cm, er beträgt dann ca. 300,13 cm².

9. Nebenbedingung
   Fensterumfang $U = 2a + 2b + \pi \cdot a = 6$,
   also $b = 3 - \frac{2+\pi}{2}a$
   Lichteinfall proportional zur Fenstergröße bei gleicher Glassorte, damit: $L = 0{,}9 \cdot A_{\text{Rechteck}} + 0{,}65 \cdot A_{\text{Halbkreis}}$
   $= 0{,}9 \cdot 2ab + 0{,}65 \cdot \frac{1}{2}\pi a^2$
   $L(a) = 0{,}9 \cdot 2a \cdot \left(3 - \frac{2+\pi}{2}a\right) + 0{,}65 \cdot \frac{1}{2}\pi a^2 \approx 5{,}4a - 4{,}30a^2$
   $L'(a) = 5{,}4 - 8{,}6a$
   $L'(a) = 0$ führt auf $a = \frac{5{,}4}{8{,}6} \approx 0{,}63$.

   Maximaler Lichteinfall für $a \approx 0{,}63$ m.
   Damit kann ein möglichst großer Lichteinfall erreicht werden, wenn das rechteckige Fenster die Maße 1,26 m und 1,39 m, der Halbkreis den Radius 0,63 m hat.

184

10. Zielfunktion: $A = b \cdot h + a \cdot h = h(b+a)$ soll maximal werden.
    Nebenbedingungen: $h = b \cdot \sin x$, $a = b \cdot \cos x$, $0° \leq x \leq 90°$
    $A = b \sin x (b + b \cos x)$
    $ = b^2 \sin x + b^2 \sin x \cos x$
    $ = b^2 \sin x (1 + \cos x)$
    $A' = 2b^2 \cos^2 x + b^2 \cos x - b^2$
    $A'' = -4b^2 \sin x \cos x - b^2 \sin x$
    $A' = 0 \Leftrightarrow x = \frac{\pi}{3}, x = \pi, x = -\frac{\pi}{3}, x = -\pi$

    da aber $x > 0$ und $x \geq 90°$ sein soll $\Rightarrow x = \frac{\pi}{3} = 60°$.
    Also $x = 60°$
    $A\left(\frac{\pi}{3}\right) = \frac{3\sqrt{3}b^2}{4} \approx 1{,}3 b^2$

11. a konstant
    Zielfunktion: $A(\gamma) = \frac{1}{2}\pi a^2 \sin^2 \frac{\gamma}{2} + a^2 \cos\frac{\gamma}{2} \cdot \sin\frac{\gamma}{2}$
    $ = \frac{1}{2}\pi a^2 \left(\frac{1}{2} - \frac{1}{2}\cos\gamma\right) + \frac{1}{2}a^2 \sin\gamma$
    $A'(\gamma) = \frac{1}{4}\pi a^2 \sin\gamma + \frac{1}{2}a^2 \cos\gamma$
    $A'(\gamma) = 0 \Rightarrow \frac{\pi}{2}\sin\gamma + \cos\gamma = 0 \Leftrightarrow$
    $ -\frac{\pi}{2} = \frac{\cos\gamma}{\sin\gamma} \Leftrightarrow$
    $ -\frac{2}{\pi} = \frac{\sin\gamma}{\cos\gamma} = \tan\gamma$
    $\Rightarrow \tan^{-1}\left(-\frac{2}{\pi}\right) = \gamma \Rightarrow \gamma \approx -32{,}5° = 147{,}5°$

12. k, l konstant
    (mithilfe von Cosinus- und Sinussatz)
    Zielfunktion: $A(\gamma) = c \cdot h$
    (Cosinussatz) $c = \sqrt{h^2 + l^2 - 2kl\cos\gamma}$
    (Sinussatz) $h = \frac{\sin\gamma \cdot l \cdot k}{c}$
    $A(\gamma) = c \cdot \frac{\sin\gamma \cdot k \cdot l}{c} = \sin\gamma k \cdot l$
    $A'(\gamma) = k \cdot l \cdot \cos\gamma$
    $A'(\gamma) = 0 \Rightarrow k \cdot l \cdot \cos\gamma = 0$
    $ \cos^{-1} 0 = \gamma \Rightarrow \gamma = 90°$

Skizze:

184

13. Zelt mit quadratischer Grundfläche und 4 Stangen ≙ Pyramide mit quadratischer Grundfläche.

$V_{Pyramide} = \frac{1}{3} G \cdot h$ mit Grundfläche $G = a^2$ (a = Seitenlänge)

h ist Höhe der Pyramide, d Länge der halben Diagonalen.
Dann gilt: $2d = a \cdot \sqrt{2}$ und $G = a^2 = 2d^2$.

Mit dem Satz des Pythagoras $2^2 = d^2 + h^2$ folgt $d = \sqrt{4-h^2}$ und damit $G = 8 - 2h^2$.

Die Zielfunktion: $V(h) = \frac{8}{3}h - \frac{2}{3}h^3$; $V'(h) = \frac{8}{3} - 2h^2$ hat Extremum für

$h = \frac{2}{\sqrt{3}}$. Es ergibt sich die Grundseite $a = \sqrt{2} \cdot d = \sqrt{8 - \frac{8}{3}} \approx 2{,}309$.

185

14. Beleuchtungsstärke a: $\quad a = \frac{\cos\gamma}{r^2}$; $r = \frac{h}{\cos\gamma}$; $\sin\gamma = \frac{0{,}6}{r}$

    Extremalbedingung: $\quad a = \frac{\cos\gamma}{r^2}$

    Nebenbedingung: $\quad r = \frac{h}{\cos\gamma}$

    Zielfunktion: $\quad a(\gamma) = \frac{\cos\gamma}{\left(\frac{0{,}6}{\sin\gamma}\right)^2} = \frac{\cos\gamma \cdot \sin^2\gamma}{0{,}36} = \frac{1}{0{,}36}\left(\cos\gamma \cdot (1 - \cos^2\gamma)\right)$

    $a'(\gamma) = \frac{-\sin\gamma}{0{,}36} + \frac{3\cos^2\gamma \cdot \sin\gamma}{0{,}36}$

    $a'(\gamma) = 0 \quad \Rightarrow \quad \cos\gamma = \frac{1}{\sqrt{3}}$

    $\sin\gamma = \sqrt{1 - \frac{1}{3}} = \sqrt{\frac{2}{3}}$

    $\tan\gamma = \frac{\sqrt{\frac{2}{3}}}{\frac{1}{\sqrt{3}}} = \sqrt{2} = \frac{0{,}6}{h} \quad \Rightarrow \quad h = \frac{0{,}6}{\sqrt{2}} \approx 0{,}42$

15. Extremalbedingung: $A = x \cdot y$

    Nebenbedingung: $\frac{4{,}8}{4} = \frac{x}{4 - \frac{y}{2}}$

    also $x = 4{,}8 - 0{,}6y$
    $A(y) = -0{,}6y^2 + 4{,}8y$
    $A'(y) = -1{,}2y + 4{,}8$; $A'' = -1{,}2 < 0$
    $A'(y) = 0$ für $y = 4$
    Maximaler Flächeninhalt für $x = 2{,}4$ cm und $y = 4$ cm.

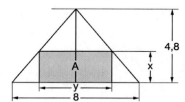

185

16. Extremalbedingung: $A = x \cdot y$
    Nebenbedingung: $z = a - x = y - \frac{b}{2}$
    also $y = a + \frac{b}{2} - x$

    $A(x) = \left(a + \frac{b}{2}\right)x - x^2$ mit $x \in \left[a - \frac{b}{2};\, a\right]$

    $A'(x) = \left(a + \frac{b}{2}\right) - 2x$, $A'' = -2 < 0$

    $A'(x) = 0$ für $x = \frac{a}{2} + \frac{b}{4}$

    1. Fall
    $x = \frac{a}{2} + \frac{b}{4}$ liegt im Definitionsbereich von A.
    D. h. $\frac{a}{2} + \frac{b}{4} \geq a - \frac{b}{2}$, also $\frac{3}{4}b \geq \frac{a}{2}$. Und $\frac{a}{2} + \frac{b}{4} \leq a$, also $\frac{b}{4} \leq a$.
    Damit $x = \frac{a}{2} + \frac{b}{4}$ im Definitionsbereich liegt, muss gelten:
    $\frac{b}{4} \leq a \leq \frac{3}{2}b$
    Dann gilt: Das Rechteck wird für $x = y = \frac{a}{2} + \frac{b}{4}$ maximal und hat den Inhalt
    $A = \left(\frac{a}{2} + \frac{b}{4}\right)^2$.

17. Reagenzglas aus Halbkugel (HK) und Zylinder (Z)
    Volumen: $V_{Rea} = V_{HK} + V_Z = \frac{2}{3}\pi r^3 + \pi r^2 h = 40$
    $\Rightarrow h = -\frac{2}{3} \frac{\pi r^3 - 60}{\pi r^2}$

    Oberfläche: $O_{Rea}(r) = O_{HK} + O_Z = 2\pi r^2 + 2\pi rh = 2\pi r^2 - \frac{4}{3} \frac{\pi r^3 - 60}{r}$

    $O'(r) = \frac{4}{3} \frac{\pi r^3 - 60}{r^2}$ $\Rightarrow$ Extremum bei $r \approx 2{,}673$, Radius des Zylinders und der Kugel
    $\Rightarrow h \approx 0$ Höhe des Zylinders

Das Reagenzglas ist im hier berechneten Fall eine Schale. Dies widerspricht allerdings der Anschauung, daher ist das Ergebnis zu verwerfen. Evtl. weitere Nebenbedingungen einführen.

18.

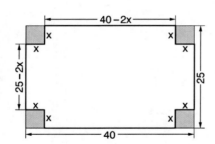

Extremalbedingung + Zielfunktion: $V = (40 - 2x)(25 - 2x)x$ maximieren

$$V'(x) = 12x^2 - 260x + 1\,000$$
$$V''(x) = 24x - 260$$

$V'(x) = 0$, für $x = 5$ und $x = \frac{50}{3}$

$V''(5) < 0$, $V''\left(\frac{50}{3}\right) > 0$, also Maximum bei $x = 5$.

Ergebnis:
Maße des Kastens: Höhe: 5 cm, Breite: 15 cm, Länge: 30 cm
Grundfläche: $A = 15 \cdot 30 = 450$ cm²

19. a) Extremalbedingung: $V = \pi \cdot r^2 \cdot h$ maximieren

Nebenbedingung: $2\pi r^2 + 2\pi r h = 1$, also $h = \frac{1}{2\pi r} - r$

Zielfunktion: $V(r) = \frac{r}{2} - \pi r^3$

Extrema: $V'(r) = \frac{1}{2} - 3\pi r^2$, $V''(r) = -6\pi r$

$V'(r) = 0$ für $r = \sqrt{\frac{1}{6\pi}}$ und $r = -\sqrt{\frac{1}{6\pi}}$ (entfällt)

$V''\left(\sqrt{\frac{1}{6\pi}}\right) < 0$, also Maximum

Das größte Volumen wird erreicht für

$r = \sqrt{\frac{1}{6\pi}}$ dm und $h = 2 \cdot \sqrt{\frac{2}{6\pi}}$ dm $= 2r$.

185

19. b) Extremalbedingung: $O = \pi r^2 + 2\pi rh$ minimieren
Nebenbedingung: $\pi r^2 h = 1$, also $h = \frac{1}{\pi r^2}$
Zielfunktion: $O(r) = \pi r^2 + \frac{2}{r}$
Extrema: $O'(r) = 2\pi r - \frac{2}{r^2}$, $O''(r) = 2\pi + \frac{4}{r^3}$
$O'(r) = 0$, wenn $2\pi r - \frac{2}{r^2} = 0$
$$2\pi r^3 - 2 = 0$$
$$\pi r^3 = 1$$
$$r^3 = \frac{1}{\pi}$$
$$r = \sqrt[3]{\frac{1}{\pi}}$$
$O''\left(\sqrt[3]{\frac{1}{\pi}}\right) > 0$, also Minimum

Der geringste Materialverbrauch wird erreicht mit $r = h = \sqrt[3]{\frac{1}{\pi}}$ dm.

20. Vorhandenes Dosenvolumen: $V = \pi \cdot (3,7 \text{ cm})^2 \cdot 8,4 \text{ cm} \approx 361,3 \text{ cm}^3$
Blechverbrauch: $O = 2\pi \cdot (3,7 \text{ cm})^2 + 2\pi \cdot 3,7 \text{ cm} \cdot 8,4 \text{ cm} \approx 281,3 \text{ cm}^2$
Gesucht: r, h, sodass $V = \pi \cdot r^2 \cdot h$ maximal bei $2\pi r (r + h) = 281,3$, d. h.
für $h = \frac{281,3}{2\pi r} - r \approx \frac{44,77}{r} - r$
Damit: $V(r) = \pi \cdot r^2 \cdot \left[\frac{44,77}{r} - r\right] = -\pi r^3 + 140,65 r$
Aus $V'(r) = 0$ folgt $r \approx 3,86$ und damit $h \approx 7,74$.
Damit beträgt bei gleichem Blechverbrauch das maximale Volumen $362,2 \text{ cm}^3$.

21. Volumen $V = a \cdot b \cdot c = 21 \text{ cm}^3$, wobei a die Länge, b die Breite und c die Höhe ist. Oberfläche $O = 2(ab + bc + ac)$.
Aus $V = a \cdot b \cdot c$ folgt z. B. $a = \frac{V}{b \cdot c}$ und $O(b,c) = 2\left(\frac{V}{c} + \frac{V}{b} + bc\right)$.
Ableitung $O(b,c)$ nach b z. B. ergibt $O'(b,c) = -\frac{2V}{b^2} + 2c$.
Hieraus folgt als Extremstelle $b = \frac{V}{c^2}$.
$O(b,c)$ abgeleitet nach c ergibt $O'(b,c) = -\frac{2V}{c^2} + 2b$ und die Extremstelle $c = \frac{V}{b^2}$; mit obigem Ergebnis folgt also $V = c^3$
$\Rightarrow$ Alle Seiten sind gleich lang, also ein Würfel
$\Rightarrow a = b = c = \sqrt[3]{21} \approx 2,759$.

22. Innenfläche: $A = M_{Zylinder} + O_{Halbkugel} = 2\pi r(r+h)$

Nebenbedingung: $V = V_{Zylinder} + V_{Halbkugel} = \pi r^2 h + \frac{2}{3}\pi r^3$
$$= \pi r^2\left(h + \frac{2}{3}r\right) = 80, \text{ also } h = \frac{80}{\pi r^2} - \frac{2}{3}r$$

Zielfunktion: $A(r) = 2\pi r\left(\frac{80}{\pi r^2} - \frac{2}{3}r + r\right)$

bzw. $A(r) = \frac{2}{3}\pi r^2 + \frac{160}{r}$

Bestimmen der Extrema von A: $A'(r) = \frac{4}{3}\pi r - \frac{160}{r^2}$; $A''(r) = \frac{4}{3}\pi + \frac{320}{r^3}$

Aus $A'(r) = 0$ folgt $r = \sqrt[3]{\frac{120}{\pi}}$.

$A''\left(\sqrt[3]{\frac{120}{\pi}}\right) > 0$, also lokales Minimum für $r = \sqrt[3]{\frac{120}{\pi}} \approx 3{,}37$.

Zugehörige Höhe des Zylinders:

$$h = \frac{80}{\pi\left(\sqrt[3]{\frac{120}{\pi}}\right)^2} - \frac{2}{3}\sqrt[3]{\frac{120}{\pi}} = \frac{80\cdot\sqrt[3]{\frac{120}{\pi}}}{\pi\cdot\frac{120}{\pi}} - \frac{2}{3}\sqrt[3]{\frac{120}{\pi}} = \frac{2}{3}\sqrt[3]{\frac{120}{\pi}} - \frac{2}{3}\sqrt[3]{\frac{120}{\pi}} = 0$$

D. h.: Die kostengünstige Lösung wäre ein Silo, das die Form einer Halbkugel mit $r \approx 3{,}37$ m hat.

23. $V_{Zyl} = \pi r^2 h = 65 \text{ cm}^3 \Rightarrow h = \frac{V_{Zyl}}{\pi r^2}$

Mantelfläche $M_{Zyl} = 2\pi rh$
Bodenfläche $B_{Zyl} = 2\pi r$ $\Biggr\}$ Oberfläche $O(r, h) = 2\pi rh + \pi r^2$

$\Rightarrow$ Zielfunktion $O(r) = 2V_{Zyl}\frac{1}{r} + \pi r^2$

Extrema aus $O'(r) = -\frac{2V_{Zyl}}{r^2} + 2\pi r$, sind $r = \pm\sqrt{\frac{V}{h}} \approx \pm 2{,}745$

nur positiver Radius ist sinnvoll.
$\Rightarrow r \approx 2{,}745$ und $h \approx 2{,}745$.

24. a) Extremalbedingung: $V = \pi x^2 y$

Nebenbedingung: $\frac{y}{h} = \frac{r-x}{r}$,

also $y = \frac{h}{r}(r-x)$

$V(x) = \pi h x^2 - \frac{\pi h}{r}x^3$; $x \in [0; r]$

$V'(x) = 2\pi hx - \frac{3\pi h}{r}x^2$, $V''(x) = 2\pi h - \frac{6\pi h}{r}x$

$V'(x) = 0$ für $x = 0$ und $x = \frac{2}{3}r$

Maximum an der Stelle $x = \frac{2}{3}r$.

Also $x = \frac{2}{3}r$ und $y = \frac{1}{3}h$, d.h. $V = \frac{4}{27}\pi h r^2$.

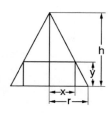

24. b) Extremalbedingung: $V = \pi x^2 y$

Nebenbedingung: $\dfrac{y}{\frac{2}{3}h} = \dfrac{\frac{2}{3}r-x}{\frac{2}{3}r}$,

also $y = \dfrac{h}{r}\left(\dfrac{2}{3}r - x\right) = \dfrac{2}{3}h - \dfrac{hx}{r}$

$V(x) = \dfrac{2}{3}\pi h x^2 - \dfrac{\pi h}{r}x^3$; $x \in \left[0; \dfrac{2}{3}r\right]$

$V'(x) = \dfrac{4}{3}\pi h x - \dfrac{3\pi h}{r}x^2$, $V''(x) = \dfrac{4}{3}\pi h - \dfrac{6\pi h}{r}x$

$V'(x) = 0$ für $x = 0$ und $x = \dfrac{4}{9}r$.

Maximum für $x = \dfrac{4}{9}r$, mit $V = \dfrac{32}{729}\pi h r^2$.

Analogieüberlegung zu a)
Der Restkegel besitzt die Höhe $H = \dfrac{2}{3}h$ und den Grundkreisradius $R = \dfrac{2}{5}r$.
Nach Aufgabe a) gilt: V wird maximal für $x = \dfrac{2}{3}R$ und $y = \dfrac{1}{3}H$.
Also $x = \dfrac{4}{9}r$ und $y = \dfrac{2}{9}h$.

25. *Achtung: Diagonalschnitt*
Extremalbedingung: $V = a^2 \cdot h = \dfrac{1}{2}d^2 \cdot h$
Nebenbedingung: $d^2 = 4r^2 - 4h^2$
Zielfunktion:
$V(h) = 2r^2 h - 2h^3$ mit $0 < h < r$
$V'(h) = 2r^2 - 6h^2$
$V''(h) = -12h$
$V'(h) = 0$ für $h = \sqrt{\dfrac{1}{3}}r$

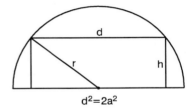

$d^2 = 2a^2$

Der Quader in der Halbkugel hat für $h = \sqrt{\dfrac{1}{3}}r$ das maximale Volumen mit $a = 2h = 2 \cdot \sqrt{\dfrac{1}{3}}r$ und $V = \dfrac{4}{3} \cdot \sqrt{\dfrac{1}{3}} \cdot r^3$. [Für die Kugel gilt $h = a = 2 \cdot \sqrt{\dfrac{1}{3}}r$. Der Quader ist also ein Würfel.]

26. Extremalbedingung: $V = \dfrac{1}{3}\pi r_K^2 \cdot h$

Nebenbedingung: $h^2 + r_K^2 = r^2$,

also $r_K^2 = r^2 - h^2$

Wir bestimmen zunächst die Höhe h des Kegels!
Zielfunktion:
$V(h) = \dfrac{1}{3}\pi\left(r^2 h - h^3\right)$ mit $0 < h < r$
$V'(h) = \dfrac{1}{3}\pi\left(r^2 - 3h^2\right)$
$V'(h) = 0$ für $h = \sqrt{\dfrac{1}{3}}r$

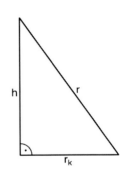

26. Fortsetzung

An der Stelle $h = \sqrt{\frac{1}{3}} r$ liegt ein Maximum vor. Wir berechnen nun den Mittelpunktswinkel α des Kreissektors der zu h gehört.
Für den Kegelmantel gilt: $M = \pi r_K r$. Mantelinhalt und Flächeninhalt des Kreissektors sind gleich, also
$M = \pi r_K r = \frac{1}{2} br$, dabei ist b die Bogenlänge des Kreissektors.
Es gilt: $b = \pi r \frac{\alpha}{180°}$.
Also $\pi r_K r = \frac{1}{2} \pi r^2 \frac{\alpha}{180°}$
$r_K = \frac{1}{2} r \frac{\alpha}{180°}$
Wir setzen r_K in die Nebenbedingungen ein.
$h^2 + \frac{1}{4} r^2 \left(\frac{\alpha}{180°}\right)^2 = r^2$
Nun $h^2 = \frac{1}{3} r^2$ einsetzen:
$\frac{1}{3} r^2 + \frac{1}{4} r^2 \left(\frac{\alpha}{180°}\right) = r^2$
Also $\alpha = \sqrt{\frac{2}{3}} \cdot 360° \approx 294°$.

27. (1) $f(x) = \frac{1}{x}$

Für den Abstand gilt:
$d(x) = \sqrt{x^2 + \frac{1}{x^2}}$, also $d^2(x) = x^2 + \frac{1}{x^2}$
$d^{2'}(x) = 2x - \frac{2}{x^3}$
$d^{2'}(x) = 0$ für $x = 1$
Der Punkt P (1 | 1) hat minimalen Abstand vom Koordinatenursprung.

(2) $f(x) = \frac{1}{3}\left(x^3 - 3x^2 + 5\right)$

$d(x) = \sqrt{x^2 + \frac{1}{9}\left(x^3 - 3x^2 + 5\right)^2}$
$d^2(x) = x^2 + \frac{1}{9}\left(x^3 - 3x^2 + 5\right)^2$
$d^{2'}(x) = \frac{2}{3} x^5 - \frac{10}{3} x^4 + 4x^3 + \frac{10}{3} x^2 - \frac{14}{3} x$
$d^{2'}(x) = 0$ für $x = 0$, $x = 1$, $x = -1$
Absolutes Minimum bei $x = -1$.
Der Punkt $P\left(-1 \mid \frac{1}{3}\right)$ hat minimalen Abstand vom Koordinatenursprung.

28. **a)** Extremalbedingung: $a = \sqrt{x^2 + y^2}$

Nebenbedingung: $y = \frac{x^2 + 16}{4x}$

Zielfunktion: $a(x) = \sqrt{x^2 + \left(\frac{x^2+16}{4x}\right)^2}$

$a'(x) = \frac{17x^4 - 256}{4x\sqrt{17x^4 + 32x^2 + 256} \cdot |x|}$

$a'(0) \to x_1 = \frac{4 \cdot \sqrt[4]{17^3}}{17} \approx 1{,}96991$; $x_2 = \frac{-4 \cdot \sqrt[4]{17^3}}{17} \approx -1{,}96991$

Schnittpunkte: $S_1\left(\frac{-4\sqrt[4]{17^3}}{17} \mid 2{,}52303\right)$; $S_1\left(\frac{4\sqrt[4]{17^3}}{17} \mid -2{,}52303\right)$

Abstand $a = 2 \cdot \sqrt{x^2 + y^2} = 3{,}2010$

b) Extremalbedingung: $U = 2x + 2y$

Nebenbedingung: $y = f(x) = \frac{x^2+16}{4x}$

Zielfunktion: $U(x) = 2x + \frac{x^2+16}{2x}$

$U'(x) = \frac{5x^2 - 16}{2x^2}$

$U'(0) \to x_1 = \frac{4\sqrt{5}}{5}$; $x_2 = \frac{-4\sqrt{5}}{5} \approx -1{,}7889$

$y = 2{,}6832$

Seitenlängen: $x = \frac{4\sqrt{5}}{5}$, $y = 2{,}6832$

c) Es gibt zwar ein Hoch- und ein Tiefpunkt (s. b), die aber aufgrund der Punktsymmetrie zustande kommen.

29. **a)** Extremalbedingung: $A = x \cdot y$
Nebenbedingung:
$y = \sqrt{\frac{1}{2}x + 6} + 2{,}5x$; $x \geq -12$
Zielfunktion:
$A(x) = x\left(\sqrt{\frac{1}{2}x + 6} + 2{,}5x\right)$

$A'(x) = \sqrt{\frac{1}{2}x + 6} + \frac{x}{4\sqrt{\frac{1}{2}x+6}} + 5x$

$A'(x) = 0 \Rightarrow x \approx -0{,}47$
$f(-0{,}47) \approx 1{,}225$
$A = 0{,}47 \cdot 1{,}225 = 0{,}576$ FE

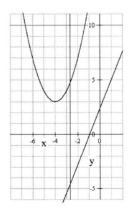

187

29. b) Extremalbedingung: $\text{abst} = |f(a)| + g(a)$
Nebenbedingung: $f(a) = \sqrt{\frac{1}{2}a + b} + 2,5a$
$g(a) = (a+4)^2 + 3$
Zielfunktion: $\text{abst}(a) = -\sqrt{\frac{1}{2}a + b} - 2,5a + (a+4)^2 + 3$

$\text{abst}'(a) = \frac{\sqrt{2}(\sqrt{2}\sqrt{x+12}(4x+11)-1)}{4\sqrt{x+12}}$

$\text{abst}'(a) = 0 \Rightarrow a \approx -2{,}692$ ist $\overline{PQ}$ minimal
P (−2,692 | −4,573)
Q (−2,692 | 4,711)
Abstand abst = 4,573 + 4,711 = 9,284 LE

30. Neue Fläche $F(x) = (64 - x) \cdot (144 - f(x))$ mit $x \in [0, 64]$
Randwerte $F(0) = 5\,120$; $F(64) = 0$
lokale Extrema: $F'(x) = -\frac{3}{16}x^2 + 8x - 80$

$\Rightarrow \left(26\frac{2}{3} \mid 4645{,}93\right)$ lokales Maximum, $(16 \mid 4608)$ lokales Minimum

$\Rightarrow$ Es liegt ein Randextremum vor, neue Abmessungen 64 cm · 80 cm

31. $u(x) = (100 - 2x) \cdot x$
$u'(x) = 100 - 4x$
$u'(x) = 0$ für $x = 25$
Der Umsatz wird maximal bei einem Absatz von $x = 25$ Mengeneinheiten mit einem Preis $p = 50$ pro Mengeneinheit.

32. $G(x) = 200x - (x^3 + 8x)$
$G'(x) = 200 - 3x^2 - 8 = 192 - 3x^2$, $G''(x) = -6x$
$G'(x) = 0$ für $x = 8$ und $x = -8$ (entfällt)
Der Gewinn wird für 8 Mengeneinheiten maximal.

33. Erlös bei x Mengeneinheiten: $E(x) = 9x$, $x > 0$
Gewinn bei x Mengeneinheiten: $G(x) = E(x) - K(x) = -\frac{1}{5}x^3 + \frac{12}{5}x^2 - 4x - 9$
Das Unternehmen arbeitet mit Gewinn, falls $G(x) > 0$, d. h. für ungefähr
$3{,}9 < x < 9{,}3$, also bei 4, 5, 6, 7, 8 oder 9 Mengeneinheiten.
Maximaler Gewinn, falls $G'(x) = 0$ und $G''(x) < 0$, also für $x \approx 7{,}06$.
$G(7) = 12$, $G(8) = 10{,}2$, also maximaler Gewinn bei 7 Mengeneinheiten.

187 34. Stückkosten $S(x) = \frac{K(x)}{x}$; $0 < x \leq 16$

$S(x) = x^2 - 9x + 28 + \frac{25}{x}$

$S'(x) = 2x - 9 - \frac{25}{x^2}$; $S''(x) = 2 + \frac{50}{x^3}$

$S'(x) = 0$ führt auf $x = 5$; $S''(5) = \frac{12}{5} > 0$; $S(5) = 13$

Untersuchung auf Randextrema:
$S(16) \approx 141{,}56$
$x \to 0$: $S(x) \to \infty$
Bei einer Produktionsmenge von 5 Einheiten sind die Stückkosten minimal, sie betragen dann 13 Geldeinheiten pro Mengeneinheit.

188 35. a) $K'(x) = \frac{9}{12\,500}x^2 - \frac{9}{125}x + \frac{23}{10}$, $K''(x) = \frac{9}{6250}x - \frac{9}{125}$, $K''(x) = 0$ für $x = 50$

Die Grenzkosten $K'(x)$ werden für $x = 50$ minimal und betragen $\frac{1}{2}$ Geldeinheit.

b) $\frac{K(x)}{x} = \frac{3}{12\,500}x^2 - \frac{9}{250}x + \frac{23}{10} + \frac{20}{x}$

$\left[\frac{K(x)}{x}\right]' = \frac{3}{6250}x + \frac{20}{x^2} - \frac{9}{250}$

$\left[\frac{K(x)}{x}\right]' = 0$ für $x \approx 65$, $x \approx 31$ und $x \approx -21$ (entfällt)

Minimum bei $x \approx 65$ mit den minimalen Durchschnittskosten von ca. 1,28.

c) Die Grenzkostenkurve ist die Tangentensteigungskurve von $K(x)$.
Die Durchschnittskosten $\frac{K(x)}{x}$ entsprechen der durchschnittlichen Tangentensteigung von $K(x)$.
Die durchschnittliche Tangentensteigung wird an der Stelle minimal, an der die durchschnittliche Tangentensteigung mit der Tangentensteigung übereinstimmt, also an der Stelle x_0, an der

gilt: $K'(x_0) = \frac{K(x_0)}{x_0}$

36. a) Die Nullstelle $x \neq 0$ der Parabel entspricht der Wurfweite.

$0 = \tan\alpha \cdot x - \frac{49}{4000 \cdot (\cos\alpha)^2} \cdot x^2$, also $0 = \tan\alpha - \frac{49}{4000 \cdot (\cos\alpha)^2} \cdot x$

$x = \frac{4000}{49} \cdot \tan\alpha \cdot (\cos\alpha)^2$

Beachtet man noch $\tan\alpha = \frac{\sin\alpha}{\cos\alpha}$, so ergibt sich

$x = \frac{4000}{49} \cdot \sin\alpha \cdot \cos\alpha$

188

36. b) $x^2 = \frac{16\,000\,000}{2\,401} \cdot \sin^2\alpha \cdot \cos^2\alpha$

    Es gilt: $\sin^2\alpha + \cos^2\alpha = 1$, also $\cos^2\alpha = 1 - \sin^2\alpha$, also
    $x^2 = \frac{16\,000\,000}{2\,401} \cdot \left(\sin^2\alpha - \sin^4\alpha\right)$
    $x^2(d) = \frac{16\,000\,000}{2\,401}\left(d - d^2\right)$ mit $d = \sin^2\alpha$
    $x^{2'}(d) = \frac{16\,000\,000}{2\,401} - \frac{32\,000\,000}{2\,401}d$
    $x^{2'}(d) = 0$ für $d = \frac{1}{2}$
    $\sin^2\alpha = \frac{1}{2}$ wenn $\sin\alpha = \sqrt{\frac{1}{2}}$, also $\alpha = 45°$.

37. Welchen rechteckigen Querschnitt muss der Balken haben, damit seine Tragfähigkeit T maximal wird?
    Extremalbedingung: $T = c \cdot g \cdot h^2$
    Nebenbedingung: $g^2 + h^2 = d^2$, also $h^2 = d^2 - g^2$
    Zielfunktion:
    $T(g) = c \cdot \left(d^2 g - g^3\right)$
    $T'(g) = c \cdot \left(d^2 - 3g^2\right)$
    $T'(g) = 0$ für $g = \sqrt{\frac{1}{3}}d$
    Die Tragfähigkeit wird maximal für $g = \sqrt{\frac{1}{3}}d$ und $h = \sqrt{\frac{2}{3}}d^2$, also
    $T = c \cdot \frac{2}{3} \cdot \sqrt{\frac{1}{3}}d^3$.

38. Extremalbedingung: $O = 2a^2 + 4ah$
    Nebenbedingung: $a^2 \cdot h = 1\,000$
    Zielfunktion:
    $O(a) = 2a^2 + \frac{4000}{a}$
    $O'(a) = 4a - \frac{4000}{a^2}$
    $O'(a) = 0$ für $a = 10$
    Die Oberfläche wird minimal, wenn der Kasten ein Würfel ist mit $a = 10$ cm.

39. Genau dann, wenn P auf der Geraden $P_1 P_2'$ liegt. Man spiegelt P_2 an der blauen Geraden und erhält P_2'. Danach verbindet man P_1 mit P_2'. Der Schnittpunkt der Geraden $P_1 P_2'$ mit der blauen Geraden ist der gesuchte Punkt P.

188   40. a) *Grenzkosten:* $K'(x) = 0,03x^2 - 6x + 320$
$K''(x) = 0,06x - 6$
$K'''(x) = 0,06$

Die Grenzkosten $K'(x)$ werden minimal für $x = 100$.

Durchschnittskosten: $D(x) = \frac{K(x)}{x} = 0,01x^2 - 3x + 320 + \frac{8000}{x}$

$D'(x) = 0,02x - 3 - \frac{8000}{x^2}$

$D'(x) = 0$ für $x \approx 164,74$

Für eine Produktionsmenge von $x \approx 164,74$ Mengeneinheiten sind die Durchschnittskosten minimal.

b) $G(x) = E(x) - K(x) = -0,01x^3 + 3x^2 + 35x - 8000$

$G'(x) = -0,03x^2 + 6x + 35$

$G''(x) = -0,06x + 6$

$G'(x) = 0$ für $x = \frac{10}{3}\sqrt{1\,005} + 3$ und $x = -\frac{10}{3}\sqrt{1\,005} - 3$

Die Produktionsmenge von $x \approx 205,67$ Mengeneinheiten bringt maximalen Gewinn.

5.2 Bestimmen ganzrationaler Funktionen mit vorgegebenen Eigenschaften

190   2. a) $f(x) = ax^3 + bx^2 + cx + d$, $f'(x) = 3ax^2 + 2bx + c$, $f''(x) = 6ax + 2b$
$f(-1) = 2$, $f'(-1) = 0$, $f''(0) = 0$, $f(3) = 1$

$\begin{vmatrix} -a + b - c + d = 2 \\ 27a + 9b + 3c + d = 1 \\ 3a - 2b + c = 0 \\ 2b = 0 \end{vmatrix}$, also $b = 0$

wegen $b = 0$ erhält man

$\begin{vmatrix} -a - c + d = 2 \\ 27a + 3c + d = 1 \\ 3a + c = 0 \end{vmatrix}$

und damit $a = -\frac{1}{16}$, $c = \frac{3}{16}$ und $d = \frac{17}{8}$

$f(x) = -\frac{1}{16}x^3 + \frac{3}{16}x + \frac{17}{8}$ (blauer Graph im Schülerband).

190

2. **b)** Wie unter Teilaufgabe a) erhalten wir b = 0 und folgendes Gleichungssystem.
$$\begin{vmatrix} -a-c+d=2 \\ 27a+3c+d=3 \\ 3a+c=0 \end{vmatrix}$$
Als Lösung ergibt sich $a = \frac{1}{16}$, $c = -\frac{1}{16}$ und $d = \frac{15}{8}$
$f(x) = \frac{1}{16}x^3 - \frac{3}{16}x + \frac{15}{8}$ (roter Graph im Schülerband)
Die Bedingungen ergeben eine eindeutige Lösung. T ist aber kein Tiefpunkt, sondern ein Hochpunkt.

c) Der rote Graph ist Spiegelbild des blauen Graphen. Er entsteht durch Achsenspiegelung an der Geraden y = 2.
Die Funktion die zum roten Graphen gehört, erfüllt eindeutig die Bedingungen unter Teilaufgabe b), jedoch ist T ein relativer Hochpunkt.

3. Wegen Symmetrie zur 2. Achse gilt
$f(x) = ax^4 + bx^2 + c$.
$f(0) = 0$, also $c = 0$
$f'(x) = 4ax^3 + 2bx$
$f''(x) = 12ax^2 + 2b$, $b \le 0$ wegen $f''(0) \le 0$, da H (0 | 0) Hochpunkt sein soll.
Es ergibt sich $f(x) = ax^4 + bx^2$.

1. Fall: $a < 0, b \le 0$
H (0 | 0) ist absoluter Hochpunkt. Es gibt keine weiteren Extrempunkte und der Graph verläuft unterhalb der 1. Achse.

2. Fall: $a > 0, b < 0$
Der Graph hat an den Stellen $x_1 = \sqrt{-\frac{b}{2a}}$ und $x_2 = -\sqrt{-\frac{b}{2a}}$ absolute Tiefpunkte.
Nullstellen: $x_1 = \sqrt{-\frac{b}{a}}$ und $x_2 = -\sqrt{-\frac{b}{a}}$

191

4. **a)** Die Steigung der Tangenten in den Punkten (1 | 2) und (3 | 4) muss mit der Steigung der jeweiligen Gerade übereinstimmen, damit kein Knick vorliegt. Außerdem muss der Graph von f durch die Punkte (1 | 2) und (3 | 4) verlaufen. Damit ergeben sich folgende Bedingungen für f:
(1) $f(1) = 2$, (2) $f(3) = 4$, (3) $f'(1) = \frac{3}{4}$, (4) $f'(3) = 0$
Ansatz: $f(x) = ax^3 + bx^2 + cx + d$ $f'(x) = 3ax^2 + 2bx + c$
(1) $a + b + c + d = 2$ (3) $3a + 2b + c = \frac{3}{4}$
(2) $27a + 9b + 3c + d = 4$ (4) $27a + 6b + c = 0$
Als Lösung dieses Gleichungssystems erhalten wir
$a = -\frac{5}{16}$, $b = \frac{27}{16}$, $c = -\frac{27}{16}$ und $d = \frac{37}{16}$ und somit
$f(x) = -\frac{5}{15}x^3 + \frac{27}{16}x^2 - \frac{27}{16}x + \frac{37}{16}$.

191

4. b) Ansatz: $g(x) = ax^5 + bx^4 + cx^3 + dx^2 + ex + f$
$g'(x) = 5ax^4 + 4bx^3 + 3cx^2 + 2dx + e$
$g''(x) = 20ax^3 + 12bx^2 + 6cx + 2d$

(1) $g(1) = 2$,   (3) $g'(1) = \frac{3}{4}$,   (5) $g'(3) = 0$,
(2) $g(3) = 4$,   (4) $g''(1) = 0$,   (6) $g''(3) = 0$

Damit ergibt sich das Gleichungssystem
(1) $a + b + c + d + e + f = 2$
(2) $243a + 81b + 27c + 9d + 3e + f = 4$
(3) $5a + 4b + 3c + 2d + e = \frac{3}{4}$
(4) $20a + 12b + 6c + 2d = 0$
(5) $405a + 108b + 27c + 6d + e = 0$
(6) $540a + 108b + 18c + 2d = 0$

Als Lösung erhalten wir daraus
$g(x) = \frac{15}{64}x^5 - \frac{147}{64}x^4 + \frac{263}{32}x^3 - \frac{423}{32}x^2 + \frac{675}{64}x - \frac{95}{64}$

c) Grafik zu a)   Grafik zu b)

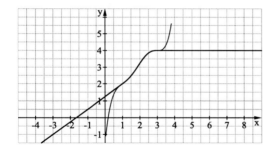
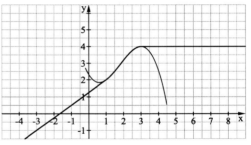

Die Lösung von b) ist ein weicherer Übergang.

5. a) $f(x) = ax^2 + bx + c$, $f'(x) = 2ax + b$
$f(0) = 0$, also $c = 0$
$f(2) = 3$, also $4a + 2b = 3$

Steigung in P gleich 2
$f'(2) = 2$, also $4a + b = 2$
$f(x) = \frac{1}{4}x^2 + x$

Steigung in P gleich −1
$f'(2) = -1$, also $4a + b = -1$
$f(x) = -\frac{5}{4}x^2 + 4x$

Steigung in P gleich 0
$f'(2) = 0$, also $4a + b = 0$
$f(x) = -\frac{3}{4}x^2 + 3x$

191

5. a) Fortsetzung
Steigung in 0 gleich 2
$f'(0) = 2$, also b = 2
$f(x) = -\frac{1}{4}x^2 + 2x$

Steigung in 0 gleich –1
$f'(0) = -1$, also b = –1
$f(x) = \frac{5}{4}x^2 - x$

Steigung in 0 gleich 0
$f'(0) = 0$, also b = 0
$f(x) = \frac{3}{4}x^2$

b) $f(x) = ax^2 + bx + c$, $f'(x) = 2ax + b$
$f(1) = 2$, also $a + b + c = 2$
$f(0) = 0$, also $c = 0$
$f'(1) = 0$, also $2a + b = 0$
$a = -2$, $b = 4$, $f(x) = -2x^2 + 4x$

c) $f(x) = ax^2 + bx + c$, $f'(x) = 2ax + b$
$f(0{,}75) = 0$, also $1{,}5a + b = 0$
$f'(1) = 4$, also $2a + b = 4$
$a = 8$, $b = -12$, c ist beliebig
$f(x) = 8x^2 - 12x + c$

6. $f(x) = ax^3 + bx^2 + cx + d$
$f'(x) = 3ax^2 + 2bx + c$
$f''(x) = 6ax + 2b$
$f'''(x) = 6a$

a) $f(0) = 0$, also $d = 0$
$f(2) = 4$, also $8a + 4b + 2c = 4$
$f'(2) = -3$, also $12a + 4b + c = -3$
$f''(2) = 0$, also $12a + 2b = 0$
$a = \frac{5}{4}$, $b = -\frac{15}{2}$, $c = 12$, $d = 0$
$f(x) = \frac{5}{4}x^3 - \frac{15}{2}x^2 + 12x$

b) $f(0) = 0$, also $d = 0$
$f''(0) = 0$, also $b = 0$
$f'\left(\frac{1}{2}\sqrt{2}\right) = 0$, also $\frac{3}{2}a + c = 0$
$f(1) = 2$, also $a + c = 2$
$a = -4$, $b = 0$, $c = 6$, $d = 0$
$f(x) = -4x^3 + 6x$
$f''\left(\frac{1}{2}\sqrt{2}\right) = -24\left(\frac{1}{2}\sqrt{2}\right) < 0$, also hat der Graph an der Stelle $\frac{1}{2}\sqrt{2}$ einen Hochpunkt.

191

6. c) f(0) = 0, also d = 0
f'(0) = 0, also c = 0
f''(2) = 0, also 12a + 2b = 0
f'(2) = 4, also 12a + 4b = 4
$a = -\frac{1}{3}$, b = 2, c = 0, d = 0

$f(x) = -\frac{1}{3}x^3 + 2x^2$ ist die einzige Lösung. f''(0) = 4 > 0, also ist der Punkt O (0 | 0) ein Tiefpunkt.
Es gibt keine Funktion mit diesen Eigenschaften, bei der O (0 | 0) Hochpunkt des Graphen ist.

192

7. $f(x) = ax^3 + bx^2 + cx + d$

a) Bedingungen: (1) f(0) = 0
(2) f''(0) = 0
(3) f(3) = 2
(4) f'(3) = 0

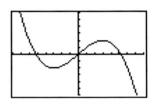

Gleichungssystem: (1) d = 0
(2) 2b = 0
(3) 27a + 9b + 3c + d = 2
(4) 27a + 6b + c = 0

Lösung: $a = -\frac{1}{27}$; b = 0; c = 1; d = 0

$f(x) = -\frac{1}{27}x^3 + x$

b) Bedingungen: (1) f(0) = 0
(2) f(1) = −2
(3) f'(0) = 0
(4) f''(1) = 0

Gleichungssystem: (1) d = 0
(2) a + b + c = −2
(3) c = 0
(4) 6a + 2b = 0

Lösung: a = 1; b = −3; c = 0; d = 0

$f(x) = x^3 - 3x^2$

c) Bedingungen: (1) f(2) = 1
(2) f'(2) = 0
(3) f''(2) = 0
(4) f(0) = 0

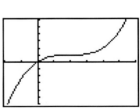

Gleichungssystem: (1) 8a + 4b + 2c + d = 1
(2) 12a + 4b + c = 0
(3) 12a + 2b = 0
(4) d = 0

Lösung: $a = \frac{1}{8}$; $b = -\frac{3}{4}$; $c = \frac{3}{2}$; d = 0

$f(x) = \frac{1}{8}x^3 - \frac{3}{4}x^2 + \frac{3}{2}x$

192

7. d) $g(x) = x^2 + x$, Scheitelpunkt $S\left(-\frac{1}{2} \mid -\frac{1}{4}\right)$

    Bedingungen für f:
    (1) $f(0) = 1$
    (2) $f''(0) = 0$
    (3) $f\left(-\frac{1}{2}\right) = -\frac{1}{4}$
    (4) $f'\left(-\frac{1}{2}\right) = 0$

    Gleichungssystem:
    (1) $d = 1$
    (2) $2b = 0$
    (3) $-\frac{1}{8}a + \frac{1}{4}b - \frac{1}{2}c + d = -\frac{1}{4}$
    (4) $\frac{3}{4}a - b + c = 0$

    Lösung: $a = -5; b = 0; c = \frac{15}{4}, d = 1$
    $f(x) = -5x^3 + \frac{15}{4}x + 1$

8. a) Vermutung:
    f ganzrationale Funktion 3. Grades mit folgenden Eigenschaften:
    (1) $f(0) = 0$
    (2) $f(2) = 8$
    (3) $f'(2) = 0$
    (4) $f(6) = 0$

    Gleichungssystem:
    (1) $d = 0$
    (2) $8a + 4b + 2c + d = 8$
    (3) $12a + 4b + c = 0$
    (4) $216a + 36b + 6c + d = 0$

    Lösung: $a = \frac{1}{4}; b = -3; c = 9; d = 0$
    $f(x) = \frac{1}{4}x^3 - 3x^2 + 9x$

  b) Vermutung: f ganzrationale Funktion 4. Grades, deren Schaubild symmetrisch zur y-Achse ist, also: $f(x) = ax^4 + bx^2 + c$

    Bedingungen:
    (1) $f(0) = 1$
    (2) $f(2) = -3$
    (3) $f'(2) = 0$

    Gleichungssystem:
    (1) $c = 1$
    (2) $16a + 4b + c = -3$
    (3) $32a + 4b = 0$

    Lösung: $a = \frac{1}{4}; b = -2; c = 1$
    $f(x) = \frac{1}{4}x^4 - 2x^2 + 1$

8. c) Vermutung: f ganzrationale Funktion 3. Grades
$f(x) = ax^3 + bx^2 + cx + d$
Eigenschaften: (1) $f(-1) = 0$
  (2) $f(1) = -1$
  (3) $f'(1) = 0$
  (4) $f''(1) = 0$
Gleichungssystem: (1) $-a + b - c + d = 0$
  (2) $a + b + c + d = -1$
  (3) $3a + 2b + c = 0$
  (4) $6a + 2b = 0$
Lösung: $a = -\frac{1}{8}$; $b = \frac{3}{8}$; $c = -\frac{3}{8}$; $d = -\frac{7}{8}$
$f(x) = -\frac{1}{8}x^3 + \frac{3}{8}x^2 - \frac{3}{8}x - \frac{7}{8}$

9. Durch Verschieben des Graphen um -1 entlang der x-Achse erhält man die Bedingungen:
(1) $f(0) = 0$ (2) $f'(0) = 0$ (3) $f''(0) = 0$ (4) $f(1) = 2$ (5) $f'(1) = 2$
allgemeiner Ansatz: $f(x) = ax^4 + bx^3 + cx^2 + dx + e$
(1) $e = 0$
(2) $d = 0$
(3) $c = 0$
(4) $a + b + c + d + e = 2$
(5) $4a + 3b + 2c + d = 2$
Lösung dieses Gleichungssystems: $a = -4$, $b = 6$, $c = 0$, $d = 0$, $e = 0$,
also ist $f(x) = -4(x-1)^4 + 6(x-1)^3$

10. a) Festlegung eines Koordinatensystems: Die x-Achse legt man in die Höhe 0 m, die y-Achse verläuft durch den Scheitelpunkt.
$f(x) = ax^2 + b$ muss damit folgende Bedingungen genügen:
(1) $f(0) = 5,5$, also $b = 5,5$
(2) $f(3) = 2,1$, also $16a + 5,5 = 2,1$; $a = -\frac{17}{80}$
Damit $f(x) = -\frac{17}{80}x^2 + 5,5$.
Brückenhöhe an der Bordsteinkante: $f(3) = 3,5875$ m.
Mit Berücksichtigung des Sicherheitsabstandes darf die Durchfahrt für eine maximale Durchfahrtshöhe von 3,38 m freigegeben werden.
b) Mit Berücksichtigung eines Sicherheitsabstandes von 20 cm müsste die Brückenhöhe an der Bordsteinkante 4,20 m betragen. Da die augenblickliche Höhe an dieser Stelle 3,5875 m beträgt, müsste die Straße um mindestens 0,6125 m tiefer gelegt werden.

193

11. $f(-x) = f(x) \Rightarrow f(x) = ax^5 + bx^3 + cx$
    $f(50) = 2{,}5$
    $f'(50) = 0$
    Man kann an den Graphen der Funktion f (x) die Tangente durch den Punkt O (0 | 0) konstruieren, dann
    $m \approx \frac{2{,}5}{25} = f'(0) \Rightarrow c = \frac{2{,}5}{25} = 0{,}1$
    $\begin{cases} 50^5 \cdot a + 50^3 \cdot b + 5 = 2{,}5 \\ 5 \cdot 50^4 + 3 \cdot 50^2 \cdot b + 0{,}1 = 0 \end{cases} \Rightarrow a = 4 \cdot 10^{-9},\ b = -3 \cdot 10^{-5}$
    $f(x) = 4 \cdot 10^{-9} x^5 - 3 \cdot 10^{-5} x^3 + 0{,}1x$

12. $f(x) = ax^3 + bx^2 + cx,\ f'(x) = 3ax^2 + 2bx + c$
    $f(10) = 20$, also $1\,000a + 100b + 10c = 20$
    $f(20) = 40$, also $8\,000a + 400b + 20c = 40$
    $f'(20) = 0$, also $1\,200a + 40b + c = 0$
    $a = -\frac{1}{100},\ b = \frac{3}{10},\ c = 0$
    $f(x) = -\frac{1}{100}x^3 + \frac{3}{10}x^2$

13. (1) Festlegung eines Koordinatensystems: Ursprung verläuft durch den Scheitelpunkt der unteren Parabel.
    (2) Beschreibung der beiden Berandungsbögen durch Parabeln
    - äußere Berandung: $f(x) = ax^2$
      Bedingung: $f(3{,}4) = 10{,}2$, also $11{,}56a = 10{,}2$ bzw. $a \approx 0{,}8824$
    - innere Berandung: $g(x) = bx^2 + c$
      Bedingungen: (1) $g(3{,}3) = 10{,}2$
      (2) $g(0) = 1{,}2$
      also (1) $10{,}89b + c = 10{,}2$
      (2) $c = 1{,}2$
      Somit $b \approx 0{,}8264$, $c = 1{,}2$
    Ergebnis: äußere Berandung:
    $f(x) = 0{,}8824x^2,\ -3{,}4 \le x \le 3{,}4$
    innere Berandung:
    $g(x) = 0{,}8264x^2 + 1{,}2,\ -3{,}3 \le x \le 3{,}3$

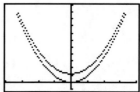

193

14. a) Koordinatenursprung im Ausgangspunkt
$h(x) = ax^3 + bx^2 + cx + d$

Bedingungen: (1) $h(0) = 0$
(2) $h'(0) = 0$
(3) $h(12) = 4$
(4) $h'(12) = 0$

Gleichungssystem: (1) $d = 0$
(2) $c = 0$
(3) $1728a + 144b = 4$
(4) $432a + 24b = 0$

Lösung: $a = -\frac{1}{216}$; $b = \frac{1}{12}$; $c = 0$; $d = 0$ $\quad h(x) = -\frac{1}{216}x^3 + \frac{1}{12}x^2$

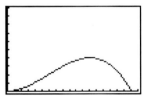

b) $h(9,15) \approx 3,4$
Die „Mauer" aus den hochspringenden Gegenspielern darf maximal 3,4 m hoch sein.

c) $h(x) = -\frac{1}{216}x^3 + \frac{1}{12}x^2 = 2$, $x > 9,15$
Lösung mithilfe des GTR: $x_1 = 6$; $x_2 \approx 16,4$
Von den möglichen Lösungen kommt wegen $x > 9,15$ nur $x_2 \approx 16,4$ in Frage. Der Freistoß war also ca. 16,4 m vom Tor entfernt.

d) $h(x) = x^2 \left(-\frac{1}{216}x + \frac{1}{12}\right)$, $x > 9,15$
$x_0 = 18$ ist Nullstelle von $h(x)$.
$h'(18) = -\frac{3}{2}$ $\qquad \tan(\alpha) = -\frac{3}{2}$, also $\alpha \approx 56,3°$
Der Ball wäre in einer Entfernung von 18 m vom Freistoßpunkt unter einem Winkel von ca. 56,3° auf dem Boden aufgekommen.

5.3 Untersuchung von Funktionenscharen

196

2. a) $f_k(x) = x^3 + 3x^2 + (1-k) \cdot 3 \cdot x$
$f_k'(x) = 3x^2 + 6x + 3(1-k)$
$f_k''(x) = 6x + 6$, $f_k'''(x) = 6$
$f_k'(x) = 0$ wenn $x^2 + 2x - k + 1 = 0$, also $x_{1/2} = -1 \pm \sqrt{k}$
$f_k''(x_1) = 6\sqrt{k}$, $f_k''(x_2) = -6\sqrt{k}$

	$x_1 = -1 + \sqrt{k}$	$x_2 = -1 - \sqrt{k}$
$k < 0$	keine Extrempunkte	keine Extrempunkte
$k = 0$	$x_1 = x_2 = -1$ $\quad$ S$(-1 \mid -1)$ ist Sattelpunkt	
$k > 0$	relativer Tiefpunkt $\left(-1+\sqrt{k} \mid 3k - 2k\sqrt{k} - 1\right)$	relativer Hochpunkt $\left(-1-\sqrt{k} \mid 3k + 2k\sqrt{k} - 1\right)$

196

2. b) $k = (x_e + 1)^2 = x_e^2 + 2x_e + 1$

$y_e = x_e^3 + 3x_e^2 + 3x_e(-x_e^2 - 2x_e)$

$y_e = x_e^3 + 3x_e^2 - 3x_e^3 - 6x_e^2$

$y_e = -2x_e^3 - 3x_e^2$

Es gilt sicher $y_e = f(x_e)$ für jede Extremstelle x_e. Wegen $f'(x_e) = 0$ gilt außerdem $k = x_e^2 + 2x_e + 1$. Wenn man diese Bedingung auch berücksichtigt, kann man $k = x_e^2 + 2x_e + 1$ in $f_k(x_e) = y_e$ einsetzen.

3. a) Die einzelnen Graphen laufen parallel zur x-y-Ebene, entlang der k-Achse durch den Wert k.
Man kann sich auch vorstellen, dass man zu jedem konkreten k die x-y-Achse nach k, auf der k-Achse verschiebt. Dann liegt der Graph von f_k in der x-y-Ebene.

b)

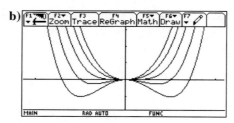
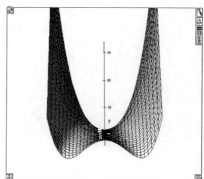

197

4. a) $f_k(x) = 4x - kx^2$

$f_k'(x) = 4 - 2kx$

$f_k''(x) = -2k$

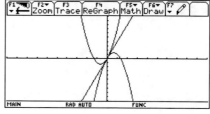

Nullstellen: $x_1 = \frac{4}{k}$ für $k \neq 0$ und $x_2 = 0$

Extrempunkte: $k < 0$: Tiefpunkt $\left(\frac{2}{k} \mid \frac{4}{k}\right)$

$k > 0$: Hochpunkt $\left(\frac{2}{k} \mid \frac{4}{k}\right)$

Wendepunkt: keine

b) Es ist offensichtlich, dass sich alle Graphen f_k im Punkt (0 | 0) schneiden. Die Steigung hat in diesem Punkt den Wert 4.

197

5. a) $f_k(x) = x^2 + kx + k$
$f_k'(x) = 2x + k$
$f_k''(x) = 2$

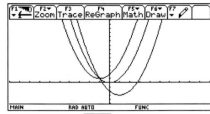

Nullstellen: $x_1 = -\frac{k}{2} + \frac{\sqrt{k^2-4k}}{2}$ und $x_2 = -\frac{k}{2} - \frac{\sqrt{k^2-4k}}{2}$

Extrempunkte: $k < 0$: Tiefpunkt $\left(-\frac{k}{2} \mid k - \frac{k^2}{4}\right)$

Wendepunkt: keine

b) Tiefpunkt $(x \mid y)$ mit $x = -\frac{k}{2}$ und $y = k - \left(\frac{k}{2}\right)^2$.
Also $y = -2 \cdot \left(-\frac{k}{2}\right) - \left(\frac{k}{2}\right)^2$, $y = -2x - x^2$.

c) $0 < k < 4$

6. a) $f_k(x) = -x^2 + k$ b) $f_k(x) = (x-k)^2 + k$

7. a) $f_k(x) = x^4 - kx^2$
$f_k'(x) = 4x^3 - 2kx$
$f_k''(x) = 12x^2 - 2k$
$f_k'''(x) = 24x$

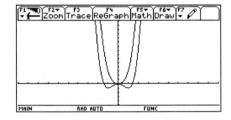

Nullstellen: $x_1 = 0$, $x_2 = \sqrt{k}$, $x_3 = -\sqrt{k}$ mit $k \geq 0$

Extrempunkte: Hochpunkt $(0 \mid 0)$,
Tiefpunkt $\left(\frac{-\sqrt{k}}{\sqrt{2}} \mid -\frac{k^2}{4}\right)$, Tiefpunkt $\left(\frac{\sqrt{k}}{\sqrt{2}} \mid -\frac{k^2}{4}\right)$

Wendepunkte: $W_1\left(-\frac{\sqrt{6k}}{6} \mid \frac{-5k^2}{36}\right)$, $W_2\left(\frac{\sqrt{6k}}{6} \mid \frac{-5k^2}{36}\right)$

b) $y = -x^4$

c) $x_e = \frac{\sqrt{k}}{\sqrt{2}}$, $x_e = \frac{-\sqrt{k}}{\sqrt{2}}$, $x_w = \frac{\sqrt{6k}}{6}$

Es gilt $\frac{x_e}{x_w} = \sqrt{3}$ oder $\frac{x_e}{x_w} = -\sqrt{3}$.

197 8. a) $f_k(x) = x^2 - kx^3$

$f_k'(x) = 2x - 3kx^2$

$f_k''(x) = 2 - 6kx$

$f_k'''(x) = -6k$

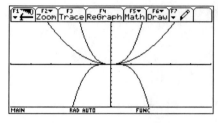

Nullstellen: $x_1 = 0$, $x_2 = \frac{1}{k}$

Extrempunkte:

$k > 0$: Tiefpunkt $(0 \mid 0)$, Hochpunkt $\left(\frac{2}{3k} \mid \frac{4}{27k^2}\right)$

$k < 0$: Hochpunkt $(0 \mid 0)$, Tiefpunkt $\left(\frac{2}{3k} \mid \frac{4}{27k^2}\right)$

$k = 0$: Tiefpunkt $(0 \mid 0)$

Wendepunkte: Für $k \neq 0$ ergibt sich $W\left(\frac{1}{3k} \mid \frac{2}{27k^2}\right)$.

b) $f_k(100) = 100^2 - k \cdot 100^3 = 0 \Rightarrow k = \frac{1}{100}$

Für $k = \frac{1}{100}$ hat f_k an der Stelle $x = 100$ eine Nullstelle.

c) Es gilt $y_w = \frac{2}{3} x_w^2$.

d) $d^2(k) = \left(\frac{2}{3k} - 0\right)^2 + \left(\frac{4}{27k^2} - 4\right)^2$

$d^2(k)$ wird minimal für $k_1 = \frac{2 \cdot \sqrt{30}}{45}$ und $k_2 = \frac{-2 \cdot \sqrt{30}}{45}$.

Es gilt: $d^2(k_1) = d^2(k_2) = \frac{39}{4}$.

Für den Extrempunkt $(0 \mid 0)$ ergibt sich jedoch $d^2 = 4$.
Somit hat der Extrempunkt $(0 \mid 0)$ in jedem Fall den minimalsten Abstand von $P(0 \mid 2)$.

198 9. $f_k(x) = 2x^3 - 3kx^2 + k^3$

$f_k'(x) = 6x^2 - 6kx$

$f_k''(x) = 12x - 6k$

$f_k'''(x) = 12$

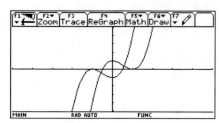

a) $f_k'(k) = 0$, Extrempunkt $(k \mid 0)$, d. h. die 1. Achse ist Tangente im Punkt $(k \mid 0)$.

b) *Nullstellen:* $x_1 = -\frac{k}{2}$, $x_2 = k$

Extrempunkte:

$k < 0$: Hochpunkt $(k \mid 0)$, Tiefpunkt $\left(0 \mid k^3\right)$

$k > 0$: Tiefpunkt $(k \mid 0)$, Hochpunkt $\left(0 \mid k^3\right)$

Wendepunkte: $W\left(\frac{1}{2}k \mid \frac{1}{2}k^3\right)$

198

9. c) $f_k(x) + f_{-k}(-x) = 0$, also $f_k(x) = -f_{-k}(-x)$

10. $f_k(x) = (x^2 - 1) \cdot (x - k)$

    $f_k'(x) = 3x^2 - 2kx - 1$

    $f_k''(x) = 6x - 2k$

    $f_k'''(x) = 6$

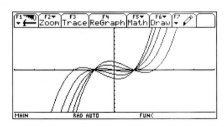

a) Unabhängig von k haben alle Funktionen f_k folgende Schnittpunkte mit der 1. Achse: $N_1(1\,|\,0)$ und $N_2(-1\,|\,0)$.

b) $f_k'(x) = 0$ für $x_1 = \frac{k}{3} - \frac{\sqrt{k^2+3}}{3}$ und $x_2 = \frac{k}{3} + \frac{\sqrt{k^2+3}}{3}$

Wir bestimmen nun k so, dass $f_k(x_1) = 0$ bzw. $f_k(x_2) = 0$ gilt.

Es gilt: $f_k(x) = 0$ für $x = 1$, $x = -1$ und $x = k$

$\frac{k}{3} - \frac{\sqrt{k^2+3}}{3} = 1$ $\qquad\qquad$ $\frac{k}{3} - \frac{\sqrt{k^2+3}}{3} = -1$

$k - \sqrt{k^2+3} = 3$ $\qquad\qquad$ $k - \sqrt{k^2+3} = -3$

$-\sqrt{k^2+3} = 3-k$ $\qquad\qquad$ $-\sqrt{k^2+3} = -3-k$

$k^2 + 3 = 9 - 6k + k^2$ $\qquad\qquad$ $k^2 + 3 = 9 + 6k + k^2$

$6k = 6$ $\qquad\qquad\qquad\qquad$ $-6k = 6$

$k = 1$ $\qquad\qquad\qquad\qquad\quad$ $k = -1$

Für x_2 erhält man auch $k = 1$ und $k = -1$

$\frac{k}{3} - \frac{\sqrt{k^2+3}}{3} = k$

$k - \sqrt{k^2+3} = 3k$

$-\sqrt{k^2+3} = 2k$

$k^2 + 3 = 4k^2$

$3 = 3k^2$, also auch $k = 1$ und $k = -1$

c) *Nullstellen:* $x_1 = 1$, $x_2 = -1$, $x_3 = k$

Extrempunkte:

Hochpunkt $\left(\frac{k}{3} - \frac{\sqrt{k^2+3}}{3} \;\middle|\; \frac{-2(k^2-3)\sqrt{k^2+3} + 4k^2\sqrt{k^2+3} - 2k(k^2-9)}{27}\right)$

Tiefpunkt $\left(\frac{k}{3} + \frac{\sqrt{k^2+3}}{3} \;\middle|\; \frac{2(k^2-3)\sqrt{k^2+3} - 4k^2\sqrt{k^2+3} - 2k(k^2-9)}{27}\right)$

Wendepunkt: $W\left(\frac{k}{3} \;\middle|\; -\frac{2k(k^2-9)}{27}\right)$

198

11. $f_k(x) = x^5 - kx^3$

$f_k'(x) = 5x^4 - 3kx^2$

$f_k''(x) = 20x^3 - 6kx$

$f_k'''(x) = 60x^2 - 6k$

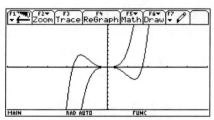

a) *Nullstellen:* $x_1 = 0$, $x_2 = \sqrt{k}$ für $k > 0$, $x_3 = -\sqrt{k}$ für $k > 0$

Extrempunkte:

Tiefpunkt $\left(\sqrt{\tfrac{3}{5}}\sqrt{k} \mid k^2\sqrt{k} \cdot \left(-\tfrac{6}{25}\right) \cdot \sqrt{\tfrac{3}{5}}\right)$ für $k > 0$

Hochpunkt $\left(-\sqrt{\tfrac{3}{5}}\sqrt{k} \mid k^2\sqrt{k} \cdot \left(+\tfrac{6}{25}\right) \cdot \sqrt{\tfrac{3}{5}}\right)$ für $k > 0$

Sattelpunkt: (0 | 0)

b) $y_e = -\tfrac{6}{9} x_e^5$

12. $f_k(x) = -x^3 + kx^2 + (k-1)x$

$f_k'(x) = -3x^2 + 2kx + k - 1$

$f_k''(x) = -6x + 2k$

$f_k'''(x) = -6$

a) Sei $S(x_S \mid y_S)$ ein Schnittpunkt von f_{k_1} und f_{k_2}.

Es gilt dann:

$-x_S^3 + k_1 x_S^2 + (k_1 - 1) x_S = -x_S^3 + k_2 x_S^2 + (k_2 - 1) x_S$

Für $x_S \neq 0$ ergibt sich

$k_1 x_S + k_1 - 1 = k_2 x_S + k_2 - 1$

$(k_1 - k_2) x_S = -(k_1 - k_2)$

Für $k_1 \neq k_2$ erhält man so $x_S = -1$.

Damit ergibt sich $S(-1 \mid 2)$.

Außerdem schneiden sich alle Graphen im Punkt (0 | 0).

b) $f_k'(3) = -27 + 6k + k - 1 = -28 + 7k = 0$

$f_k'(3) = 0$ für $k = 4$

Der Punkt (3 | 18) ist ein Hochpunkt von $f_4(x)$.

c) $-3x^2 + 2kx + k - 1 = 0$

$x^2 - \tfrac{2k}{3}x - \tfrac{k-1}{3} = 0$

$x_{1/2} = \tfrac{k}{3} \pm \sqrt{\tfrac{k^2}{9} + \tfrac{k-1}{3}} = \tfrac{k}{3} \pm \sqrt{\tfrac{k^2 + 3k - 3}{9}}$

Keine Extrempunkte für $-\tfrac{3}{2} - \tfrac{\sqrt{21}}{2} < k < -\tfrac{3}{2} + \tfrac{\sqrt{21}}{2}$.

198

12. d) f_k hat für jedes k einen Wendepunkt W.
$$W\left(\frac{k}{3} \mid \frac{k(2k^2+9k-9)}{27}\right)$$

13. $f(x) = x^4 + ax^2 + bx$
$f'(x) = 4x^3 + 2ax + b$
$f''(x) = 12x^2 + 2a$
$f'''(x) = 24x$
  a) $f''(1) = 0$ und $f'(1) = 0$
  $4 + 2a + b = 0$
  $12 + 2a = 0$
  $a = -6$ und $b = 8$
  b) $f''(x) > 0$ für alle x, falls $a \geq 0$
  Für alle $a \geq 0$ hat $f(x)$ keine Wendepunkte, unabhängig von b.

14.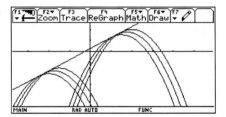

Die Gerade $y = x + 0{,}25$ scheint eine gemeinsame Tangente zu sein, sie wurde in das Koordinatensystem eingezeichnet.
$f'_k(x) = 2k - 2x = 1$ für $x_0 = k - 0{,}5$
$f_k(k - 0{,}5) = k - 0{,}25$
Die Gleichung der Tangente: $y = x + 0{,}25$.
Wir setzen x_0 ein und erhalten $y = k - 0{,}25$.
Jeder Graph von f_k hat an der Stelle $x_0 = k - 0{,}5$ die Steigung 1. Die Tangente $y = x + 0{,}25$ berührt f_k im Punkt $(k - 0{,}5 \mid k - 0{,}25)$.

15. a)

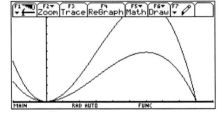 

198

15. a) Fortsetzung

$f_0(u) = 0$, $f_3(u) = 54u^2(9-u)$, $f_6(x) = 108u^2(9-u)$, $f_9(u) = 0$

$f'_v(u) = v^2(9-v)\left(18u - 3u^2\right)$

$f''_v(u) = v^2(9-v)(18 - 6u)$

$f'_v(u) = 0$ für $u = 0$ und $u = 6$

Tiefpunkt $(0 \mid 0)$, Hochpunkt $\left(6 \mid 108v^2(9-v)\right)$

b) Die Funktionsgraphen sind identisch. Man kann u und v vertauschen und der Term $y = u^2(9-u)v^2(9-v)$ ändert sich nicht.

c) $u = v = 6$

d)

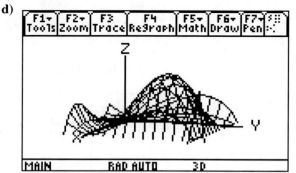

Für das Bild wurden die Achsen umbenannt: $y \rightarrow z$; $u \rightarrow x$; $v \rightarrow y$

199

16. a)

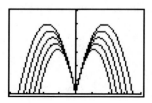

b) $f_v(x) = x\left(5{,}7 - \frac{163}{v^2}x\right)$

Nullstellen von f_v sind: $x_1 = 0$; $x_2 = \frac{5{,}7v^2}{163}$

Die Fontänen treffen innerhalb des Beckens auf, falls $\frac{5{,}7v^2}{163} < 6$, also

$v^2 < \frac{6 \cdot 163}{5{,}7}$.

Damit $v < 13{,}1$.

Für $v < 13{,}1\ \frac{m}{s}$ treffen die Fontänen im Becken auf.

Maximale Höhe der Fontänen bei $v \approx 13{,}1$.

Hochpunkt des Schaubildes $f_{13,1}$: H $(\approx 3{,}0 \mid \approx 8{,}55)$

Die Fontänen werden maximal 8,55 m hoch.

199

17. a) (1) Die Parabel muss nach oben geöffnet sein, also $t > 0$.
(2) Für den Scheitelpunkt S muss gelten: $0 < x_S < 500$

Aus $f_t'(x) = 2tx + 0{,}2 - 500t = 0$ folgt $x_S = 250 - \frac{1}{10t}$.

Aus $0 < x_S < 500$ folgt $t > 0{,}0004$.
Für den Parameter kommen Werte
größer als 0,0004 in Frage.

$0 \le x \le 500,\ -80 \le y \le 120$
$t = 0{,}0005;\ 0{,}01;\ 0{,}0015;\ 0{,}002$

b) Das Seil kommt in der Bergstation unter einem Winkel von 45° an, falls
$f_t'(500) = 1$, d. h. für $500t + 0{,}2 = 1$, also für $t = 0{,}0016$
Winkel des Seils in der Talstation:
$f_{0,0016}'(0) = -0{,}6;\ \tan(\alpha) = -0{,}6$, also $\alpha \approx -30{,}96°$
Das Seil verlässt unter einem Winkel von ca. 31° gegenüber der Horizontalen die Talstation.

c) Gerade zwischen Tal- und Bergstation: $g(x) = \frac{1}{5}x$

Durchhang: $d(x) = g(x) - f_{0,0016}(x) = -0{,}0016x^2 + 0{,}8x$, $0 < x < 500$

$d'(x) = -0{,}0032x + 0{,}8$

$d''(x) = -0{,}0032$

$d'(x_e) = 0$ führt auf $x_e = \frac{0{,}8}{0{,}0032} = 250$

$d''(250) < 0$

Der Durchhang ist nach 250 m am größten, er beträgt an dieser Stelle 100 m.

18. a)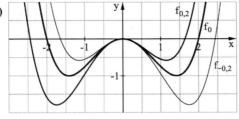

18. b) $f_0(x) = \frac{1}{4}x^4 - x^2$

K_0 ist achsensymmetrisch zur y-Achse, deshalb müssen sich die Wendetangenten auf der y-Achse schneiden.

Wendepunkte von K_0:

$W_{1,2}\left(\pm\frac{\sqrt{6}}{3} \mid -\frac{5}{9}\right)$

Wendetangente in $W_2\left(\frac{\sqrt{6}}{3} \mid -\frac{5}{9}\right)$:

$f_0'\left(\frac{\sqrt{6}}{3}\right) = -\frac{4}{9}\sqrt{6}$

$\frac{y+\frac{5}{9}}{x-\frac{\sqrt{6}}{3}} = -\frac{4}{9}\sqrt{6}$ bzw. $y = -\frac{4}{9}\sqrt{6}\cdot x + \frac{1}{3}$

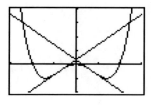

Die beiden Wendetangenten schneiden sich in $S\left(0 \mid \frac{1}{3}\right)$

c) $f_t(0) = 0$, also gehen alle Schaubilder K_t durch den Ursprung.

Gemeinsame Punkte von K_{t_1} und K_{t_2}, $t_1 \neq t_2$:

$\frac{1}{4}x^4 + t_1 x^3 - x^2 = \frac{1}{4}x^4 + t_2 x^3 - x^2$ bzw. $(t_1 - t_2)x^3 = 0$, also $x = 0$

Es gibt nur einen Punkt, nämlich den Ursprung, den alle Schaubilder K_t gemeinsam haben.

Nullstellen von K_t: $x^2\left(\frac{1}{4}x^2 + tx - 1\right) = 0$, also $x_1 = 0$ oder

$x^2 + 4tx - 4 = 0$, also $x_{2,3} = -2t \pm 2\sqrt{t^2 + 1}$.

Wegen $t^2 + 1 > 0$ für alle $t \in \mathbb{R}$ hat jedes Schaubild K_t drei Nullstellen (gemeinsame Punkte mit der x-Achse).

19. Gleichsetzen der Funktionsterme gibt

$\sqrt{r^2 - x^2} = -\frac{3}{4}x + \frac{75}{8}$; aufgelöst nach x

$x_1 = 4{,}5 - \frac{2}{5}\sqrt{-225 + 4r^2}$ $\qquad x_2 = 4{,}5 - \frac{2}{5}\sqrt{-225 + 4r^2}$

Berührpunkt für $\sqrt{-225 + 4r^2} = 0$:

$-225 + 4r^2 = 0 \Rightarrow r = 7{,}5$

Berührpunkt ist dann $x = 4{,}5$, $y = 6$.

Blickpunkt: Safttüte mit minimalem Materialbedarf

200

1.

Breite in cm	6	8	10	12	14	16	18	20
Tiefe in cm	10	8	6	8	10	12	8	8
Höhe in cm	16,666	15,625	16,66	10,416	7,143	5,208	6,944	6,25

2. $M(x \mid y) = 2xh + 2yh + 2xy + 2y^2 = (2x + 2y) \cdot (h + g)$

   Beachten wir nun noch die Nebenbedingung $h = \frac{1000}{xy}$, so ergibt sich

   $M(x \mid y) = 2(x+y)\frac{1000}{xy} + 2xy + 2y^2$

   $= 2(x+y)\frac{1000}{xy} + 2y(x+y)$

   $= 2(x+y)\left(\frac{1000}{xy} + y\right)$

   Näherung für den minimalen Materialbedarf:
   $y \approx 6,3$ und $x \approx 12,6$ und $h \approx 12,6$

201

3. *Rechnung:*

   $f'_y(x) = 2y - \frac{2000}{x^2} = 0$ für $x^2 = \frac{1000}{y}$

   $f'_x(y) = 4y - \frac{2000}{y^2} + 2x = 0$, also $x = \frac{1000}{y^2} - 2y$

   $x^2 = \left(\frac{1000}{y^2} - 2y\right)^2$, d. h. $\frac{1000}{y} = \left(\frac{1000}{y^2} - 2y\right)^2$

   Man erhält die Gleichung $y^6 - 1250y^3 + 250\,000 = 0$, also
   $(y^3 - 1000) \cdot (y^3 - 250) = 0$.

   Die Lösungen sind $y_1 = 10$ und $y_2 \approx 6,299$. Für $y_1 = 10$ ergibt sich aus $x = \frac{1000}{y^2} - 2y$ für x ein negativer Wert, somit entfällt $y_1 = 10$ als Lösung.

   Man erhält also $y \approx 6,299$ und $x \approx 12,605$. Dieses Ergebnis stimmt sehr gut mit den Werten überein, die wir der Grafik entnommen haben. Die Höhe ergibt sich mit $h \approx 12,595$.

4. $M = (h + y + 2) \cdot (2x + 2y + 1)$ mit $h = \frac{1000}{xy}$ erhält man

   $M = \left(\frac{1000}{xy} + y + 2\right) \cdot (2x + 2y + 1)$.

   Für $x \approx 12,605$ und $y \approx 6,299$ ergibt sich ein Materialbedarf von $M \approx 810,84$.

5. $x \approx 11,4$, $y \approx 6,3$, $h \approx 13,92$ $\quad M \approx 808,94$
   Prozentuale Abweichung: 0,24 %

201

6. $f'_y(x) = \dfrac{2(x^2y(y+2)-1000(y+0,5))}{x^2y}$ $\qquad$ $f'_x(y) = \dfrac{4(y^3x+0,5y^2x(x+2,5)-500(x+0,5))}{y^2x}$

Man erhält $x^2y(y+2)-1000(y+0,5) = 0$
und $y^3x+0,5y^2x(x+2,5)-500(x+0,5) = 0$.
Manche CAS-Systeme können aus solchen Gleichungen auch Graphen zeichnen.
Der Schnittpunkt dieser Graphen liefert die gesuchten Werte für x und y.
Eine andere Möglichkeit:
Man benutzt $x = \sqrt{\dfrac{1000(y+0,5)}{y(y+2)}}$

und definiert $g(x) = y^3+0,5y^2x(x+2,5)-500(x+0,5)$.

Über nSolve $\left(g\left(\sqrt{\dfrac{1000(y+0,5)}{y(y+2)}}\right) = 0, y\right)$ erhält man $y \approx 6{,}279$.

6. INTEGRALRECHNUNG

6.1 Das Integral

6.1.1 Berechnen des Flächeninhalts einer Fläche unter dem Graphen einer Funktion im 1. und 2. Quadranten

208

2. a) $A = \frac{3^3}{3} - \frac{2^3}{3} = \frac{19}{3}$ b) $A = \frac{b^3}{3} - \frac{a^3}{3} = \frac{1}{3}(b^3 - a^3)$

3. a) (1) $A = b^3$ (2) $A = b^3 - a^3$
   b) (1) $A = \frac{k}{3} \cdot b^3$ (2) $A = \frac{k}{3}(b^3 - a^3)$
   c) (1) $A = \frac{k}{2} \cdot b^2$ (2) $A = \frac{k}{2}(b^2 - a^2)$
   d) (1) $A = \frac{b^4}{4}$ (2) $A = \frac{1}{4}(b^4 - a^4)$
   e) (1) $A = \frac{k}{4} \cdot b^4$ (2) $A = \frac{k}{4}(b^4 - a^4)$

209

4. a) Die Differenz $\overline{S}_n - \underline{S}_n$ ist gleich der Summe der Flächeninhalte der grünen Rechtecke; diese ist gleich dem Flächeninhalt des längsten Streifens: Streifenbreite $= \frac{b}{n}$, Streifenlänge $= b^2$, Fläche $= \frac{b^3}{n}$

   b) $x \mapsto x$

   Streifenbreite $= \frac{b}{n}$, Streifenlänge $= b$, Fläche $= \frac{b^2}{n}$

   $\overline{S}_n - \underline{S}_n = \frac{b^2}{n}$

   $x \mapsto x^3$

   Streifenbreite $= \frac{b}{n}$, Streifenlänge $= b^3$, Fläche $= \frac{b^3}{n}$

   $\overline{S}_n - \underline{S}_n = \frac{b^4}{n}$

   c) Wegen $\overline{S}_n = \underline{S}_n + \frac{b^4}{n}$ ergibt sich $\frac{1}{2}(\overline{S}_n + \underline{S}_n) = \underline{S}_n + \frac{b^4}{2n}$.

   $\frac{b^4}{n}$ entspricht dem Flächeninhalt des grünen Rechtecks. $\frac{b^4}{2n}$ ist somit der halbe Flächeninhalt des grünen Rechtecks. Zeichnet man die Diagonalen in die grünen Rechtecke ein, so liegen diese über dem Graphen von f mit $f(x) = x^3$. Also ist das arithmetische Mittel größer als der Flächeninhalt.

209 5. a) Induktionsanfang:
linke Seite: 1 	 rechte Seite: $\frac{1\cdot 2}{2}=1$ „wahr"
Induktionsschluss:
Aus $1+2+3+\ldots+m=\frac{m\cdot(m+1)}{2}$
folgt $1+2+3+\ldots+m+m+1=\frac{m\cdot(m+1)}{2}+(m+1)$
$=\frac{(m+1)}{2}(m+2)=\frac{(m+1)(m+2)}{2}$

b) Induktionsanfang:
linke Seite: $1^2=1$ 	 rechte Seite: $\frac{1\cdot 2\cdot 3}{6}=1$ „wahr"
Induktionsschluss:
Aus $1^2+2^2+3^2+\ldots+m^2=\frac{m(m+1)(2m+1)}{6}$ folgt
$1^2+2^2+3^2+\ldots+m^2+(m+1)^2=\frac{m(m+1)(2m+1)}{6}+(m+1)^2$
$=\frac{(m+1)}{6}\bigl[m(2m+1)+6(m+1)\bigr]=\frac{(m+1)}{6}\bigl[2m^2+m+6m+6\bigr]$
$=\frac{(m+1)}{6}\bigl[2m^2+4m+3m+6\bigr]=\frac{(m+1)(m+2)(2m+3)}{6}$

c) Induktionsanfang:
linke Seite: $1^3=1$ 	 rechte Seite: $\left(\frac{1\cdot 2}{2}\right)^2=1$ „wahr"
Induktionsschluss:
Aus $1^3+2^3+3^3+\ldots+m^3=\left(\frac{m(m+1)}{2}\right)^2$ folgt
$1^3+2^3+3^3+\ldots+m^3+(m+1)^3=\left(\frac{m(m+1)}{2}\right)^2\cdot(m+1)^3$
$=\frac{(m+1)^2}{4}\bigl(m^2+4(m+1)\bigr)=\frac{(m+1)^2}{4}\cdot(m+2)^2=\left(\frac{(m+1)(m+2)}{2}\right)^2$

210 6. a) Allgemein gilt für eine Zerlegung des Intervalls in n gleiche Abschnitte:
$\underline{S}_n=\left(\frac{b-a}{n}\right)\sum_{i=1}^{n}f(x_{i-1})$
$\overline{S}_n=\left(\frac{b-a}{n}\right)\sum_{i=1}^{n}f(x_i)$
$f(x)=x^2$: $x_k=a+k\frac{b-a}{n}$

(1) $\frac{b-a}{n}=\frac{2}{3}$ 	 $x_k=k\cdot\frac{2}{3}$
$\underline{S}_3=\frac{2}{3}\bigl[f(x_0)+f(x_1)+f(x_2)\bigr]=\frac{2}{3}\bigl[0+\frac{4}{9}+\frac{16}{9}\bigr]=\frac{40}{27}$

(2) $\overline{S}_3=\frac{2}{3}\bigl[x_1^2+x_2^2+x_3^2\bigr]=\frac{2}{3}\bigl[\frac{4}{9}+\frac{16}{9}+\frac{36}{9}\bigr]=\frac{112}{27}$

(3) $\underline{S}_5=\frac{2}{5}\bigl[x_0^2+x_1^2+x_2^2+x_3^2+x_4^2\bigr]=\frac{2}{5}\bigl[0+\frac{4}{25}+\frac{16}{25}+\frac{36}{25}+\frac{64}{25}\bigr]=\frac{48}{25}$

(4) $\overline{S}_5=\frac{2}{5}\bigl[x_1^2+x_2^2+x_3^2+x_4^2+x_5^2\bigr]=\frac{2}{5}\bigl[\frac{4}{25}+\frac{16}{25}+\frac{36}{25}+\frac{64}{25}+\frac{100}{25}\bigr]=\frac{88}{25}$

210

6. a) Fortsetzung
$f(x) = 4 - x^2$

(1) $\underline{S}_3 = \frac{2}{3}\left[4 + 4 - \frac{4}{9} + 4 - \frac{16}{9}\right] = \frac{176}{27}$

(2) $\overline{S}_3 = \frac{2}{3}\left[4 - \frac{4}{9} + 4 - \frac{16}{9} + 4 - \frac{36}{9}\right] = \frac{104}{27}$

(3) $\underline{S}_5 = \frac{2}{5}\left[4 + 4 - \frac{4}{25} + 4 - \frac{16}{25} + 4 - \frac{36}{25} + 4 - \frac{64}{25}\right] = \frac{152}{25}$

(4) $\overline{S}_5 = \frac{2}{5}\left[4 - \frac{4}{25} + 4 - \frac{16}{25} + 4 - \frac{36}{25} + 4 - \frac{64}{25} + 4 - \frac{100}{25}\right] = \frac{112}{25}$

b) $f(x) = x^2$

$\underline{S}_n = \frac{b^3}{6}\left(1 - \frac{1}{n}\right)\left(2 - \frac{1}{n}\right)$

$\overline{S}_n = \frac{b^3}{6}\left(1 + \frac{1}{n}\right)\left(2 + \frac{1}{n}\right)$

Mit b = 2 folgt

$\underline{S}_3 = \frac{8}{6}\left(\frac{2}{3}\right)\cdot\left(\frac{5}{3}\right) = \frac{80}{54} = \frac{40}{27}$

$\overline{S}_3 = \frac{8}{6}\cdot\frac{4}{3}\cdot\frac{7}{3} = \frac{112}{27}$

$\underline{S}_5 = \frac{8}{6}\cdot\frac{4}{5}\cdot\frac{9}{5} = \frac{48}{25}$

$\overline{S}_5 = \frac{8}{6}\cdot\frac{6}{5}\cdot\frac{11}{5} = \frac{88}{25}$

$f(x) = 4 - x^2$

$\underline{S}_n = 4\cdot b - \frac{b^3}{6}\left(1 - \frac{1}{n}\right)\left(2 - \frac{1}{n}\right)$

$\overline{S}_n = 4\cdot b - \frac{b^3}{6}\left(1 + \frac{1}{n}\right)\left(2 + \frac{1}{n}\right)$

$\underline{S}_3 = \frac{176}{27}$, $\overline{S}_3 = \frac{104}{27}$, $\underline{S}_5 = \frac{152}{25}$, $\overline{S}_5 = \frac{112}{25}$

c) $\underline{S}_1 = f(x_0)\cdot \Delta x$ ist null für $f(x_0) = 0$.

7. a), b) $f(x) = \sqrt{x}$ über [0; b], dann gilt allgemein

$\overline{S}_n = \left(\frac{b}{n}\right)^{\frac{3}{2}} \cdot \sum_{i=1}^{n} \sqrt{i}$

$\overline{S}_n \approx 6{,}146$, $\overline{S}_6 \approx 5{,}896$, $\overline{S}_8 \approx 5{,}765$

c) $g(x) = x^2$ ist Umkehrfunktion von $f(x) = \sqrt{x}$. Der Graph von g entsteht aus dem Graphen von f durch Spiegelung an der 1. Winkelhalbierenden.
Daraus folgt $A = 4\cdot 2 - \frac{2^3}{3} = \frac{24-8}{3} = \frac{16}{3}$.

d) Für die Obergrenze b folgt aus c)

$A = b\cdot\sqrt{b} - \frac{1}{3}\sqrt{b}^3 = \frac{2}{3}\cdot b^{\frac{3}{2}}$

$\lim_{n\to\infty} \frac{\sqrt{1}+\ldots+\sqrt{n}}{n\sqrt{n}} = \lim_{n\to\infty} \frac{\left(\frac{n}{b}\right)^{\frac{3}{2}}}{(n)^{\frac{3}{2}}}\cdot \overline{S}_n = b^{-\frac{3}{2}}\cdot \lim_{n\to\infty} \overline{S}_n = b^{-\frac{3}{2}}\cdot A = \frac{2}{3}$.

211

8. **a)** $f(x) = x^3$, $A = \frac{1}{3}b^3$

   $A = 9 \Rightarrow b = 3$ \qquad $A = 3 \Rightarrow b = \sqrt[3]{9} \approx 1{,}442$

   b) $A = \frac{1}{3}(b^3 - a^3)$; mit $a = 3$ folgt

   $A = 18 \Rightarrow b = 3$ \qquad $A = 9 \Rightarrow b = 3\sqrt[3]{2}$

9. **a)** $f(x) = x^3$, $A = \frac{1}{4}(b^4 - a^4)$, $a = 0$:

   $A = 16 \Rightarrow b = 4\sqrt{2}$ \qquad $A = \frac{1}{4} \Rightarrow b = 1$

   b) $a = 1$:

   $A = 20 \Rightarrow b = 2\sqrt[4]{5}$ \qquad $A = 3\frac{3}{4} \Rightarrow b = 2$

   c) $a = 2$:

   $A = 12 \Rightarrow b = 2\sqrt{2}$ \qquad $A = 4 \Rightarrow b = 2\sqrt[4]{19}$

10. **a)** Differenz der Fläche unter der Geraden $(y = b^2)$ und der Parabel:

    $A = 2b \cdot b^2 - 2 \cdot \frac{b^3}{3} = \frac{2}{3}b^3$

    b) Differenz der Fläche unter der Geraden $(y = x)$ und der Parabel:

    $A = \frac{1}{2} - \frac{1}{3} = \frac{1}{6}$

    c) Durch Spiegelung an der Geraden $y = x$ erhält man eine Parabel. Gesucht wird hier die Differenz zwischen der Fläche unter der Geraden $y = b$ und der Parabel in den Grenzen von 0 bis $\sqrt{b}$:

    $A = b \cdot \sqrt{b} - \frac{(\sqrt{b})^3}{3} = b\sqrt{b} - \frac{1}{3}b\sqrt{b} = \frac{2}{3}b\sqrt{b}$

    d) Fläche des Quadrats (1) abzüglich des Doppelten der Fläche unter der Parabel:

    $A = 1 - 2 \cdot \frac{1}{3} = \frac{1}{3}$

11. $f(x) = x^2$

    Tangente $y = 2x - 1$
    Verhältnis:

    $V = \frac{A_{f(x)} - A_{\text{Tangente}}}{A_{\text{Tangente}}} = \frac{A_{f(x)}}{A_{\text{Tangente}}} - 1$

    $A_{f(x)} = \frac{4}{3}$

    $A_{\text{Tangente}} = \frac{9}{4}$

    $V = \frac{\frac{4}{3}}{\frac{9}{4}} - 1 = 2.$

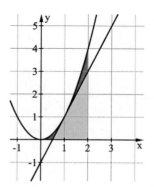

12. A ist gleich der Differenz der Flächeninhalte der Dreiecke

    $A = A_{x=0, x=b, y=b} - A_{x=0, x=a, y=a} = \frac{1}{2}b^2 - \frac{1}{2}a^2.$

211 **13.** Aus Symmetriegründen ist der gesuchte Flächeninhalt gegeben durch
$$A = A_1\left(f(x) = \sqrt{x};\ [0;\ x_s - 2]\right) + A_2\left(g(x) = -x + 6;\ [x_s;\ 6]\right)$$
$$= \tfrac{2}{3}(x_s - 2)^{\tfrac{3}{2}} + \tfrac{1}{2}\left(x_s^2 - 36\right) + 6(6 - x_s)$$
x_s folgt aus $f(x_s) = g(x_s)$: $x_s = \tfrac{13-\sqrt{17}}{2}$

Einsetzen liefert $A \approx 3{,}758$ (genau: $A = \tfrac{17\sqrt{17}-25}{12}$)

6.1.2 Orientierte Flächeninhalte – Definition des Integrals

216 **2.** a) $-\tfrac{175}{4}$ c) 20 e) $\tfrac{15}{4}$ g) -12

b) $-\tfrac{95}{2}$ d) 30 f) $\tfrac{5}{2}$ h) $\tfrac{33}{2}$

3. a) 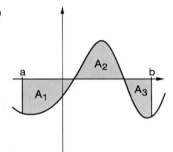 b)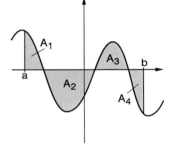

4. a) Wir setzen $A_1 = \int\limits_a^b x\,dx$ und $A_2 = \int\limits_a^b 3x\,dx$.

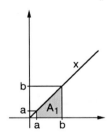

Flächeninhalte der Trapeze A_1 und A_2. Es gilt:

$A_1 = \tfrac{a+b}{2} \cdot (b-a)$ und $A_2 = \tfrac{3a+3b}{2}(b-a) = 3 \cdot \tfrac{a+b}{2}(b-a) = 3A_1$

Somit ergibt sich $\int\limits_a^b 3x\,dx = 3\int\limits_a^b x\,dx$.

4. b) $A_1 = \int_a^b x\,dx$ (Trapez) $\quad A_1 = \frac{a+b}{2}\cdot(b-a)$

$A_2 = \int_a^b 4\,dx$ (Rechteck) $\quad A_2 = 4(b-a)$

$A_3 = \int_a^b (x+4)\,dx$ (Trapez)

$A_3 = \frac{(a+4)+(b+4)}{2}\cdot(b-a) = \frac{a+b+8}{2}\cdot(b-a)$

$\quad = \frac{a+b}{2}\cdot(b-a) + 4(b-a) = A_1 + A_2$

Somit gilt: $\int_a^b (x+4)\,dx = \int_a^b x\,dx + \int_a^b 4\,dx$

5. a) $\int_0^b \sqrt{x}\,dx = b\cdot\sqrt{b} - \int_0^{\sqrt{b}} x^2\,dx = b\cdot\sqrt{b} - \frac{1}{3}\left(\sqrt{b}\right)^3 = \frac{2}{3}b\sqrt{b} = \frac{2}{3}b^{\frac{3}{2}}$

b) $\int_a^b \sqrt{x}\,dx = \int_0^b \sqrt{x}\,dx - \int_0^a \sqrt{x}\,dx = \frac{2}{3}\left(b\sqrt{b} - a\sqrt{a}\right) = \frac{2}{3}\left(b^{\frac{3}{2}} - a^{\frac{3}{2}}\right)$

6. a) 0   **b)** 0   **c)** 0   **d)** 0

7. a) (1)

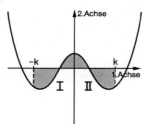

Nur gerade Exponenten:
Graph symmetrisch zum Ursprung.
Fläche I = Fläche II
Integral gleich Summe der beiden Flächen.

(2)

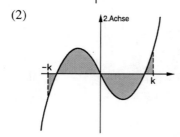

Nur ungerade Exponenten:
Graph punktsymmetrisch zur y-Achse.
Fläche I und Fläche II sind gleich groß, aber unterschiedlich orientiert. Die Summe der beiden Flächen ist 0.

7. b) Schaubild von f achsensymmetrisch zur y-Achse:
$$\int_{-k}^{k} f(x)dx = 2\int_{0}^{k} f(x)dx$$
Schaubild von f punktsymmetrisch zum Ursprung:
$$\int_{-k}^{k} f(x)dx = 0$$

8. a) 0

b) $2\int_{0}^{k}(x^2+1)\,dx = 2\left(\frac{k^3}{3}+k\right)$

c) 0

d) 0

e) $2\int_{0}^{k}(3x^2-2)\,dx = 2(k^3-2k)$

f) 0

9. a) $A_1 = \int_{0}^{2}\left(\frac{1}{2}x+1\right)dx = 3 \qquad A_2 = \int_{2}^{4} 2\,dx = 4$

$A_3 = \int_{4}^{10}\frac{1}{2}x\,dx = 21$

$\int_{0}^{10} f(x)\,dx = A_1 + A_2 + A_3 = 28$

b) $A_1 = \int_{0}^{2}(2x+1)\,dx = 6 \qquad A_2 = \int_{2}^{5}(x+3)\,dx = \frac{39}{2}$

$\int_{0}^{5} f(x)\,dx = A_1 + A_2 = \frac{51}{2} = 25\frac{1}{2}$

c) $A_1 = \int_{1}^{2}(x-1)\,dx = \frac{1}{2} \qquad A_2 = \int_{2}^{4} 1\,dx = 2$

$A_3 = \int_{4}^{6}(2x-7)\,dx = 6$

$\int_{1}^{6} f(x)\,dx = A_1 + A_2 + A_3 = 8\frac{1}{2}$

217

10. a) $f(x) = \begin{cases} -x & \text{für } 0 \le x \le 2 \\ -\frac{1}{2}x - 1 & \text{für } 2 \le x \le 4 \\ -3 & \text{für } 4 \le x \end{cases}$

$A_1 = \int_0^2 (-x)\, dx = -2$ $\qquad A_2 = \int_2^4 \left(-\frac{1}{2}x - 1\right) dx = -5$

$A_3 = \int_4^7 (-3)\, dx = -9$

$\int_0^7 f(x)\, dx = -16$

b) $f(x) = \begin{cases} \frac{3}{2}x - 2 & \text{für } 0 \le x \le 2 \\ -\frac{1}{2}x + 2 & \text{für } 2 \le x \le 4 \\ x - 4 & \text{für } 4 \le x \end{cases}$

$A_1 = \int_0^2 \left(\frac{3}{2}x - 2\right) dx = -1$ $\qquad A_2 = \int_2^4 \left(-\frac{1}{2}x + 2\right) dx = 1$

$A_3 = \int_4^7 (x - 4)\, dx = \frac{9}{2}$

$\int_0^7 f(x)\, dx = \frac{9}{2}$

11. a)

Zeitdauer (a)	2	4	7	9
Änderung der Fläche (ha)	−20	−40	−36	−22

Änderung ΔA der Fläche nach t Jahren:
$\Delta A = \begin{cases} -10t & \text{für } 0 \le t \le 5 \\ 7(t-5) - 50 & \text{für } 5 \le t \end{cases}$

b) $7(t - 5) - 50 = 0 \qquad t = 12\frac{1}{7}$

Nach gut 12 Jahren ist die ursprüngliche Größe wieder erreicht.

217 11. c)

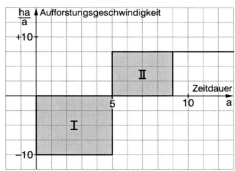

$$f(t) = \begin{cases} -10 & \text{für } 0 \leq t \leq 5 \\ +7 & \text{für } 5 \leq t \end{cases}$$

$$\int_0^9 f(t)\,dt = \int_0^5 -10\,dx + \int_5^9 7\,dx = -50 + 28 = -22$$

Das Integral gibt an, um wie viel ha sich die Waldfläche nach 9 Jahren verändert hat.
Das entspricht dem Flächeninhalt der Differenz der beiden schraffierten Rechtecke II − I.

218 12. (1)

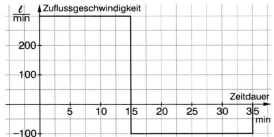

(2)

Zeitdauer (min)	5	10	15	20	25	30	35
Volumen (ℓ)	1 500	3 000	4 500	4 000	3 500	3 000	2 500

Das Volumen im Becken ergibt sich für jeden Punkt der x-Achse als Flächeninhalt der Rechtecke, die von den Geraden y = 300 für $0 \leq x \leq 15$ und y = −100 für $15 \leq x \leq 35$ gebildet werden. Dabei ist der Flächeninhalt unterhalb der x-Achse von dem oberhalb der x-Achse zu subtrahieren.

218 12. (2) Fortsetzung

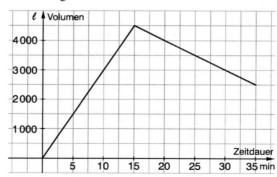

(3) $f(x) = \begin{cases} 300 & \text{für } 0 \leq x \leq 15 \\ -100 & \text{für } 15 \leq x \leq 35 \end{cases}$

$\int_0^{35} f(x)\,dx = \int_0^{15} 300\,dx + \int_{15}^{35} (-100)\,dx = 4\,500 - 2\,000 = 2\,500$

Das Integral gibt das Volumen im Becken nach 35 min an.

13. a)

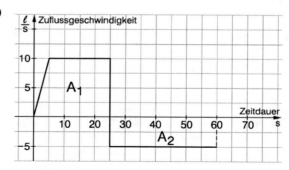

Zeitdauer (s)	5	25	60
Volumen (ℓ)	25	225	50

Beispiel: Zeitdauer 25 s. Das Volumen im Becken berechnet man als Flächeninhalt A_1 zwischen Graph und x-Achse:

$A_1 = \frac{25+20}{2} \cdot 10 = 225$ (Trapez)

Zeitdauer 60 s. Das Volumen im Becken berechnet man als Flächeninhalt A_1 abzüglich des Flächeninhalts A_2 unterhalb der x-Achse:

$A = A_1 - A_2 = 225 - 175 = 50$.

218

13. b) $f(t) = \begin{cases} 2\frac{\ell}{s^2}t & 0 \le t \le 5s \\ 10\frac{\ell}{s} & 5 < t \le 25s \\ -5\frac{\ell}{s} & 25 < t \le 60s \end{cases}$

$\int_0^{60} f(t)\, dt = 25 + 200 - 175 = 50$

Das Integral gibt das Volumen im Becken nach 60 s an.

14. a) $f: t \to \begin{cases} 3 & \text{für } t \le 2 \\ 4{,}5 & \text{für } 2 < t \le 6 \end{cases}$

b) 45 [42; 39; 34,5; 30; 25,5; 21]; F ist eine Funktion, die jedem Zeitpunkt t den noch vorhandenen Kraftstoff zuordnet.

6.2 Der Hauptsatz der Differential- und Integralrechnung und seine Anwendung

6.2.1 Integralfunktion

221

2. a) Für die Integrandenfunktion f gilt: $f(t) = t^2 \ge 0$ für alle $t \in \mathbb{R}$. Daher sind die Integralfunktionen monoton wachsend.

b) Für die Integrandenfunktion f gilt: $f(z) = -z^2 \le 0$ für alle $z \in \mathbb{R}$. Daher sind die Integralfunktionen monoton fallend.

3. a)

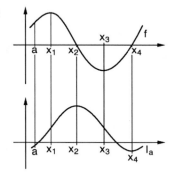

b) I_a ist monoton wachsend im Intervall $[a; x_2]$, da dort $f(x) \ge 0$ ist.
I_a ist monoton fallend im Intervall $[x_2; x_4]$, da dort $f(x) \le 0$ ist.

c) An der Stelle x_2 hat I_a einen Hochpunkt, da I_a im Intervall $[a; x_2]$ monoton wächst und im Intervall $[x_2; x_4]$ monoton fällt.
An der Stelle x_4 hat I_a einen Tiefpunkt, da I_a im Intervall $[x_2; x_4]$ monoton fällt und für $x \ge x_4$ monoton steigt.

d) x_1 und x_3 sind Wendestellen von I_a; Begründung: siehe c).

221

4. a) $I_a(x) = \int_a^x (2t+5)\,dt = x^2 + 5x - (a^2 + 5a)$

b) $I_a(x) = \int_a^x (mt+b)\,dt = \frac{m}{2} \cdot x^2 + bx - \left(\frac{m \cdot a}{2} + ab\right)$

5. a) $I_1(x) = x^2 - 1$

I_1 hat den Tiefpunkt $(0\,|\,-1)$.

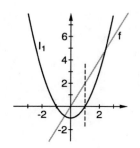

b) $I_1(x) = -\frac{1}{2}x^2 + 2x - \frac{3}{2}$

I_1 hat den Hochpunkt $\left(2\,\big|\,\frac{1}{2}\right)$.

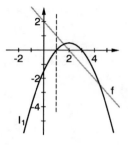

c) $I_1(x) = -\frac{1}{3}x^3 + x^2 - \frac{2}{3}$

I_1 hat den Tiefpunkt $\left(0\,\big|\,-\frac{2}{3}\right)$, den Hochpunkt $\left(2\,\big|\,\frac{2}{3}\right)$ und den Wendepunkt $(1\,|\,0)$.

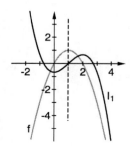

d) $I_1(x) = \frac{1}{12}x^3 - x^2 + 3x - \frac{25}{12}$

I_1 hat den Tiefpunkt $\left(6\,\big|\,-\frac{3}{4}\right)$, den Hochpunkt $\left(2\,\big|\,\frac{7}{12}\right)$ und den Wendepunkt $\left(4\,\big|\,-\frac{3}{4}\right)$.

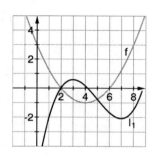

221

5. e) $I_1(x) = \frac{x^3}{3} - x + \frac{2}{3}$

I_1 hat den Hochpunkt $\left(-1 \mid 1\frac{1}{3}\right)$, den Tiefpunkt $(1; 0)$ und den Wendepunkt $\left(0 \mid \frac{2}{3}\right)$.

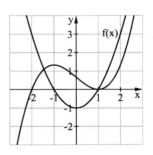

f) $I_1(x) = \frac{1}{6}x^3 + \frac{1}{4}x^2 - x + \frac{7}{12}$

I_1 hat den Hochpunkt $\left(-2 \mid 2\frac{1}{4}\right)$, den Tiefpunkt $(1; 0)$ und den Wendepunkt $\left(-\frac{1}{2} \mid 1\frac{1}{8}\right)$.

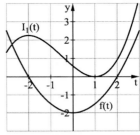

Die Nullstellen von f (mit Vorzeichenwechsel) sind Extremstellen von I_1. Die Extremstellen von f sind Wendestellen von I_1.

222

6. a)

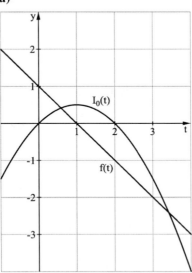

b)

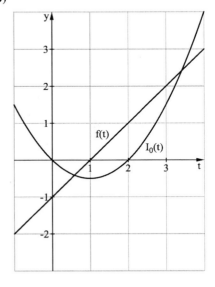

222

6. c)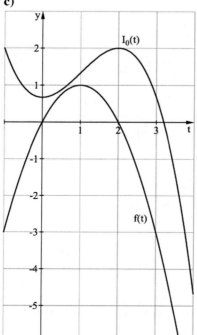

d)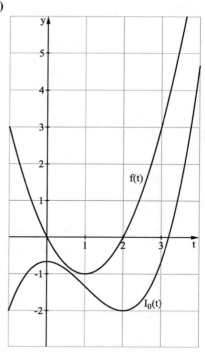

e)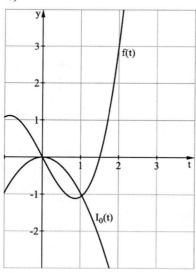

f)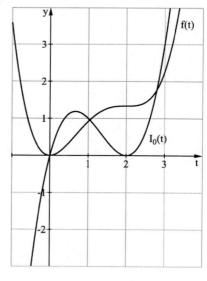

222

7. a) $f(x) = -\frac{n}{x_1} \cdot x + n$

$I_a(x) = \int_a^x \left(-\frac{n}{x_1} \cdot t + n\right) dx = -\frac{n}{2x_1} \cdot x^2 + nx + \left(\frac{na^2}{2x_1} - na\right)$

b) Die Integralfunktion ist eine nach unten geöffnete Parabel.

$I_a'(x) = -\frac{n}{x_1} \cdot x + n$

$I_a'(x_1) = 0$

An der Stelle x_1 hat die Parabel ein Maximum.

8. a) $I_a(x) = \frac{1}{4}x^2 + x - \left(\frac{a^2}{4} + a\right)$

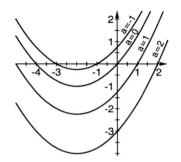

Der Graph der Funktion

$x \mapsto \frac{1}{4}x^2 + x$

wird in Abhängigkeit von a im Koordinatensystem nach oben oder nach unten verschoben.

b) $I_a(x) = x^3 - 3x - \left(a^3 - 3a\right)$

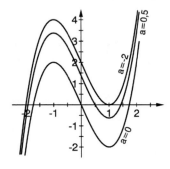

Der Graph für a = 4 schneidet die 2. Achse bei −52 und lässt sich in diesem Koordinatensystem hier nicht darstellen.
Der Graph der Funktion

$x \mapsto x^3 - 3x$

wird in Abhängigkeit von a im Koordinatensystem nach oben oder nach unten verschoben.

9. a) $I_a(x) = 3x - 3a$

b) $I_a(x) = -\frac{3}{2}x^2 + x + \frac{3}{2}a^2 - a$

c) $I_a(x) = x^3 - x - a^3 + a$

d) $I_a(x) = \frac{1}{2}x^4 + x^2 - \frac{1}{2}x - \frac{1}{2}a^4 - a^2 + \frac{1}{2}a$

10. a) $f(t) = 1$; $\quad a = -5$

b) $f(t) = 3$; $\quad a = -\frac{2}{3}$

c) $f(t) = 2t$; $\quad a = 3$ oder $a = -3$

222

10. **d)** $f(t) = t$; $\quad a = 2$ oder $a = -2$
    e) $f(t) = 3t^2$; $\quad a = 1$
    f) $f(t) = 3t^2 - 9$; $\quad a = 0$ oder $a = 3$ oder $a = -3$

11. $I_a(x) = x^2 - 2x + 2;\ \Rightarrow\ I_a'(x) = 2x - 2;\ \Rightarrow\ \int_a^x 2t - 2\,dt = x^2 - 2x - a^2 + 2a$

    $\Rightarrow\ -a^2 + 2a = 2.$ Diese Gleichung hat keine Lösung.

12. $a = \pm\sqrt{2}$

6.2.2 Der Hauptsatz der Differential- und Integralrechnung

225

2. $I_0(x) = \begin{cases} \frac{1}{2}x^2 & \text{für } 0 \le x \le 2 \\ x & \text{für } 2 < x \le 4 \end{cases}$

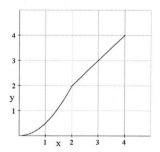

Besonderheit: Der Graph von I_0 hat an der Stelle 2 einen Knick.

3. **a)**

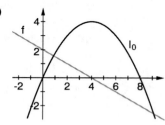

$f(x) = -\frac{1}{2}x + 2$

$I_0(x) = -\frac{1}{4}x^2 + 2x$

b) Der Graph der Ableitungsfunktion verläuft zunächst oberhalb der 1. Achse (I_0 hat positive Steigung), seine Steigung ist negativ (die Steigung von I_0 nimmt ab), er schneidet dann die 1. Achse, Nullstelle (I_0 hat an der Stelle das Maximum erreicht), dann verläuft er unterhalb der 1. Achse (die Steigung von I_0 ist negativ), seine Werte werden immer kleiner (die Steigung von I_0 nimmt weiter ab).
Der Graph der Ableitungsfunktion ist die Gerade f.

225

4. a) $I_a(x) = x^2 - 4x - (a^2 - 4a)$
$I_a'(x) = 2x - 4 = f(x)$

b) $I_a(x) = \frac{2}{3}x^3 - \frac{1}{3}x - \left(\frac{2}{3}a^3 - \frac{1}{3}a\right)$
$I_a'(x) = 2x^2 - \frac{1}{3} = f(x)$

c) $I_a(x) = \frac{1}{5}\left(\frac{1}{2}x^2 - \frac{2}{3}x^3\right) - \frac{1}{5}\left(\frac{1}{2}a^2 - \frac{2}{3}a^3\right)$
$I_a'(x) = \frac{1}{5}(x - 2x^2) = f(x)$

d) $I_a(x) = \frac{1}{3}\left(4x - \frac{3}{2}x^2 - \frac{x^3}{3}\right) - \left(4a + \frac{3}{2}a^2 + \frac{a^3}{3}\right)$
$I_a'(x) = f(x)$

In allen Fällen ist die Ableitung der Integralfunktion gleich der gegebenen Integralfunktion.

5. a) Keine Integralfunktion.
b) F ist eine Integralfunktion, $f(x) = 2 \cdot |x|$.
c) F ist eine Integralfunktion, $f(x) = \begin{cases} 2x & \text{für } x \leq 2 \\ 4 & \text{für } x > 2 \end{cases}$.

6.2.3 Stammfunktion

228

2. $I_a(x) = \int_a^x 2z\,dz = x^2 - a^2$

$-a^2 \neq 1$ für alle $a \in \mathbb{R}$, es gilt also nie $I_a(x) = x^2 + 1$.

229

3. Mit jeder Zahl $c \in \mathbb{R}$ erhält man eine Stammfunktion $F_1, F_2, F_3 \ldots$

a) $F(x) = \frac{1}{5}x^5 + c$
b) $F(x) = \frac{1}{6}x^6 + c$
c) $F(t) = \frac{1}{11}t^{11} + c$
d) $F(z) = -z^9 + c$
e) $F(x) = \frac{a}{n+1} \cdot x^{n+1} + c$
f) $F(x) = \frac{1}{5}x^5 + \frac{1}{7}x^7 + c$
g) $F(x) = 5x + c$
h) $F(x) = c$

4. a) $F(x) = \frac{1}{5}x^5 + \frac{1}{4}x^4 + \frac{1}{3}x^3 + \frac{1}{2}x^2 + x + c$
b) $F(x) = k\left(\frac{1}{5}x^5 - \frac{1}{9}x^3 + x^2 + kx\right) + c$
c) $F(x) = \frac{2}{k+1} \cdot x^{k+1} - \frac{1}{2k} \cdot x^k + 3x + c$
d) $F(x) = -\frac{1}{x} + x + \frac{1}{3}x^3 + c$ $(x \neq 0)$
e) $F(x) = 2 \cdot \sqrt{x} - 4x + c$ $(x > 0)$

4. **f)** $F(x) = \frac{2}{3}x^6 - \frac{3}{5}x^5 + x^4 - \frac{1}{6}x^3 + \frac{5}{2}x^2 - 3x + c$

g) $F(x) = \frac{1}{6}x^6 - \frac{1}{x} + c \qquad (x \neq 0)$

h) $F(x) = x - 2\cdot\sqrt{x} + c \qquad (x > 0)$

5. **a)** $F(x) = \frac{4}{3}x^3 - 6x^2 + 9x + c_1 = \frac{1}{6}(2x-3)^3 + c_2$

b) $F(x) = \frac{1}{144}x^9 + c$

c) $F(x) = \frac{1}{3}x^3 - \sin(x) + c$

d) $F(x) = 8\left(\frac{1}{3}x^3 - \frac{7}{2}x^2 - 18x\right) + c$

e) $F(x) = \frac{1}{4k}x^4 - \frac{2}{3}x^3 + \frac{k}{2}x^2 + c$

f) $F(x) = 5\left(\sin x + 2\sqrt{x}\right) + c \quad (x > 0)$

g) $F(x) = -\frac{2}{x} - \frac{1}{2}x^2 - x^3 + \frac{1}{4}x^4 + c \quad (x \neq 0)$

h) $F(x) = \frac{2}{3}x^3 - 6\sqrt{x} + c \quad (x > 0)$

i) $F(x) = -\cos(x) + \sin(x) + c$

6. **a)** $F(x) = 5x - \frac{3}{5}x^{10} + c$ **d)** $F(x) = 4x + \frac{5}{x} + c \qquad (x \neq 0)$

b) $F(x) = -x^2 + x^4 + c$ **e)** $F(x) = 4x - 10\sqrt{x} - \frac{1}{x} + c \quad (x > 0)$

c) $F(x) = \frac{1}{9}x^9 - \frac{2}{5}x^5 + x + c$ **f)** $F(x) = 8\sqrt{x} - \frac{7}{x} + c \quad (x > 0)$

7. **a)** Durch jeden Punkt der Koordinatenebene kann man sich ein Geradenstück gezeichnet denken, das als Steigung von F(x) den Funktionswert f(x) hat. Sind die einzelnen Geradenstücke dicht genug gezeichnet, lassen sich die Schaubilder von F(x) + c einzeichnen.

b) Man vermutet eine Logarithmusfunktion (mit einer Basis zwischen 2,5 und 4).
$F(x) = {}_a\log x \, (2,5 < x < 3)$

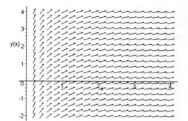

c) Mit dem GTR und fnInt.

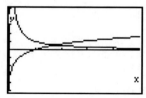 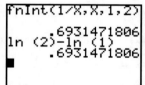 

6.2.4 Berechnen von Integralen mithilfe einer Stammfunktion

2. Weg (1):
Hier wird erst mithilfe der Summenregel die Integrandenfunktion in zwei einfachere Integrandenfunktionen zerlegt und anschließend zu den vereinfachten Integrandenfunktionen jeweils die Stammfunktion bestimmt. Man erkennt so nicht die Stammfunktion der ursprünglichen Integrandenfunktion und muss für jede der beiden Stammfunktionen die Funktionswerte an zwei Stellen berechnen.
Weg (2):
Bei diesem Weg erkennt man direkt die Stammfunktion der Integrandenfunktion und muss auch nur die Funktionswerte für zwei Stellen berechnen.

3. Ist U eine Stammfunktion von u und ist V eine Stammfunktion von v, so gilt:
$$\int_a^b u(x)\,dx = U(b) - U(a) \quad \text{und} \quad \int_a^b v(x)\,dx = V(b) - V(a)$$

Ferner ist wegen $\bigl(U(x) + V(x)\bigr)' = U'(x) + V'(x) = u(x) + v(x)$
$x \to U(x) + V(x)$ eine Stammfunktion von $x \to u(x) + v(x)$.
Dann gilt:
$$\int_a^b \bigl(u(x) + v(x)\bigr)\,dx = \bigl[U(x) + V(x)\bigr]_a^b = U(b) + V(b) - \bigl(U(a) + V(a)\bigr)$$
$$= U(b) - U(a) + V(b) - V(a)$$
$$= \int_a^b u(x)\,dx + \int_a^b v(x)\,dx$$

4. $\int_a^x f' = \bigl[f(t)\bigr]_a^x = f(x) - f(a)$

Differenziert man f und bildet anschließend die Integralfunktion mit
$I_a(x) = \int_a^x f'$ zu f', so erhält man die Funktion f bis auf eine additive
Konstante $(-f(a))$ zurück. Kann man a so wählen, dass $f(a) = 0$ ist, so
gilt $\int_a^x f' = f(x)$, d. h. das Integrieren macht das Differenzieren rückgängig.

5. Ist $U(x)\bigl(V(x)\bigr)$ eine Stammfunktion von u(x) (v(x)), dann folgt:
(1) $\int_a^b U(x)\,dx = U(b) - U(a)$ und $\int_a^b V(x)\,dx = V(b) - V(a)$

232

5. (2) $c_1U(x)$ ist Stammfunktion von $c_1u(x)$, denn für $(c_1U(x))'$ gilt
$c_1 \cdot U'(x) = c_1u(x)$ und entsprechend für $c_2V(x)$.

(3) $c_1U(x)+c_2V(x)$ ist Stammfunktion von $c_1u(x)+c_2v(x)$, denn
$(c_1U(x)+c_2V(x))' = (c_1U(X))'+(c_2V(x))' = c_1u(x)+c_2v(x)$, also

$$\int_a^b (c_1U(x)+c_2V(x))\,dx = [c_1U(x)+c_2V(x)]_a^b$$
$$= c_1U(b)+c_2V(b)-c_1U(a)-c_2V(a)$$
$$= c_1U(b)-c_1U(a)+c_2V(b)-c_2V(a) = c_1\int_a^b u(x)dx + c_2\int_a^b v(x)dx.$$

6. a) $7\frac{7}{8}$; $2\sqrt{2}$; 61 c) $-\frac{1}{2}$; $\frac{2}{3}$; $\frac{6}{5}$

    b) $4\sqrt{7}$; $\frac{1}{4}$; 100 d) 2; $14(\sqrt{3}-1)$; 1

7. FR = Faktorregel, SU = Summenregel, VA = Verallgemeinerung der Faktor- und Summenregel nach Aufgabe 5, S. 132.

a) $\int_{-2}^{5} 7x^3\,dx \stackrel{FR}{=} 7\int_{-2}^{5} x^3\,dx = \frac{4263}{4}$

b) $\int_1^4 (5x^2+3x)\,dx \stackrel{VA}{=} 5\int_1^4 x^2\,dx + 3\int_1^4 x\,dx = 127{,}5$

c) $\int_1^2 (0{,}5x^3+6x^2+1)\,dx \stackrel{VA}{=} 0{,}5\int_1^2 x^3\,dx + 6\int_1^2 x^2\,dx + \int_1^2 1\,dx = 16{,}875$

d) $\int_{-4}^4 (4x^3-3x^2+1)\,dx \stackrel{VA}{=} 4\int_{-4}^4 x^3\,dx - 3\int_{-4}^4 x^2\,dx + \int_{-4}^4 1\,dx = -120$

233

8. a) $156{,}25$ b) $\frac{7}{3}$ c) 320 d) $\frac{20}{3}$

9. a) $\frac{a(a+3)}{3}$ b) $\frac{x^2}{3}+\frac{1}{2}$ c) $a(1+ax^2)$

10. a) $\frac{33}{4}$ c) $-\frac{11}{60}$ e) 0 g) $\frac{64}{3}$

     b) $4{,}125$ d) $-\frac{125}{12}$ f) $-\frac{125}{6}$

h) 0 (wegen Punktsymmetrie der ungeraden Funktion)

11. Bei allen Aufgaben können die beiden Integrale zu einem zusammengefasst werden.

a) $\frac{100}{3}$ b) 36 c) 78 d) $\frac{11}{3}$

233

12. a) 0 c) 0 e) 0 g) 0
    b) $-\frac{16}{3}$ d) 540 f) 0 h) 0

13. a) k = 1 oder k = −3
    (Beachten Sie für den Fall k = −3 als obere Integrationsgrenze die Orientierung des Integrals.)

    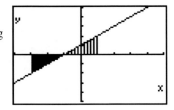

    b) k = 5 oder k = −1

    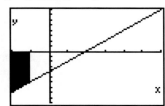 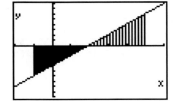

    c) k = 3

    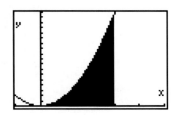

    d) $k = \frac{3}{2}$ oder $k = -\frac{3}{2}$
    e) $k = \sqrt{6}$ oder $k = -\sqrt{6}$ oder k = −2
    f) $k = \sqrt{5}$ oder $k = -\sqrt{5}$ oder k = −2

14. a) $k = \frac{8}{9}$ b) k = 2 c) k = −3 d) $k = 2 \cdot \sqrt[3]{3}$

6.2.5 Integrale mit einem GTR bestimmen

235

1. (1) 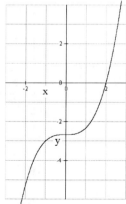 (2) $I_2(2) = 0$
$I_2(3) = \frac{19}{3}$
$I_5(5) = 39$

(3) 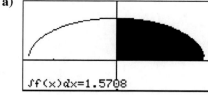 $I_0(x)$ ist Stammfunktion von $f(x)$, für jeden x-Wert ist $f(x)$ die Steigung von $I_0(x)$.

2. a) $\frac{\pi^3}{3} \approx 10{,}3354$ **b)** $2\sqrt{5} \approx 4{,}472$ **c)**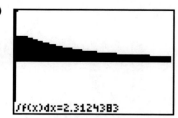

3. a) 0,9065 **b)** 5,572 **c)** 0,0251 **d)** 1,432 **e)** 3,735 **f)** 19,637

4. a) 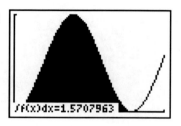 **b)**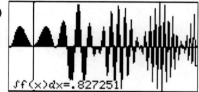

c)

d)

235   4. e)
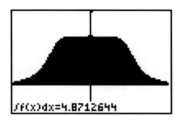
f)
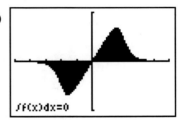

4. g)
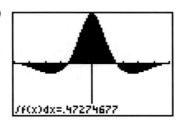

h) Der GTR macht eine Fehlermeldung, falls man das gesamte Intervall angibt. Für die Intervalle [−π; 0] und [0; π] erhält man jeweils als Integral den Wert 1,852 und somit insgesamt 3,704.

6.2.6 Aus Änderungsraten rekonstruierter Bestand

237   2. Man erhält die Anzahl der Autos im Intervall [a, b] durch Integration:
$$A_{[a,b]} = \int_a^b A'(x)dx$$

3. a) $y = 20 \cdot 0{,}9330^x$ (z. B. durch exponentielle Regression)
   b) Mit dem GTR: fnInt(y,x,0,15) : 100 = 1,87 Liter

4. Von der durchschnittlichen Verkehrsstärke $\overline{V}$ über 10 s idealisiert man auf die punktuelle Verkehrsstärke V(t).
$$F(t_1) = F(t_0) + \int_{t_0}^{t_1} V(t)dt \; ; \text{ dabei wird } F(t_0) \text{ zweckmäßigerweise gleich}$$
null gesetzt.

238   5. a) Zu dieser Zeit werden die Wasservorräte wieder aufgefüllt.

b)
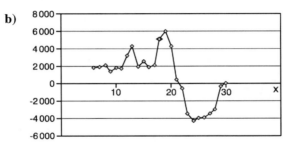

c) 42 264 m³

238 5. d) 19 840 m³

e)

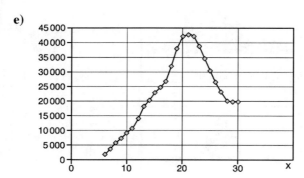

6. (1) Scheitel bei (23 | 104), daraus ergibt sich $y = a(x-23)^2 + 104$;
(6 | 0) einsetzen: $y = -0,36(x-23)^2 + 104$
(2) $t = 0 \to T(t) = 6\,°C$; $t = 8 \to T(t) = 30\,°C$; damit $T(t) = 3t + 6$
(3) $f(t) = -0,36(3t-17)^2 + 104$;

Wachstum von 8 bis 16 Uhr: $\int_0^8 f(t)dt = 621{,}76\%$

6.3 Verwenden von Integralen zur Flächeninhaltsberechnung

6.3.1 Grundlagen der Flächeninhaltsberechnung

240 2. Der Integralwert unterhalb der 1. Achse ist mit einem negativen Vorzeichen versehen (orientierte Flächeninhalte). Um die tatsächliche Fläche anzugeben nimmt man den Betrag des Integrals.

a) $A = \frac{34}{3}$ $\left[\frac{64}{6}\right]$ c) $A = \frac{25}{300}$ $\left[\frac{25}{12}\right]$

b) $A = 10$ $\left[\frac{98}{6}\right]$ d) $A = 8$ $[18{,}5]$

241 3. a) Nullstellen: $x = -2$ und $x = 2$; $A = \frac{32}{3}$

b) Nullstellen: $x = -3$ und $x = 3$; $A = 36$

c) Nullstellen: $x = 2$ und $x = 4$; $A = \frac{4}{3}$

d) Nullstellen: $x = -5$ und $x = 2$; $A = \frac{343}{6} = 57\frac{1}{6}$

e) Nullstellen: $x = 1$ und $x = 4$; $A = \frac{9}{2}$

f) Nullstellen: $x = 1$ und $x = 4$; $A = \frac{9}{2}$

g) Nullstellen: $x = 2$ und $x = 6$; $A = \frac{32}{3}$

241

3. **h)** Nullstellen: $x = 1$ und $x = 3$; $A = \frac{4}{3}$

   i) Nullstellen: $x = -1$ und $x = 1$; $A = \frac{4}{3}$

   j) Nullstellen: $x = -5$ und $x = 0$; $A = \frac{625}{12} = 52\frac{1}{12}$

   k) Nullstellen: $x = -1$ und $x = 7$; $A = \frac{256}{3} = 85\frac{1}{3}$

   l) Nullstellen: $x = 0$ und $x = 5$; $A = \frac{125}{6} = 20\frac{5}{6}$

   m) Nullstellen: $x = -1$ und $x = 7$; $A = \frac{256}{3} = 85\frac{1}{3}$

   n) Nullstellen: $x = -3$ und $x = 0$; $A = \frac{9}{2}$

   o) Nullstellen: $x = 0$ und $x = 2$; $A = \frac{4}{3}$

4. **a)** $\int_{-1}^{4}\left(x^2 - 4x + 3\right) dx = \frac{20}{3}$

   Flächenstück über [−1; 1]: $A_1 = \frac{20}{3}$

   Flächenstück unter [1; 3]: $A_2 = \left|-\frac{4}{3}\right| = \frac{4}{3}$

   Flächenstück über [3; 4]: $A_3 = \frac{4}{3}$

   $\frac{20}{3} - \frac{4}{3} + \frac{4}{3} = \frac{20}{3}$

   b) $\int_{-2}^{3}\left(-x^2 + x + 2\right) dx = \frac{5}{6}$

   Flächenstück unter [−2; −1]: $A_1 = \left|-\frac{11}{6}\right| = \frac{11}{6}$

   Flächenstück über [−1; 2]: $A_2 = \frac{9}{2}$

   Flächenstück unter [2; 3]: $A_3 = \left|-\frac{11}{6}\right| = \frac{11}{6}$

   $-\frac{11}{6} + \frac{9}{2} - \frac{11}{6} = \frac{5}{6}$

   c) $\int_{-2}^{4}\left(x^3 - 3x^2 - x + 3\right) dx = 0$

   Flächenstück unter [−2; −1]: $A_1 = \left|-\frac{25}{4}\right| = \frac{25}{4}$

   Flächenstück über [−1; 1]: $A_2 = 4$

   Flächenstück unter [1; 3]: $A_3 = |-4| = 4$

   Flächenstück über [3; 4]: $A_4 = \frac{25}{4}$

   $-\frac{25}{4} + 4 - 4 + \frac{25}{4} = 0$

4. d) $\int_{-3}^{3}\left(x^3-x^2-4x+4\right)dx = 6$

Flächenstück unter [−3; −2]: $A_1 = \left|-\frac{103}{12}\right| = 8\frac{7}{12}$

Flächenstück über   [−2; 1]: $A_2 = \frac{45}{4}$

Flächenstück unter [1; 2]: $A_3 = \left|-\frac{7}{12}\right| = \frac{7}{12}$

Flächenstück über   [2; 3]: $A_4 = \frac{47}{12}$

$-\frac{103}{12} + \frac{45}{4} - \frac{7}{12} + \frac{47}{12} = 6$

5. a) 12,083   **b)** 2,39   **c)** 66,088   **d)** 8,239

6. a) 4,016   **b)** fnInt(|f(x)|,x,-2,5) = 343,75

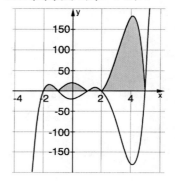

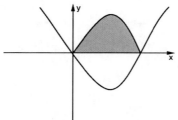

∫f(x)dx = 4,0159006

c)

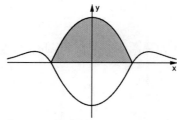

∫f(x)dx = 0,25959426

d)

∫f(x)dx = 0,65334477

241

7. a) $A = \int_0^2 \frac{1}{2}x\,dx + \int_2^3 1\,dx + \int_3^4 (-x+4)\,dx$

$= 1 + 1 + \frac{1}{2} = 2\frac{1}{2}$

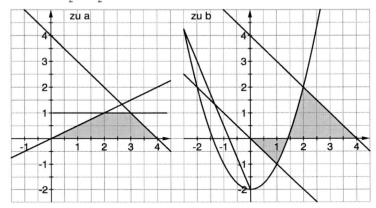

b) $A = \left|\int_0^1 (-x)\,dx\right| + \left|\int_1^{\sqrt{2}} (x^2-2)\,dx\right| + \int_{\sqrt{2}}^2 (x^2-2)\,dx + \int_2^4 (4-x)\,dx$

$= \left|-\frac{1}{2}\right| + \left|-\frac{4}{3}\sqrt{2} + \frac{5}{3}\right| + \left(-\frac{4}{3} + \frac{4}{3}\sqrt{2}\right) + 2 = -\frac{1}{2} + \frac{8}{3}\sqrt{2} \approx 3{,}27$

8. a) Nullstellen: $x = -k$ oder $x = k$

$\left|\int_{-k}^k (x^2 - k^2)\,dx\right| = 10 \quad (k \neq 0)$

$k = \sqrt[3]{\frac{15}{2}} \quad \text{oder} \quad k = -\sqrt[3]{\frac{15}{2}}$

b) Nullstellen: $x = 0$ oder $x = k$

$\left|\int_0^k (x^2 - kx)\,dx\right| = 36 \quad (k \neq 0)$

$k = 6 \quad \text{oder} \quad k = -6$

c) Nullstellen: $x = -\frac{k}{2}$ oder $x = \frac{k}{2}$

$\left|\int_{-\frac{k}{2}}^{\frac{k}{2}} (k^2 - 4x^2)\,dx\right| = 18 \quad (k \neq 0)$

$k = -3 \quad \text{oder} \quad k = 3$

241

8. **d)** Nullstellen: $x = -\sqrt{\frac{-k}{2}}$ oder $x = 0$ oder $x = \sqrt{-\frac{k}{2}}$ ($k \leq 0$)

$$\left| \int_{-\sqrt{\frac{-k}{2}}}^{0} \left(2x^3 + kx\right) dx \right| + \left| \int_{0}^{\sqrt{\frac{-k}{2}}} \left(2x^3 + kx\right) dx \right| = 9$$

$$k = -6$$

e) Nullstellen: $x = -\sqrt{\frac{4}{k}}$ oder $x = 0$ oder $x = \sqrt{\frac{4}{k}}$ ($k > 0$)

$$\left| \int_{-\sqrt{\frac{4}{k}}}^{0} \left(kx^3 - 4x\right) dx \right| + \left| \int_{0}^{\sqrt{\frac{4}{k}}} \left(kx^3 - 4x\right) dx \right| = 16$$

$$k = \tfrac{1}{2}$$

f) Nullstellen: $x = -\frac{3}{\sqrt{k}}$ oder $x = \frac{3}{\sqrt{k}}$ ($k \geq 0$)

$$\left| \int_{-\frac{3}{\sqrt{k}}}^{\frac{3}{\sqrt{k}}} \left(kx^2 - 9\right) dx \right| = 6 \cdot \sqrt{3}$$

$$k = 12$$

6.3.2 Flächeninhalt der Fläche zwischen zwei Graphen

243

2. Wegen der Punktsymmetrie gilt $A = A_1 + A_2 = 2\int_{0}^{1}(x - x^3)dx = 0{,}5$

3. Die Schnittstellen der Graphen von f und g seien a, c_1, c_2, b. Es gilt z. B. $f(x) > g(x)$ für $a < x < c_1$, $f(x) < g(x)$ für $c_1 < x < c_2$ und $f(x) > g(x)$ für $c_2 < x < b$. Dann gilt

$$A = \int_{a}^{c_1}(f-g) + \int_{c_1}^{c_2}(g-f) + \int_{c_2}^{b}(f-g)$$

$$= \int_{a}^{c_1}|f-g| + \int_{c_1}^{c_2}|f-g| + \int_{c_2}^{b}|f-g| = \int_{a}^{b}|f-g|$$

244

4. **a)** (1) a = 1; b = 3; A = $\frac{4}{3}$
    (2) a = −1; b = 1; A = 0,5
    (3) a = −1; b = 1; A = $\frac{8}{3}$

    b) g(x) = 0 entspricht der x-Achse, A ist jetzt der Inhalt der Fläche zwischen Graph und x-Achse.

5. **a)** Schnittstellen bei x = −2 und bei x = 1.
    g(x) > f(x) für −2 < x < 1
    $$\int_{-2}^{1} \left((-x+2) - x^2\right) dx = \frac{9}{2}$$

    b) Schnittstellen bei x = −1, bei x = 0 und bei x = 2.
    f(x) > g(x) für −1 < x < 0
    g(x) > f(x) für 0 < x < 2
    $$\int_{-1}^{0} \left(x^3 - x^2 - 2x\right) dx + \int_{0}^{2} \left(-x^3 + x^2 + 2x\right) dx = 3\frac{1}{12}$$

    c) Schnittstellen bei x = −1 und bei x = 2.
    g(x) > f(x) für −1 < x < 2
    $$\int_{-1}^{2} \left(-2x^2 + 2x + 4\right) dx = 9$$

    d) Schnittstellen bei x = −4, bei x = 0 und bei x = 2.
    f(x) > g(x) für −4 < x < 0
    g(x) > f(x) für 0 < x < 2
    $$\int_{-4}^{0} \left(\tfrac{1}{2}x^3 + x^2 - 4x\right) dx + \int_{0}^{2} \left(-\tfrac{1}{2}x^3 - x^2 + 4x\right) dx = 24\frac{2}{3}$$

    e) Schnittstellen bei x = −2 und bei x = 3.
    g(x) > f(x) für −2 < x < 3
    $$\int_{-2}^{3} \left(-2x^2 + 2x + 12\right) dx = 41\frac{2}{3}$$

    f) *Achtung:* Richtig ist g(x) = −11x + 6.
    Schnittstellen bei x = 11, bei x = 2 und bei x = 3.
    f(x) > g(x) für 1 < x < 2
    g(x) > f(x) für 2 < x < 3
    $$\int_{1}^{2} \left(x^3 - 6x^2 + 11x - 6\right) dx + \int_{2}^{3} \left(-x^3 + 6x^2 - 11x + 6\right) dx = \frac{1}{2}$$

    g) Schnittstellen bei x = −3 und bei x = −1.
    f(x) > g(x) für −3 < x < −1
    $$\int_{-3}^{-1} \left(-2x^2 - 8x - 6\right) dx = \frac{8}{3}$$

244

5. h) Schnittstellen bei x = −2, bei x = 1 und bei x = 2.
$f(x) > g(x)$ für $-2 < x < 1$
$g(x) > f(x)$ für $1 < x < 2$
$$\int_{-2}^{1}(x^3 - x^2 - 4x + 4)\,dx + \int_{1}^{2}(-x^3 + x^2 + 4x - 4)\,dx = 11\tfrac{5}{6}$$

6. a) Schnittstelle bei x = 0 und Berührpunkt bei x = k; es gibt also eine eingeschlossene Fläche für 0 < x < k (k > 0) bzw. k < x < 0 für k < 0; für k = 0 gibt es keine Fläche.
k > 0: $f(x) > g(x)$ für $0 < x < k$
$$\int_{0}^{k}(x^3 - 2kx^2 + k^2 x)\,dx = \tfrac{1}{12}k^4 = 33\tfrac{3}{4}$$
$$k = 3 \cdot \sqrt[4]{5} \approx 4{,}486$$
Für k < 0 wird die Parabel g(x) punktsymmetrisch am Ursprung abgebildet. Da f(x) ohnehin punktsymmetrisch ist, ist die eingeschlossene Fläche kongruent zum Fall k > 0. Also ist auch in diesem Fall $k = 3 \cdot \sqrt[4]{5}$.

b) Schnittstellen bei $x = -\sqrt{\tfrac{k}{2}}$ und bei $x = \sqrt{\tfrac{k}{2}}$ (k > 0).
$g(x) > f(x)$ für $-\sqrt{\tfrac{k}{2}} < x < \sqrt{\tfrac{k}{2}}$
$$\int_{-\sqrt{k/2}}^{\sqrt{k/2}}(-2x^2 + k)\,dx = \tfrac{4}{3}k\sqrt{\tfrac{k}{2}} = 1$$
$$k = \tfrac{1}{2}\sqrt[3]{9} \approx 1{,}04$$

c) Schnittstellen bei $x = -\sqrt{\tfrac{1}{1+k}}$ und bei $x = \sqrt{\tfrac{1}{1+k}}$ (k > −1).
$g(x) > f(x)$ für $-\sqrt{\tfrac{1}{1+k}} < x < \sqrt{\tfrac{1}{1+k}}$
$$\int_{-\sqrt{1/(1+k)}}^{\sqrt{1/(1+k)}}(1 - kx^2 - x^2)\,dx = \tfrac{4}{3}k\sqrt{\tfrac{1}{1+k}} = \tfrac{2}{3}$$
$$k = 3$$

d) Schnittstellen bei $x = -\sqrt{k}$, bei x = 0 und bei $x = \sqrt{k}$ (k > 0).
$f(x) > g(x)$ für $-\sqrt{k} < x < 0$; $g(x) > f(x)$ für $0 < x < \sqrt{k}$
Wegen der Punktsymmetrie beider Graphen reicht es, eine der beiden Teilflächen zu berechnen und zu verkoppeln.
$$2 \cdot \int_{0}^{\sqrt{k}}(kx - x^3)\,dx = \tfrac{1}{2}k^2 = \tfrac{1}{4}$$
$$k = \sqrt{\tfrac{1}{2}} \approx 0{,}707$$

6.3.3 Vermischte Übungen

244

1. a) 12 c) $-42\frac{2}{3}$ e) -88
   b) 138 d) 0 f) $34\frac{2}{3}$

2. a) $x = 1$ oder $x = 4$
   b) $x = 2$ oder $x = 6$
   c) $x = 1$ oder $x = -\frac{1}{2}+\frac{3}{2}\sqrt{5} \approx 2{,}854$ oder $x = -\frac{1}{2}-\frac{3}{2}\sqrt{5} \approx -3{,}854$

245

3. $Y_1 =$ nDerive(fnInt(X^2,X,1,X),X,X); $Y_2 =$ X^2; $\to$ Graphen identisch.

4. a) Nullstelle bei $x = 2$
   $\int_{2}^{b}\left(\frac{1}{2}x-1\right)\,dx = \frac{1}{4}$
   $b = 3$ oder $b = 1$

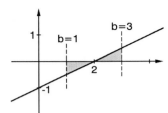

   b) Nullstelle bei $x = 4$
   $\int_{4}^{b}(2x-8)\,dx = 25$
   $b = 9$ oder $b = -1$

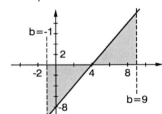

   c) Nullstelle bei $x = 0$
   $\int_{0}^{b}\left(\frac{1}{4}x^3+\frac{1}{2}x\right)\,dx = 20$
   $b = 4$ oder $b = -4$

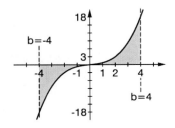

5. a) Nullstelle bei $x = 2$ und bei $x = 4$
   $\int_{0}^{2}(x^2-6x+8)\,dx + \left|\int_{2}^{4}(x^2-6x+8)\,dx\right|$
   $= \frac{20}{3}+\left|-\frac{4}{3}\right| = 8$

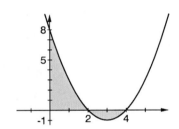

245

5. **b)** Nullstelle bei x = −3 und bei x = 0

$$\left|\int_{-1}^{0}(x^2+3x)\,dx\right|+\int_{0}^{1}(x^2+3x)\,dx$$

$$=\left|-\tfrac{7}{6}\right|+\tfrac{11}{6}=3$$

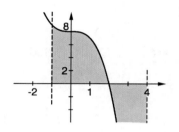

c) Nullstelle bei x = 2

$$\int_{-1}^{2}(-x^3+8)\,dx+\left|\int_{2}^{4}(-x^3+8)\,dx\right|$$

$$=\tfrac{81}{4}+|-44|=64\tfrac{1}{4}$$

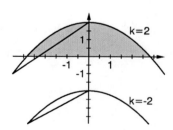

6. **a)** Intervall [0; 3]
   $A = 4\tfrac{1}{2}$

   b) Intervall $\left[-3-\sqrt{2};\ -3+\sqrt{2}\right]$
   $A = \tfrac{8}{3}\sqrt{2} \approx 3{,}77$

   c) Intervall [0; 1]
   $A = \tfrac{1}{12}$

   d) Intervalle [0; 2] und [2; 3]
   $A = \tfrac{8}{3}+\tfrac{5}{12}=3\tfrac{1}{12}$

   e) Intervalle [−1; 1] und [1; 2]
   $A = \tfrac{8}{3}+\tfrac{5}{12}=3\tfrac{1}{12}$

   f) Intervalle [−2; 1] und [1; 2]
   $A = \tfrac{45}{4}+\tfrac{7}{12}=11\tfrac{5}{6}$

7. **a)** Eine eingeschlossene Fläche entsteht nur für k > 0.
   Intervall $\left[-2\sqrt{k};\ 2\sqrt{k}\right]$
   $\tfrac{8}{3}k\sqrt{k} = \tfrac{64}{3}$
   k = 4

   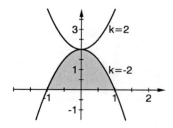

   b) Eine eingeschlossene Fläche entsteht nur für k < 0.
   Intervall $\left[-\sqrt{-\tfrac{2}{k}};\ \sqrt{-\tfrac{2}{k}}\right]$
   $\tfrac{8}{3}\sqrt{-\tfrac{2}{k}} = \tfrac{16}{3}$
   $k = -\tfrac{1}{2}$

245

7. c) Eine eingeschlossene Fläche entsteht für alle k ≠ 0.
Intervall [−k; k]
$\frac{4}{3}k^2 = \frac{4}{3}$
k = 1 oder k = −1

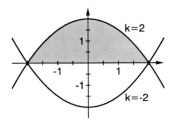

d) Eine eingeschlossene Fläche entsteht für alle k ≠ 0.
Intervalle $\left[-\sqrt{3}; 0\right]$ und $\left[0; \sqrt{3}\right]$
Wegen der Symmetrie reicht die Berechnung über einem der Intervalle.
$2 \cdot \frac{9}{4}k = 1{,}5$
$k = \frac{1}{3}$

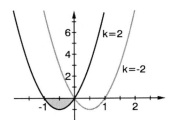

e) Eine eingeschlossene Fläche entsteht für alle k ≠ 0.
Intervall $\left[-\frac{2}{k}; 0\right]$
$\frac{4}{3k} = 4$
$k = \frac{1}{3}$

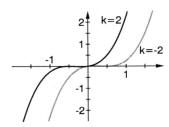

f) Eine eingeschlossene Fläche entsteht für alle k ≠ 0.
Intervall $\left[-\frac{1}{k}; 0\right]$
$\frac{1}{12} \cdot \frac{1}{k^4} = 3$
$k = \frac{1}{\sqrt{6}}$ oder $k = \frac{1}{-\sqrt{6}}$

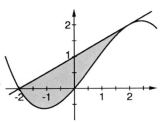

8. f(x) hat Nullstellen bei x = −2, x = 0 und x = 4.
f(2) = 2   f′(2) = $\frac{1}{2}$
Tangente g(x) = $\frac{1}{2}$x + 1
g(x) hat einen Schnittpunkt mit f(x) bei x = −2.
Auf dem Intervall [−2; 2] ist g(x) > f(x).
$A = \int_{-2}^{2} \left(\frac{1}{8}x^3 - \frac{1}{4}x^2 - \frac{1}{2}x + 1\right) dx = 2\frac{2}{3}$

245

9. Die Behauptung folgt aus der Punktsymmetrie des Graphen von f (x) bezüglich seines Wendepunktes.
Extremstellen: P (−1 | 4), Q (3 | −4)
Tangente durch P: g (x) = 4
Schnittpunkt von g (x) mit f (x) bei x = 5
Auf dem Intervall [−1; 5] ist g (x) > f (x).

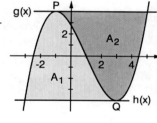

$$A_2 = \int_{-1}^{5}\bigl(g(x)-f(x)\bigr)\,dx = 27$$

Tangente durch Q: h (x) = −4
Schnittpunkt von h (x) mit f (x) bei x = −3
Auf dem Intervall [−3; 3] ist f (x) > g (x).

$$A_1 = \int_{-3}^{3}\bigl(f(x)-g(x)\bigr)\,dx = 27$$

$$A_1 = A_2$$

10. Hochpunkt ist P (1 | 6k)
Tangente durch P: g (x) = 6k
Schnittpunkt von g (x) mit $f_k(x)$ ist Q (−2 | 6k)
g (x) > $f_k(x)$ auf dem Intervall [−2; 1]

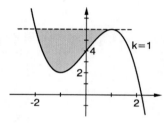

$$\int_{-2}^{1}\bigl(g(x)-f_k(x)\bigr)\,dx = 45$$

$$\tfrac{27}{4}k = 45$$

$$k = \tfrac{20}{3}$$

11. $\tfrac{1}{2}\int_{0}^{3}(x-k)^2\,dx = 10{,}5$

k = 4 oder k = −1
Die Parabel muss um 4 nach rechts oder um 1 nach links verschoben werden.
Die Parabel $y = -\tfrac{1}{2}x^2$ ist lediglich an der 1. Achse gespiegelt; gleiche Lösung.

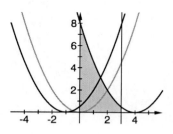

246

12. Gerade g (x) = mx
Schnittpunkte mit f (x): P (0 | 0), Q (m | m²)
g (x) > f (x) für 0 < x < m

$$\left|\int_{0}^{m}\bigl(mx - x^2\bigr)\,dx\right| = 10\tfrac{2}{3}$$

m = 4 oder m = −4

246

12. Gerade $g(x) = mx$
Schnittpunkte mit $f(x)$: $P(0|0)$, $Q(\sqrt{m} \mid \sqrt{m^3})$, $R(-\sqrt{m} \mid -\sqrt{m^3})$
$f(x) > g(x)$ für $-\sqrt{m} < x < 0$; $g(x) > f(x)$ für $0 < x < \sqrt{m}$
$$\int_{-\sqrt{m}}^{0}(x^3 - mx)\,dx + \int_{0}^{\sqrt{m}}(mx - x^3)\,dx = 8$$
$$\frac{m^2}{4} + \frac{m^2}{4} = 8$$
$$m = 4 \text{ oder } m = -4$$
Da eine eingeschlossene Fläche nur für $m > 0$ entsteht (sonst gibt es nur einen Schnittpunkt im Ursprung) ist nur $m = 4$ Lösung der Aufgabe.

13. Wendepunkt ist der Koordinatenursprung.
Steigung im Ursprung: $f'(0) = k$
Normale: $g(x) = -\frac{1}{k}\cdot x$
Schnittstellen mit f_k bei $x = 0$,
$x = -\sqrt{3\left(k + \frac{1}{k}\right)}$ und $x = \sqrt{3\left(k + \frac{1}{k}\right)}$
$$\int_{0}^{\sqrt{3(k+\frac{1}{k})}} \left(-\frac{1}{3}x^3 + kx + \frac{1}{k}x\right) dx = 3$$
$k = 1$ oder $k = -1$
Lösung ist $k = 1$. Funktion $f_k(x) = -\frac{1}{3}x^3 + x$

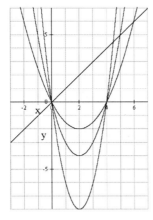

14. a) $k = \frac{1}{2}$, $k = 1$, $k = 2$

b) Schnittpunkte von $f_k(x)$ mit $y = x$ bei $x = 0$ und $x = \frac{1}{k} + 4$.
$$f_A(x) = \int_{0}^{\frac{1}{k}+4}(x - kx^2 + 4kx)\,dx = \frac{1}{6k^2}\cdot(1 + 4k)^3$$
Rel. Min. von $f_A(k)$ für $k > 0$ bei $k = \frac{1}{2}$.

15. a) $\int_0^8 \sqrt[3]{x}\,dx = \int_0^2 (8-x^3)\,dx = 12$

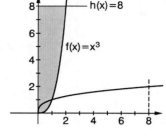

b) $g(x) = \sqrt[3]{x}$ wird an $y = x$ gespiegelt zu $f(x) = x^3$.

$P(b \mid \sqrt[3]{b})$ wird zum Spiegelbild $P'(\sqrt[3]{b} \mid b)$.

$\int_0^b \sqrt[3]{x}\,dx = \int_0^{\sqrt[3]{b}} (b - x^3)\,dx = b \cdot \sqrt[3]{b} - \frac{1}{4}b\sqrt[3]{b} = \frac{3}{4}b\sqrt[3]{b}$

16. a) Funktionsterme: $f(x) = ax^2$, $g(x) = b\sqrt{x}$

Fläche $A = 4\int_0^1 (\sqrt{x} - x^2)\,dx = \frac{4}{3}\ [dm^2]$

Kosten: $\frac{4}{3} \cdot 100 \cdot 7{,}99\ € = 1065{,}33\ €$

b) Funktionsterme: $f(x) = -\frac{1}{6}x^2 + \frac{3}{2}$, $g(x) = -\frac{4}{25}x^2 + 1$

$h(x) = x^2 + 1$, $i(x) = x^2 + \frac{1}{h}$.

Der Kreisring in der Mitte wird ohne Integralrechnung berechnet.

$A = 4\int_0^3 \left(-\frac{1}{6}x^2 + \frac{3}{2} + \frac{4}{25}x^2 - 1\right)dx + \pi - \frac{\pi}{4} = 4 \cdot \frac{36}{25} + \frac{3}{4}\pi\ [dm^2]$

$= 8{,}12\ [dm^2]$

Kosten: $6484{,}84\ €$

c) Funktionsterme: $f_1(x) = 3 - \frac{x^2}{12}$, $f_2(x) = \frac{3}{2} - \frac{x^2}{24}$, $f_3(x) = \frac{3}{4} - \frac{x^2}{48}$

Nullstellen -6, 6, Ende des „Schwanzes"
bei $x_3 = 6 \cdot \sqrt{2}$ (hier gilt $f_1(x_3) = -3$).

$A = 4\left(\int_0^6 [f_1 - f_2 + f_3]\,dx + \int_6^{6\sqrt{2}} [-f_1 + f_2 - f_3]\,dx\right)$

$= 4 \cdot \left(9 - 4{,}5(\sqrt{2} - 2)\right) = 46{,}54\ [dm^2]$

Kosten: $37188{,}78\ €$

d) Funktionsterm $f(x) = -\frac{2x^2}{9} + 2$

$A = 4\int_0^3 f(x)\,dx - \pi + 4\int_3^4 (-f(x)\,dx) = 16 - \pi + 4 \cdot \frac{20}{27} = 15{,}82$

Kosten: $12641{,}27\ €$

6.4 Weitere Anwendungen des Integrals

6.4.1 Volumen eines Rotationskörpers

250

1.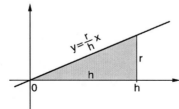

$$V = \pi \cdot \int_0^h \left(\frac{r}{h} \cdot x\right)^2 dx = \tfrac{1}{3}\pi r^2 h$$

Kugel:

$$V = \pi \cdot \int_{-r}^{r} \left(\sqrt{r^2 - x^2}\right)^2 dx = \tfrac{4}{3}\pi r^3$$

2.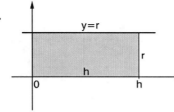

$$V = \pi \cdot \int_0^h (r)^2 dx = \pi r^2 h$$

Die Zylinderformel wurde zur Herleitung der Integralformel für Rotationskörper verwendet, deshalb Zirkelschluss.

3. a) 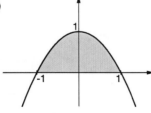   **b)**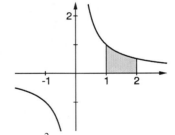

$$V = \pi \cdot \int_{-1}^{1}(1-x^2)^2 dx = \tfrac{16}{15}\pi \qquad V = \pi \cdot \int_1^2 \left(\tfrac{1}{x}\right)^2 dx = \tfrac{1}{2}\pi$$

4. a) 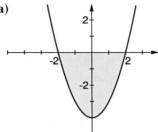   **b)**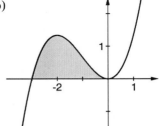

$$V = \pi \cdot \int_{-2}^{2}(x^2 - 4)^2 dx = \tfrac{512}{15}\pi \qquad V = \pi \cdot \int_{-3}^{0}\left(\tfrac{1}{3}x^3 + x^2\right)^2 dx = \tfrac{81}{35}\pi$$

250

5. Fassungsvermögen der Schale:

$$V_S = \pi \cdot \int_5^{20} \left(\sqrt{15x-75}\right)^2 dx = 1\,687\tfrac{1}{2}\cdot\pi$$

Volumen des Körpers:

$$V_K = \pi \cdot \int_0^{20} \left(\sqrt{10x+40}\right)^2 dx - V_S = 2\,800\pi - 1\,687\tfrac{1}{2}\cdot\pi = 1\,112\tfrac{1}{2}\cdot\pi$$

6.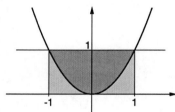

$$V = \pi \cdot \int_{-1}^{1} 1^2\,dx - \pi \cdot \int_{-1}^{1}\left(x^2\right)^2 dx$$
$$= 2\pi - \tfrac{2}{5}\pi$$
$$= \tfrac{8}{5}\pi \approx 5{,}03$$

7.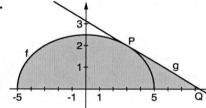

$P(3\,|\,2)$
$g(x) = -\tfrac{3}{8}x + \tfrac{25}{8}$
$Q\left(\tfrac{25}{3}\,\middle|\,0\right)$

$$V = \pi \cdot \int_{-5}^{3}(f(x))^2\,dx + \pi \cdot \int_{3}^{\frac{25}{3}}(g(x))^2\,dx = \tfrac{112}{3}\pi + \tfrac{64}{9}\pi = 44\tfrac{4}{9}\cdot\pi$$

6.4.2 Mittelwert der Funktionswerte einer Funktion

255

2. $f(c) = -1{,}25;\ (-1{,}25) = \tfrac{1}{3}\int_{-2}^{1} x^3\,dx\ ;\ c \approx 1{,}077$

3. a) Die zu μ gehörende Gerade kann der Graph mehrmals schneiden.
Beispiel: $y = \sin(x) + 1;\ \mu = 1$
b) Bei streng monotonen, stetigen Funktionen.

256

4. a) Es gibt eine Stelle c im Intervall [a, b], sodass C (c | f(c)) Tangentenberührpunkt ist für die Tangente, die parallel ist zur Sekante durch die beiden Punkte A (a | f(a)) und B (b | f(b)) ist.

b) $\dfrac{F(b)-F(a)}{b-a} = \dfrac{1}{b-a}\int_a^b F'(c)\,dx = F'(c)$

256

5. $\overline{V} = \frac{1}{t_2-t_1} \int_{t_1}^{t_2} (gt)dt = \frac{1}{t_2-t_1}\left[\frac{1}{2}gt^2\right]_{t_1}^{t_2} = \frac{1}{2}g(t_2+t_1)$

   a) $10\,\text{ms}^{-1}$ b) $50\,\text{ms}^{-1}$ c) $\frac{1}{2}g(t_2+t_1)$

6. a) $\mu = \frac{1}{3}\int_{-1}^{2}(3x^2+4)dx = \frac{1}{3}\left[x^3+4x\right]_{-1}^{2} = 7$

   b) $\mu = \frac{1}{2\pi}\int_{0}^{2\pi}\sin(x)dx = \frac{1}{2\pi}\left[-\cos(x)\right]_{0}^{2\pi} = 0$

   c) $\mu = \frac{1}{3}\int_{1}^{4}\frac{1}{x^2}sx = \frac{1}{3}\left[-\frac{1}{x}\right]_{1}^{4} = \frac{1}{4}$

7. a) (1) $\mu = \frac{1}{b-a}\int_{a}^{b}(mx+n)dx = \frac{1}{b-a}\left[\frac{1}{2}mx^2+nx\right]_{a}^{b}$

   $= \frac{1}{2}m(b+a)+11 = m\left(\frac{b+a}{2}\right)+11$

   (2) $m\left(\frac{b+a}{2}\right)+11 = \frac{[m(b)+n]+[m(a)+11]}{2}$

   b) (1) Das Wort „gleich" durch „größer" ersetzen.
      (2) Das Wort „gleich" durch „kleiner" ersetzen.

8. a) $\mu = \frac{7}{3}$, $c = \sqrt{\frac{7}{3}}$ b) $\mu = \frac{4}{3}$, $c = \pm\sqrt{\frac{25}{3}}$ c) $\mu = -\frac{13}{3}$, $c = \pm\sqrt{\frac{25}{3}}$

9. $\frac{1}{a-1}\int_{1}^{a}\frac{1}{x^2}dx = \ldots = \frac{1}{a} = \frac{1}{c^2}$; für $a \to \infty$ existiert c nicht.

10. a) $c = \frac{1}{2}$ b) $c = 2$ oder $c = \frac{2}{3}$ c) $+0{,}6901 + \pi$ oder $-0{,}6901 + 2\pi$

11. Wegen der Punktsymmetrie ist $\int_{-a}^{0}f(x)dx = -\int_{0}^{a}f(x)dx$;
    daraus folgt die Behauptung.

6.4.3 Anwenden des Integrals bei Geschwindigkeit und Beschleunigung

258

2. Mit $a(z) = \frac{v_0}{t}+a$ folgt

$\int_{0}^{t}a(z)dz = \int_{0}^{t}\left(\frac{v_0}{t}+a\right)dz = \left(\frac{v_0}{t}+a\right)\cdot t = v_0 + at = v(t)$

258

3. $t \to s(t)$ ist eine Stammfunktion der Zeit-Geschwindigkeit-Funktion $t \to v(t)$

Es gilt, weil auch $t \to \int_a^t v(s)ds$ eine Stammfunktion von $t \to v(t)$ ist:

$$s(t) = \int_a^t v(z)dz + c$$

Nun hat die Integralfunktion $\int_a^t v(z)dz$ an der Stelle a eine Nullstelle.

Damit ergibt sich $s(a) = 0 + c$, also $c = s(a)$.

Also gilt: $s(t) = \int_a^t v(z)dz + s(a)$ und somit $s(t) - s(a) = \int_a^t v(z)dz$.

Für $t = b$ ergibt sich so $s(b) - s(a) = \int_a^b v(z)dz$

oder entsprechend der Aufgabenstellung $s(b) - s(a) = \int_a^b v(t)dt$.

4. Für die Zeit-Geschwindigkeit-Funktion ergibt sich $v(t) = g \cdot t + v_0$.

Für die Zeit-Weg-Funktion erhalten wir so $s(t) = \int_0^t v(t)dt + s_0$, also

$$s(t) = \int_0^t (gt + v_0)dt + s_0 = \left[\tfrac{1}{2}gt^2 + v_0 t\right]_0^t = \tfrac{1}{2}gt^2 + v_0 t + s_0.$$

259

5. a) Bremsweg des Vordermanns etwa 106,66 m;
Bremsweg des Hintermanns etwa 84,21 m
b) Bei $s = 67,83$ m schneiden sich die Graphen. Auffahrunfall!

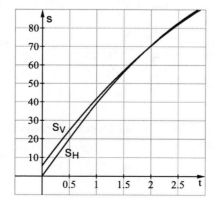

$S_V(0) = 5,5$

259

5. c) Vordermann $s_V(t) = 5{,}5\,\text{m} + 40\,\tfrac{\text{m}}{\text{s}} \cdot t - \tfrac{1}{2} \cdot 7{,}5\,\tfrac{\text{m}}{\text{s}^2} t^2$

   Hintermann $s_H(t) = \left(40\,\tfrac{\text{m}}{\text{s}} + 9{,}5\,\tfrac{\text{m}}{\text{s}^2} \cdot 0{,}6\,\text{s}\right) t - \tfrac{1}{2} \cdot 9{,}5\,\tfrac{\text{m}}{\text{s}^2}\left(t^2 + 0{,}36\right)$

   Für $t \approx 1{,}8948$ s gilt $s_V(t) = s_H(t) = 67{,}83$ m.

6. $v_0 = a \cdot t;\ \ t = \tfrac{v_0}{a};\ \ s = \tfrac{v_0^2}{(2a)}$

7. Beim freien Fall gilt $s = \tfrac{g}{2} t^2;\ \ v = g \cdot t$

8. a) $v(t) = v_0 - gt;\ \ s(t) = v_0 t - \tfrac{g}{2} t^2$ c) $s\!\left(\tfrac{v_0}{g}\right) = \tfrac{v_0^2}{2g}$

   b) bei $t = \tfrac{v_0}{g}$ d) bei $t = \tfrac{2 \cdot v_0}{g}$

260

9. Den Angaben der abgebildeten Tabellenkalkulation kann man entnehmen:
   Annahme (1): Der Lkw hat knapp 31 km zurückgelegt, es fehlen also 2 km bis zum Unfallort.
   Annahme (2): Der Lkw hat 32 km zurückgelegt, es fehlt also 1 km bis zum Unfallort.

10. (1) $\vartheta(t) = 200 - 3t$

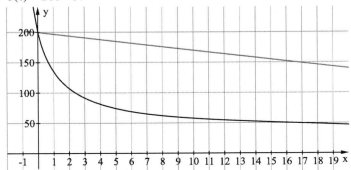

   (2) $\vartheta'(t) = \tfrac{c}{(2t+3)^2}$, c = const. Für die zwei Randbedingungen
   $\vartheta(t=0) = 200\,°C$ und $\vartheta(t \to \infty) = 37\,°C$ folgt durch Integration
   $\vartheta(t) = 200\,°C + (37\,°C - 200\,°C) \cdot \tfrac{2t}{2t+3}$.

11. $c(t) = \int_0^t \tfrac{1}{(k_1 + k_2 x)^2}\,dx = \tfrac{1}{k_1 k_2} - \tfrac{1}{k_2(k_1 + k_2 t)} = \tfrac{1}{k_1} \cdot \left(\tfrac{t}{k_1 + k_2 t}\right)$

6.4.4 Physikalische Arbeit

262

2. $W = \int_0^{\Delta s} F ds = F \Delta s$

3. $W = \int_a^b D s ds = \frac{1}{2} D (b^2 - a^2)$

4. $D = 1 \frac{N}{cm} = 100 \frac{N}{m}$ $\left[0,5 \frac{N}{cm} = 50 \frac{N}{m}; \ 5 \frac{N}{cm} = 500 \frac{N}{m} \right]$
   $W = \frac{1}{2} D s^2$
   $s_1 = 1 \text{ cm} = 10^{-2} \text{ m} \quad W_1 = 0,005 \text{ Nm}$
   $\left[0,0025 \text{ Nm} = 2,5 \cdot 10^{-3} \text{ Nm}; \ 0,025 \text{ Nm} = 2,5 \cdot 10^{-2} \text{ Nm} \right]$
   $s_2 = 5 \text{ cm} = 5 \cdot 10^{-2} \text{ m} \quad W_2 = 0,125 \text{ Nm}$
   $\left[0,0625 \text{ Nm} = 6,25 \cdot 10^{-2} \text{ Nm}; \ 0,625 \text{ Nm} \right]$

263

5. a) $W = mgh$

   b) $W = \int_{r_E}^{r} F_G(s) ds = G \cdot m \cdot M_E \left[-\frac{1}{s} \right]_{r_E}^{r} = G \cdot m \cdot M_E \left(\frac{1}{r_E} - \frac{1}{r} \right)$

   Damit ergibt sich für $r = 2 r_E$ $[10 r_E; \ 100 r_E]$
   $W = 3,130 \cdot 10^7 \text{ J} \ \left[5,633 \cdot 10^7 \text{ J}; \ 6,197 \cdot 10^7 \text{ J} \right]$
   $1 \text{ J} = 1 \text{ Nm} = 1 \ \frac{kg m^2}{s^2}$

   (1) $1,56 \cdot 10^7 \text{ J} \ \left[2,82 \cdot 10^7 \text{ J}; \ 3,1 \cdot 10^7 \text{ J} \right]$ \qquad (3) $3,13 \cdot 10^7 \text{ J}$

   (2) $V = 5594,37 \ \frac{m}{s}$ \qquad (4) $V = 11\,188,74 \ \frac{m}{s}$

6. a) $W = \int_{r_1}^{r_2} F(r) dr = \frac{Q \cdot q}{4 \pi \varepsilon_0} \int_{r_1}^{r_2} \frac{1}{r^2} dr = \frac{Q \cdot q}{4 \pi \varepsilon_0} \cdot \frac{r_2 - r_1}{r_1 r_2}$

   $= \frac{10^{-12}}{4 \pi \cdot 8,8542 \cdot 10^{-12}} \cdot \frac{1}{2} \text{ J} = 4,49 \cdot 10^{-3} \text{ J}$
   $1 \text{ J} = 1 \text{ C} \cdot 1 \text{ V}$

   b) $Q = \pm 4,717 \cdot 10^{-7} \text{ C}$; jeweils gleichnamige Ladung.

264

7. a) Bei C: $V = V_1$, bei D: $V = V_2$.

$$E_{CD} = \int_{V_1}^{V_2} p(v)dv = -\frac{c}{\kappa-1}\left(\frac{1}{V_2^{\kappa-1}} - \frac{1}{V_1^{\kappa-1}}\right); \quad E_{abgegeben} = -E_{CD}.$$

b) $\eta_1 \approx 0{,}5647$; $\eta_2 \approx 0{,}6019$; $\Delta\eta \approx 0{,}0372$ entspricht etwa 6,6 %.

Blickpunkt: Volumenbestimmung bei nicht rotationssymmetrischen Körpern

266

1. x sei der Abstand der Ebene E_3 von E_1. Für x = 0 ist $E_3 = E_1$ für x = a ist $E_3 = E_2$. Dann gilt $V_1 = \int_0^a A_1(x)dx = \int_0^a A_2(x)dx = V_2$ sofern die Integrale existieren.

2. x sei der Abstand der Schnittfläche Q(x) (parallel zur Grundfläche G) von der Pyramidenspitze $(Q(h) = G)$. Dann ist $V = \int_0^h Q(x)dx$ das Pyramidenvolumen. Stets gilt für die Flächeninhalte $\frac{Q(x)}{G} = \frac{x^2}{h^2}$. Für das Volumen folgt daher $V = \int_0^h Q(x)dx = \frac{G}{h^2} \cdot \int_0^h x^2 dx = \frac{1}{3} G \cdot h$.

3. Sei Q(x) der Flächeninhalt der blauen Fläche und r der Radius des Halbkreises der Grundfläche, dann gilt $Q(x) = 2 \cdot \sqrt{r^2 - x^2} \cdot x \cdot \tan(\alpha)$. Für das Volumen folgt $V = \int_0^r Q(x)dx = 2 \cdot \tan(\alpha) \cdot \int_0^r \sqrt{r^2 - x^2}\, x\, dx = \frac{2}{3}\tan(\alpha) r^3$
V = 18 in diesem Beispiel.

4. Der quadratische Querschnitt hat an der Stelle x den Flächeninhalt
$Q(x) = z^2(x) = 4 \cdot 10^{-4} \cdot e^{2x}$.
Damit ergibt sich das Volumen
$$V = \int_0^{0,5} Q(x)dx = 4 \cdot 10^{-4} \int_0^{0,5} e^{2x} dx = 2 \cdot 10^{-4}\left[e^{2x}\right]_0^{0,5}$$
$V = 2 \cdot 10^{-4} \cdot (e-1)$

6.5 Vermischte Übungen

267

1. a) $-\frac{117}{25}$ e) 39   i) $\frac{85}{4} - \frac{\sqrt{3}}{6} \approx 20{,}961$
   b) 51   f) $2\,688\,671\frac{1}{5}$ j) $\frac{79}{4} - 10\sqrt{3} \approx 2{,}4295$
   c) $\frac{46}{15}$ g) $-2(\sqrt{15}+\sqrt{18}) \approx -16{,}231$ k) $2\sqrt{2} - \frac{9}{8} \approx 1{,}7034$
   d) $\frac{65}{32}$ h) $\frac{2}{3}b + 2d$ l) keine Lösung

2. Die Graphen gehen durch senkrechtes Verschieben (entlang der y-Achse) auseinander hervor; deswegen haben ihre Ableitungsfunktionen den gleichen Graphen.

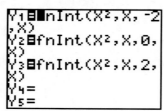
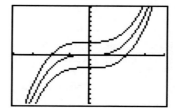

3. a) $A = \left|\int_{-2}^{-1} f(x)\,dx\right| + \int_{-1}^{1} f(x)\,dx + \left|\int_{1}^{2} f(x)\,dx\right| = \left|-\frac{22}{15}\right| + \frac{76}{15} + \left|-\frac{22}{15}\right| = 8$

   b) $A = \int_{0}^{1} f(x)\,dx + \left|\int_{1}^{2} f(x)\,dx\right| = \frac{7}{60} + \left|-\frac{23}{60}\right| = \frac{1}{2}$

   c) $A = 2 \cdot \left|\int_{0}^{2} f(x)\,dx\right| = 2 \cdot \left|-\frac{16}{9}\right| = \frac{32}{9}$

4. a) $A = 2 \cdot \int_{0}^{1} (f(x) - g(x))\,dx + 2 \cdot \int_{1}^{2} (g(x) - f(x))\,dx = 2 \cdot \frac{38}{15} + 2 \cdot \frac{22}{15} = 8$

   b) $A = \int_{-2}^{-1} (g(x) - f(x))\,dx + \int_{-1}^{1} (f(x) - g(x))\,dx + \int_{1}^{2} (g(x) - f(x))\,dx$
   $= \frac{22}{15} + \frac{76}{15} + \frac{22}{15} = 8$

   c) $A = 2 \cdot \int_{1}^{2} (g(x) - f(x))\,dx = 2 \cdot \frac{2}{3} = \frac{4}{3}$

267

5. f und g schneiden sich an den Stellen x = 0, x = 2 und x = 4. Dadurch entstehen zwei eingeschlossene Flächen A_1 und A_2.

$$A_1 = \left| \int_0^2 \bigl(f(x)-g(x)\bigr)\,dx \right| = 12 \qquad A_2 = \left| \int_2^4 \bigl(f(x)-g(x)\bigr)\,dx \right| = |-12| = 12$$

A_1 und A_2 sind gleich groß.

6. **a)** $f(x) = -\frac{1}{3\pi}x^2$

   b) F.I. $= \frac{3\pi^2}{2} - 2 \approx 12{,}8044$

   c) ebenfalls $\approx 12{,}81$

   d) Extrema bei $x = 0$, $x = \frac{3\pi}{2}$ und $x = 3\pi$, mit 2nd CALC → Root bei Y5 ergibt die Wendestellen $x = 0{,}214$, $x = 2{,}928$, $x = 6{,}497$ und $x = 9{,}211$.

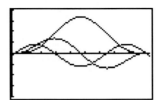

7. **a)** $A = \frac{1}{2}$ $[A = 2]$

   b) $\int_1^k \frac{1}{x^2}\,dx = \frac{1}{4}$ $\left[\int_1^k \frac{1}{\sqrt{x}}\,dx = 1\right]$

   $k = \frac{4}{3}$ $\left[k = \frac{9}{4}\right]$

   Die Gerade $x = \frac{4}{3}$ $\left[x = \frac{9}{4}\right]$ halbiert A.

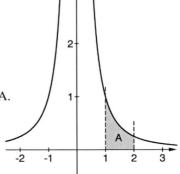

   c) $\int_1^2 k\,dx = \frac{1}{4}$ $\left[\int_1^4 k\,dx = 1\right]$

   $k = \frac{1}{4}$ $\left[k = \frac{1}{3}\right]$

   Die Gerade $y = \frac{1}{4}$ $\left[y = \frac{1}{3}\right]$ halbiert A.

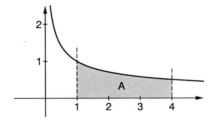

268

8.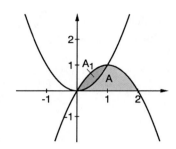

Fläche zwischen g und der 1. Achse:
A = $\frac{4}{3}$

Fläche zwischen g und f:
$A_1 = \frac{1}{3}$

f teilt A im Verhältnis 1 : 3.

9. Die Tangenten berühren f(x) in T_1 (−1 | 1) und T_2 (1 | 1). Die Tangentengleichungen sind $g_1(x) = -2x - 1$ und $g_2(x) = (2x - 1)$. Wegen der Symmetrie zur 2. Achse ist der Flächeninhalt:

$$A = 2 \cdot \int_0^1 \left(x^2 - (2x-1)\right) dx = \frac{2}{3}$$

10. $A = \int_{-1}^{2} \left((x+2) - x^2\right) dx = \frac{9}{2}$

11. a) Nullstellen bei

$x = \sqrt{3+\sqrt{8}} \approx 2{,}414$

$x = -\sqrt{3+\sqrt{8}} \approx -2{,}414$

$x = \sqrt{3-\sqrt{8}} \approx 0{,}414$

$x = -\sqrt{3-\sqrt{8}} \approx -0{,}414$

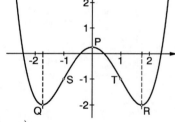

Relatives Maximum: $P\left(0 \mid \frac{1}{4}\right)$

Relative Minima: $Q\left(-\sqrt{3} \mid -2\right)$, $R\left(\sqrt{3} \mid -2\right)$

Wendepunkte: S(−1 | −1), T (1 | −1)

b) Fläche zwischen f und der Tangente y = −2:

$$A = \int_{-\sqrt{3}}^{\sqrt{3}} \left(\left(\tfrac{1}{4}x^4 - \tfrac{3}{2}x^2 + \tfrac{1}{4}\right) - (-2)\right) dx = \tfrac{12}{5}\sqrt{3}$$

c) Wendetangenten: y = 2x + 1 und y = −2x + 1
Schnittpunkt der Wendetangenten: W (0 | 1)
Fläche des Dreiecks STW: $A_\Delta = 2$

Fläche zwischen f und ST über dem Intervall [−1; 1]:

$$A = 2 \cdot \int_0^1 \left(\left(\tfrac{1}{4}x^4 - \tfrac{3}{2}x^2 + \tfrac{1}{4}\right) - (-1)\right) dx = 2 \cdot \tfrac{4}{5} = \tfrac{8}{5}$$

Die Dreiecksfläche A_Δ wird vom Graphen von f im Verhältnis $\tfrac{8}{5} : \tfrac{2}{5}$, also 4 : 1 geteilt.

268

12. $f(x) = -a(x^3 - x)$

$$-a \int_0^1 (x^3 - x)\, dx = 12$$

$$a = 48$$

$$f(x) = -48x^3 + 48x$$

13. Sattelpunkt bedeutet, dass f dort die Steigung 0 und einen Wendepunkt hat. Auf $f'(0) = 0$ folgt $c = 0$, aus $f''(0) = 0$ folgt $b = 0$.

$f(x) = x^4 + ax^3 + d$ verläuft durch P (0 | 1); daraus folgt $d = 1$.
Tangente in P: $y = 1$
Schnittpunkte mit f: $S_1(0 | 1)$, $S_2(-a | 1)$

$$\int_0^{-a} \left(1 - (x^4 + ax + 1)\right) dx = 5\,000$$

$$a = -10$$

$$f(x) = x^4 - 10x^3 + 1$$

14. Parabel: $f(x) = \tfrac{1}{2}x^2 + 2$

$$V = \pi \cdot \int_{-2}^{2} \left(\tfrac{1}{2}x^2 + 2\right)^2 dx = \tfrac{448}{15} \cdot \pi \approx 93{,}83$$

15. Schnittpunkte bei beiden Graphen: P (0 | 6) und $Q\left(\tfrac{5}{2} \mid \tfrac{7}{2}\right)$

$$V = \pi \cdot \int_0^{\tfrac{5}{2}} \left(-2x^2 + 5x\right)^2 dx = \tfrac{625}{48} \cdot \pi \approx 40{,}91$$

269

16. a) $y = \tfrac{1}{20}x^2$

b) Umkehrfunktion: $f(x) = \sqrt{20x}$

$$V = \pi \cdot \int_0^8 \left(\sqrt{20x}\right)^2 = 640\pi \approx 2\,010{,}6$$

Die Wassermenge ist 2 010,6 m³.

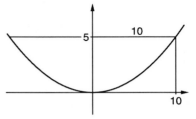

17. $V = \pi \cdot \int_{r-h}^{r} \left(\sqrt{r^2 - x^2}\right)^2 dx = \pi \cdot \left[r^2 x - \tfrac{1}{3}x^3\right]_{r-h}^{r}$

$= \pi \cdot \left(rh^2 - \tfrac{1}{3}h^3\right) = \tfrac{1}{3}\pi h^2 (3r - h)$

269

18. a)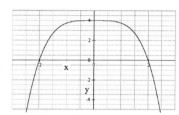

b) Nullstellen bei
$x = -\sqrt{k}$ und $x = \sqrt{k}$.
$$\int_{-\sqrt{k}}^{\sqrt{k}} \left(-\tfrac{1}{k}x^4 + k\right) dx = 8\sqrt{5}$$
$$\tfrac{8}{5}k\sqrt{k} = 8\sqrt{5}$$
$$k = 5$$

a)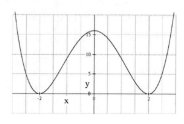

b) Nullstellen bei
$x = -\sqrt{k}$ und $x = \sqrt{k}$.
$$\int_{-\sqrt{k}}^{\sqrt{k}} \left(x^2 - k\right)^2 dx = \tfrac{10}{3}\sqrt{5}$$
$$\tfrac{16}{15}k^2\sqrt{k} = \tfrac{10}{3}\sqrt{5}$$
$$k = \tfrac{5}{2 \cdot \sqrt[5]{2}} \approx 2{,}176$$

19. a) Für $k = 1$:
$f_1(x) = (x-1)(x+1)$
$g_1(x) = 4x^2 - 4$

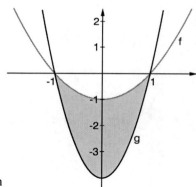

b) Schnittpunkte von f_k und g_k an den Stellen $x = -k$ und $x = k$.
$$A = \int_{-k}^{k} \left(f_k(x) - g_k(x)\right) dx$$
$$= \int_{-k}^{k} \left(\left(k - \tfrac{4}{k}\right)\left(x^2 - k^2\right)\right) dx$$
$$= \tfrac{4}{3}\left(4k^2 - k^4\right)$$

c) A soll maximal werden.
$A' = \tfrac{4}{3}\left(8k - 4k^3\right) = \tfrac{16}{3}k\left(2 - k^2\right)$
$A' = 0$ für $k = 0$, $k = -\sqrt{2}$ und $k = \sqrt{2}$.
Wegen $0 < k < 2$ ist die Lösung $k = \sqrt{2}$.
$A_{\sqrt{2}} = \tfrac{4}{3}(4 \cdot 2 - 4) = \tfrac{16}{3} = 5\tfrac{1}{3}$

269

20. Die Zuflussrate I_{Zufl} nimmt ab t = 3 (h) ab, die Abflussrate I_{Abfl} ist konstant 20 $\frac{m^3}{h}$. Die Wassermenge im Becken nimmt also nach Erreichen eines Maximums „rechts von t = 5 (h)" ab, irgendwann ist das Becken leer.

a) Kästchen auszählen: Nach 1 h ca. $8 + \frac{12}{2} = 14$.

b) Am Graphen ablesen: $I_{Zufl}(5) = 24 \left(\frac{m^3}{h}\right)$.

c) Der Graph von $I_{Abfl} = -20$ ist eine Parallele zur t-Achse für t ≥ 5. Ordinatenaddition von I_{Zufl} und I_{Abfl} liefert der Graph der Funktion I, die die Netto-Zuflussrate beschreibt. Der Graph von I hat bei t = 6 eine Nullstelle t_{Null}. Der Flächeninhalt zwischen t-Achse und dem Graphen von I zwischen t = 0 und t = t_{Null} entspricht der größten im Becken vorhandenen Wassermenge.
Kästchen auszählen liefert ca. 212 m³.

270

21. $V = 2\pi^2 ar^2$

22. –